环境污染事件应急处理技术

吕小明　主　编

刘　军　副主编

中国环境出版集团・北京

图书在版编目（CIP）数据

环境污染事件应急处理技术/吕小明主编．—北京：中国环境出版集团，2012.7（2022.7 重印）
ISBN 978-7-5111-1044-2

Ⅰ．①环…　Ⅱ．①吕…　Ⅲ．①环境污染事故—应急对策
Ⅳ．①X507

中国版本图书馆 CIP 数据核字（2012）第 132434 号

出 版 人　武德凯
责任编辑　葛　莉　沈　建
助理编辑　刘　杨
责任校对　薄军霞
封面设计　金　喆

出版发行　中国环境出版集团
（100062　北京市东城区广渠门内大街 16 号）
网　　址：http：//www.cesp.com.cn
电子邮箱：bjgl@cesp.com.cn
联系电话：010-67112765（编辑管理部）
发行热线：010-67125803，010-67113405（传真）
印　　刷　北京市联华印刷厂
经　　销　各地新华书店
版　　次　2012 年 7 月第 1 版
印　　次　2022 年 7 月第 5 次印刷
开　　本　787×1092　1/16
印　　张　13.5
字　　数　312 千字
定　　价　40.00 元

《环境污染事件应急处理技术》
编委会

主　　编：吕小明

副 主 编：刘　军

编写人员：陈泽宏　徐家颖　李亚男

　　　　　黄乃明　刘　恒　肖　文

前　言

当前，我国正处于工业化、城镇化加速发展时期。发达国家上百年工业化过程中分阶段出现的环境问题在我国近20多年集中出现，各种自然灾害和人为活动带来的环境风险不断加剧，环境污染事件呈高发态势，跨界污染、重金属及有毒有害物质污染事件频发，社会危害和影响明显加大。特别是近年来，一些地方出现重金属污染事件，严重影响人民群众尤其是儿童的身体健康。据统计，2007年由国家环保总局直接调度处理的环境污染事件为110起，2008年为135起，2009年为171起，2010年为156起，环境污染事件总体呈上升趋势。环境污染事件具有形式多样性、发生的突然性、危害的严重性和处理处置的艰巨性等特点，防不胜防，给国家环境安全、社会稳定和人民群众身体健康带来极大的威胁，环境应急管理和处置工作面临巨大的挑战。

我国高度重视突发事件应急处置工作。温家宝总理指出，加强应急管理，提高预防和处置突发事件的能力，是关系国家经济社会发展全局和人民群众生命财产安全的大事。在刚刚召开的第七次全国环境保护大会上，李克强副总理指出，环境污染事故是经济粗放型增长的结果，是环境问题日积月累的破坏性释放，一旦发生，后果十分严重。要坚持预防为先、及时应对，着力消除污染隐患，妥善处置突发事件。一旦发生事件就及时启动应急预案，把损害降到最低限度。因而加强环境污染事件应急处置工作，是落实科学发展观、构建社会主义和谐社会的必然要求，是坚持以人为本、执政为民的具体体现。

近年来，各级环保部门在党委和政府的高度重视和大力支持下，不断完善应急预案、加强应急处置能力建设，较好地处置了多起环境污染事件。如成功应对了“江苏盐城市化工厂污染造成部分城区停水”“山东省临沂市邳苍分洪道省界断面砷含量超标”“陕西凤翔血铅超标”“四川汶川大地震”“青海玉树地震”和“甘肃舟曲特大山洪泥石流灾害”等重特大环境污染事件，顺利保障了“北京奥运会”、“上海世博会”、“广州亚运会”和“深圳大运会”等国家重大活动的环境安全。但总体来说，由于我国环境污染事件应急管理工作起步较晚，应急管理体制、机制仍不完善，应急处理专业人员缺乏，应急处理技术仍较落后，缺少系统的指导应急处理的技术资料等。

为满足环境污染事件应急处理技术及专业人才培训的需要，我们在查阅大量资料的基础上，结合自身多年从事环境污染事件应急处理的实践经验，编写了这本专门介绍各种环境污染事件的识别、监测、防范与应急处理方法和技术的书，希望能将环境污染事件应急处理有关技术系统地介绍给环境应急处置人员，以求为进一步提高环境污染事件应急处置能力和技术水平、更好地为环境应急管理提供技术支撑和技术保障尽绵薄之力。

本书共分九章。第一章介绍环境污染事件应急处理有关的基本概念，第二章介绍水污染事件类型、主要影响对象、污染特点及应急处理技术，第三章介绍空气污染事件类型、主要影响对象、污染特点及应急处理技术，第四章介绍固体废物类型、污染事件类型、主要影响对象、污染危害特点及应急处理技术，第五章介绍辐射与放射性污染分类、产生源、影响对象、污染危害特点及应急处理技术，第六章介绍其他污染事件类型、产生源、影响对象、污染危害特点及应急处理技术，第七章介绍常用环境污染事件应急处理仪器设备，第八章介绍应急预案的编制，第九章对近年来发生的几个环境污染案例进行分析。

本书由吕小明制定编写大纲，统筹全书的编写，并对初稿进行审阅及修改。第一章由吕小明执笔，第二章由陈泽宏执笔，第三章由徐家颖执笔，第四章由李亚男执笔，第五章由黄乃明执笔，第六章由刘恒执笔，第七章和第八章由刘军执笔，第九章由肖文执笔。

在组织本书编写和出版过程中，得到了广东省环境保护厅、广东省环境监测中心、广东省环境保护学校和广东省环境辐射研究监测中心等单位有关领导和同事的大力支持和关心，在此一并表示衷心的感谢。

由于编者水平有限，书中存在不妥之处在所难免，恳请读者指正。

编　者

2012 年 5 月

目　录

第一章　总　论

第一节　基本概念

一、环境污染及突发环境事件

所谓环境污染，是指由于人为因素或不可抗拒的自然灾害因素，使环境受到有害物质的污染，从而导致生物的生长繁殖和人类的正常生活受到有害影响的现象。

突发环境事件，是指因事故或意外性事件等因素，致使环境受到污染或破坏，公众的生命健康和财产受到危害或威胁的紧急情况。

二、风险与环境风险

风险是指在特定客观情况下，在特定时间内，某一事件的预期结果与实际结果间的变动程度。其变动程度越大，风险越大；反之，则越小。构成风险有三个要素，即风险因素、风险事件和损失。风险源，是指可能导致伤害或疾病、财产损失、环境破坏或这些情况组合的根源或状态。

环境风险是指在一定区域或环境单元内，由自然和人为因素单独或共同作用而导致的事故对人类健康、社会发展和生态平衡等造成的影响和损失，即指突发环境事件对环境（或健康）的危险程度。按照对风险源的理解不同，环境风险有狭义和广义之分。狭义的环境风险只考虑自然灾害和污染事故对人类、社会和生态系统造成的不利影响，环境风险的风险源主要是自然和人类行为，其风险对象包括人类、社会和生态系统；而广义的环境风险则拓展了自然和人类行为的范畴，包含了气候变化、核战争、传染性疾病、转基因植物等更多内容，将环境风险的范围扩展到更为广阔的领域。

三、风险管理与环境风险管理

风险管理是一种特殊的管理功能，它由社会机构、企业和个人运用各种先进的管理工具，通过对风险的分析、评估，综合考虑种种不确定性，提出供决策的方案，力求以较少的成本获得较多的安全保障；或者说以相同的成本或代价获得更多的安全保障或更少的损失。

作为风险管理在环境保护领域的应用，环境风险管理是指根据环境风险评价的结果，按照相应的法规条例，选用有效的控制技术，进行削减风险的费用和效益分析；确定可接受风险度和可接受的损害水平；进行政策分析并考虑社会经济和政治因素；决定适当的管理措施并付诸实施，以降低或消除事故风险度，保护人群健康与生态系统的安全。

四、应急状态与应急处理

针对可能或已发生的突发性事件，需要立即采取某些超出正常工作程序的行动，以避免事件发生或减轻事件后果的状态，称为应急状态，也称为紧急状态。针对可能或已发生的突发性事件所采取的超出正常工作程序的行动即为应急处理。

五、环境污染事件应急处理

环境污染事件应急处理是指环境污染事件发生后，有针对性地采取组织管理、救援、污染危害消除的制度及行动安排。主要是指有关应急响应报告、指挥协调、分工协作、通信联络、安全保护、后勤保障等方面的具体措施，需要各级政府根据国家规范和当地具体情况预先制定预案。本书把《国家突发环境事件应急预案》列在第八章第二节供有关人员参考。

六、环境污染事件应急处理技术

环境污染事件应急处理技术是指环境污染事件发生后，专业技术人员根据环境污染事件应急处理机构的统一指挥、命令所采取的环境应急监测、中毒受伤人员救治、环境污染治理等方面的具体技术方法。本书重点阐述与此相关的内容。

第二节　环境风险管理与环境污染事故的产生

环境风险管理的目的，就是“使用少量的钱预防，而不是花大量的钱治疗”。环境风险管理就是要尽可能降低污染事故发生的概率，并为污染事件应急做必要的准备。事件发生前的各种宣传、教育、制定预案、模拟演习等是预警教育的重要环节，在这个过程中要培养政府、企业和公众的危机意识，以及应对危机的心理准备和物质准备。

环境风险管理按照污染事件发生前、事件发生中和事件发生后三个阶段采取全程的环境风险管理，对于不同的阶段采用不同的风险管理措施：

（1）事件发生前：主要是针对具有环境污染事故风险的污染源，进行突发风险事件的预防和应急准备。如：加强对企业和居民的宣传与教育、加强环境执法力度、制定污染事故应急预案、定期组织突发事件应急演练等，对应的是环境风险管理的预警系统。国家出台了环境污染事故风险评价技术导则，将其纳入建设项目环境管理，在项目可行性研究阶段要进行环境影响风险评估。同时对危险化学品的登记，对化工企业进行排查，建立事故危险源数据库，从而依此对生产储运过程进行有效的监测、监控，及时发现问题，给出预警。

同时加强监测，建立准确有效的监测系统和迅速准确的信息传递系统（包括突发事件应急报告制度、突发事件应急举报制度、突发事件信息发布制度）。对于高级别的风险源进行实时监控，保证在最短的时间内察觉到突发性事故的发生，尽可能地减少损失。

（2）事件发生时：事件一旦发生，要求反应迅速，启动事先准备的应急技术预案和应急工作流程以及应急监测计划，并在应急决策支持系统的支持下实现科学、及时、统一的应急指挥，采取相应的应急处理技术，从而及时有效地控制事故的态势和危害。

（3）发生后：紧随应急阶段以后，要及时对事故形成的污染源进行清理、处置，并根据处置技术的要求按照规定的科学程序和方法进行操作，使处理结果达到一定的标准要求，从而把事故的危害降至最低。

多数事件发生后，要进行事故后的管理。包括对事故的中长期环境影响进行预测评价，提出相应的舒缓措施，并进行跟踪监测。该阶段基本不属于应急范畴，在本书中不作为重点讨论。

第三节 环境污染事件分级与分类

一、环境污染事件分级

环境污染事件的分级需要根据环境污染事件造成环境影响的规模与范围、影响对象的敏感性、影响后果的严重性与延续性等因素来综合确定。我国把突发性环境污染事件分为特大突发性环境污染事件、重大突发性环境污染事件、较大突发性环境污染事件和一般突发性环境污染事件四级。

需要说明的是，不同层级政府应急处理范围的环境污染事件的具体分级标准应是不同的，不同地区、不同发展时期的分级标准也应有所不同。各级政府应根据上一级政府的分级标准阈值，结合本地区社会经济发展状况，下调本级政府有关分级标准阈值，同时应定期调整相关阈值，做到与时俱进，切合实际。本书第八章讲述的《国家突发环境事件应急预案》可以供各级政府在制定突发性环境污染事件分级标准时参考。

二、环境污染事件分类

环境污染类型可从不同的角度进行划分，按环境要素分为：大气污染、水体污染、土壤污染；按人类活动分为：工业环境污染、城市环境污染、农业环境污染；按污染性质分为：化学污染、生物污染、物理污染（噪声、放射性、热、电磁波等）。本书综合环境要素和人类活动两种分类法对各种环境污染及其环境污染事件进行阐述。

环境污染事件目前没有统一的分类方法，本书从方便应用与管理的角度出发，综合考虑环境污染事件所涉及的环境要素和污染物的性质，对有关环境污染事件进行分类。由于环境污染事件实际发生时可能涉及两种以上环境要素和多种污染性质，因此本书对环境污染事件的分类仅供学习掌握有关技术知识使用，不作为实际污染事件的定性依据。

（1）水环境污染事件：涉及污染水体（不含海洋）的环境污染事件，称为水环境污染事件。根据水污染物性质的不同可分为重金属污染事件、一般有机物污染事件、有机毒物污染事件和其他水污染事件（不包含辐射与核污染物）。

（2）空气环境污染事件：涉及污染空气环境的污染事件，称为空气环境污染事件。根据空气污染物性质的不同可分为无机毒物污染事件、有机毒物污染事件；此外，根据空气污染的复杂性与特殊性，还分为恶臭污染事件、城市空气污染事件。

（3）固体废物污染事件：因固体废物处置处理不当而产生的环境污染事件，称为固体废物环境污染事件。根据固体废物的性质不同可分为一般废物污染事件、危险废物污染事件。

（4）辐射与放射性污染事件：因辐射与放射源管理防护不当产生的环境污染事件，称为辐射与放射性环境污染事件。根据放射源影响的环境要素可分为水体核污染事件、空气核污染事件、土壤及作物核污染事件，此外还有电磁波辐射污染事件。

（5）其他环境污染事件：主要是上述分类中没有涵盖的环境污染事件，有海洋污染事件、土壤污染事件、生态破坏事件等。

第四节　我国环境污染事件的特点

随着国民经济的迅猛发展，我国生产领域不断扩大，生产节奏日益加快，和世界其他国家一样，我国重大环境污染事故的数量不断增加，污染事故造成的危害程度、影响范围越来越大。例如：2003 年 12 月 23 日，位于重庆开县的川东北气矿所属钻井队对开县“罗家 16H”气井作业时突然发生井喷，富含 H_2S（含量达到 100 mL/m^3）的有毒气体 400 万～1 000 万 m^3/d，随着空气迅速传播，导致短时间内大面积灾害，祸及 9.3 万人，其中死亡 198 人，中毒 14 225 人。2004 年 3 月 2 日，四川化工厂违反“三同时”规定强行开车违法排污，造成沱江特大环境污染事故，100 多万人 26 天饮水困难，直接损失达 2.1 亿元。2004 年 4 月 23 日至 5 月 2 日，四川境内出现两次大规模降雨，由于四川省仁寿县东方红纸业有限公司将造纸废水偷排到沱江支流球溪河，沉积的污染物被暴涨的河水冲入沱江，致使沱江河水溶解氧急剧下降，再次造成沱江重大污染事故，资中县河段出现大面积死鱼。两起沱江特大水环境污染事件震惊全国。2004 年 4 月 15 日晚，重庆市江北区重庆天原化工总厂一个储存有 13 t 液氯的车间发生氯气泄漏爆炸事故，造成 9 人死亡，重庆市区 15 万人大转移。2004 年 7 月，因上游突降暴雨，淮河污染史上最大的污水团形成并“扫荡”整个淮河干流，充斥河道的黑色污染水团全长达 133 km，总量约 4 亿 t。2005 年 3 月 21 日，一辆液氯（35 t）装载车在江苏省淮安与一货车相撞，导致液氯大量泄漏，造成特大大气污染事故，公路旁 3 个乡镇村民受害掺重，死亡 28 人。2005 年 11 月 13 日，吉林石油化工厂制苯车间爆炸事故，造成 6 人死亡、120 人受伤，并导致大约 80 t 硝基苯进入松花江，引发重大的松花江水环境污染，严重影响沿江上千万人的饮水安全并形成跨国重大环境污染事件。2005 年 12 月 17 日，广东韶关冶炼厂含镉废水排入北江造成的重大污染事件，由于处置得当，未造成人员伤亡，但给北江的生态环境造成了一定的影响。据统计，2006 年，国家环保总局接报处置的环境污染事故共 161 起，平均每两天 1 起，比 2005 年增加了 85 起。

对近年发生的污染事故进行分析，有 5 个显著特点：一是污染事故种类繁多。按照环境要素分类，我国突发环境事件包括了水环境污染事件、大气污染事件、固体废物污染事件、核与辐射事件和生态破坏事件等。二是时间较为集中。突发环境事件一般发生在每年的 4—11 月的生产旺季。三是地域、流域分布不均。据统计，2006 年上半年发生 86 起环境事件涉及了全国 22 个省（区、市）。沿海发达地区化学品泄漏事故比较频繁，西部地区油气污染概率较高，黄河、淮河、海河、辽河等流域水环境污染较为突出。四是具有起因复杂、受气象、水利等因素的影响而难以判断的典型特征。五是环境污染具有损害多样性。环境污染除可能造成人员死亡外，也可引起人体暂时性或永久性的损害，可能是急性中毒也可以是慢性中毒；不但影响受害者本人，也可能影响其后代，致畸致癌。同时，环境严重污染后，消除污染极为困难，处置措施不当，不仅浪费大量人力物力，还可能造成二次污染。

近年来，突发环境事件仍处于高发态势。一是自然灾害带来的次生环境事件增加。2008年“5·12”四川汶川特大地震发生后，按照党中央、国务院统一部署和《国家突发环境事件应急预案》的要求，环保部紧急启动了一级应急响应，第一时间派出的工作组和专家始终坚守在第一线，指导当地环保部门防范和应对次生环境事件，深入灾区排查饮用水源安全和企业环境安全隐患，并妥善处置了11起次生环境事件，未造成重大环境影响。2010年9月21日，受“凡亚比”带来超200年一遇特大暴雨的影响，茂名信宜市紫金矿业有限公司银岩锡矿尾矿库发生溃坝，积蓄库中的洪水直冲下游村庄和镇区，造成重大人员伤亡和财产损失，同时威胁下游钱排河、黄华江以及广西梧州地区的水质安全。茂名地区的特大暴雨和山洪泥石流还导致大量禽畜尸体和垃圾进入高州水库，直接威胁茂名和高州市区重要的饮用水源。二是尾矿库突发环境事件危害严重。2006—2010年，仅环境保护部直接调度处理的尾矿库引发的突发环境事件就达43起。特别值得关注的是，因尾矿库引发的突发环境事件，多次威胁饮用水环境安全。近年来，在涉及饮用水安全的56起突发环境事件中，有10起是由尾矿库生产安全事故引发，约占总数的18%。三是水生态事件明显增加，发生时间提前。仅2008年，汉江、三峡库区、太湖、巢湖等流域发生了不同程度的水华事件，内蒙古乌梁素海发生了黄苔事件，青岛近岸海域发生了浒苔事件，共计8起，同比增加3起。四是砷污染事件频发，对生态环境的影响难以消除。仅2008年相继发生贵州独山县瑞丰硫酸厂砷污染事件、湖南怀化辰溪硫酸厂砷污染事件、广西河池砷污染事件、云南阳宗海污染事件、河南大沙河砷污染事件5起事件。除阳宗海事件外，其他4起均为化工厂特别是硫酸厂排污所引发，河南大沙河砷污染事件治理工作旷日持久、耗资巨大，阳宗海恢复生态任务极为艰巨。五是血铅超标事件造成的社会影响较大。仅2008年，陕西、湖南、福建、河南、江西5省就发生了6起群众血铅超标事件，污染事件对环境、群众健康造成了一定程度的影响，其中陕西宝鸡凤翔造成631名儿童血铅超标。2011年3月，浙江省台州市路桥区峰江街道上陶村等村和湖州市德清县新市镇相继发生血铅超标事件，严重损害了群众健康，造成了恶劣的社会影响，浙江省监察机关追究了19名相关人员的纪律责任。

当前，突发环境事件起因复杂，具有复合性、次生性、转化性、流动性、不可预见性和涉及范围广、处理专业性强等特点。许多污染事故往往是燃烧、爆炸、毒害、污染等多种危害同时发生。由于缺乏科学系统的预防措施和先进可行的应急处理技术，这些事故发生后，对人身、财产、环境等造成了巨大的破坏，产生了无法估量的损失和难以挽回的影响，给我国的环境安全带来了重大威胁，因此如何预防和处理好突发性环境污染事故，已成为不仅关系到人们的身体健康与安全，而且关系到整个社会稳定的重要工作，引起了环保部门和各级政府的高度重视。

第五节　环境污染事件应急处理的法律法规要求

一、环境保护法律法规的要求

《中华人民共和国环境保护法》对突发环境事件的应急处理做出了专门的规定。该法第三十一条要求，“因发生事故或者其他突然性事件，造成或者可能造成污染事故的单位，必须立即采取措施处理，及时通报可能受到污染危害的单位和居民，并向当地环境保护行政主管部门和其他有关部门报告，接受调查处理。可能发生重大污染事故的企业事业单位，应当采取措施，加强防范。”

在水污染事件的应急处理方面，2008 年 2 月 28 日修订通过的《中华人民共和国水污染防治法》设置了“水污染事故处置”专章共 3 条。第六十六条规定，“各级人民政府及其有关部门，可能发生水污染事故的企业事业单位，应当依照《中华人民共和国突发事件应对法》的规定，做好突发水污染事故的应急准备、应急处置和事后恢复等工作。”第六十七条规定，“可能发生水污染事故的企业事业单位，应当制订有关水污染事故的应急方案，做好应急准备，并定期进行演练。生产、储存危险化学品的企业事业单位，应当采取措施，防止在处理安全生产事故过程中产生的可能严重污染水体的消防废水、废液直接排入水体。”第六十八条规定，“企业事业单位发生事故或者其他突发性事件，造成或者可能造成水污染事故的，应当立即启动本单位的应急方案，采取应急措施，并向事故发生地的县级以上地方人民政府或者环境保护主管部门报告。环境保护主管部门接到报告后，应当及时向本级人民政府报告，并抄送有关部门。造成渔业污染事故或者渔业船舶造成水污染事故的，应当向事故发生地的渔业主管部门报告，接受调查处理。其他船舶造成水污染事故的，应当向事故发生地的海事管理机构报告，接受调查处理；给渔业造成损害的，海事管理机构应当通知渔业主管部门参与调查处理。”

在大气污染事件的应急处理方面，2000 年修订的《中华人民共和国大气污染防治法》第二十条规定，“单位因发生事故或者其他突然性事件，排放和泄漏有毒有害气体和放射性物质，造成或者可能造成大气污染事故、危害人体健康的，必须立即采取防治大气污染危害的应急措施，通报可能受到大气污染危害的单位和居民，并报告当地环境保护行政主管部门，接受调查处理。”

2004 年修订的《中华人民共和国固体废物污染环境防治法》第六十二条规定，“产生、收集、储存、运输、利用、处置危险废物的单位，应当制定意外事故的防范措施和应急预案，并向所在地县级以上地方人民政府环境保护行政主管部门备案，环境保护行政主管部门应当进行检查。”第六十三条规定，“因发生事故或者其他突发性事件、造成危险废物严重污染环境的单位，必须立即采取措施消除或者减轻对环境的污染危害，及时通报可能受到污染危害的单位和居民，并向所在地县级以上地方人民政府环境保护行政主管部门和有关部门报告，接受调查处理。”

以上法规均规定了产生事故者的应急义务、通报和报告的义务以及接受调查处理的义务。此外，《中华人民共和国水污染防治法实施细则》明确了企业事业单位停止或者减少排污的应急义务、事故初步报告的时间和具体内容、事故最终报告的内容，明确了环境保护部门双重报告和监测、调查处理的职责，规定了有关人民政府的应急组织和应急处理职责，明确了船舶和渔业水体污染事故责任人的报告义务和调查处理机关的调查处理与通报义务，规定了跨区域污染事故发生地的县级以上地方人民政府的具体通报义务。

近几年，由于环境污染事故应急的需要，环保部加强了法律的修订和建章立制的工作。如 2003 年颁布了《黄河重大水污染事件报告办法》、《黄河重大水污染事件应急调查处理规定》、《黄河水量调度突发事件应急处理规定》和《三峡水库 135 米蓄水及运行期间重大水污染事件应急调查处理规定》等，《建设项目环境风险评价技术导则》（HJ/T 169—2004）则将应急预案作为一项重要内容。2009 年印发了《关于加强环境应急管理工作的意见》，2010 年《突发环境事件应急预案管理暂行办法》、《尾矿库环境应急管理工作指南》等规范性文件相继印发。2011 年《突发环境事件信息报告办法》经环境保护部 2011 年第 1 次部务会议审议通过，自 2011 年 5 月 1 日起施行。

为有效预防和降低环境事故的规模和程度，国家在一系列法律、法规中明确要求政府、企业分别制定相应的环境事故预案，而且有关部门已将此项工作列入了对环境主管部门和企业的考核及检查内容。

二、其他法律法规的要求

《中华人民共和国安全生产法》第十七条规定，“生产经营单位的主要负责人对本单位安全生产工作负有‘组织制定并实施本单位的生产安全事故应急救援预案’的职责”；第三十三条规定，“生产经营单位对重大危险源应当登记建档，进行定期检测、评估、监控，并制定应急预案，告知从业人员和相关人员在紧急情况下应当采取的应急措施。”第六十八条规定，“县级以上地方各级人民政府应当组织有关部门制定本行政区域内特大生产安全事故应急救援预案，建立应急救援体系。”

2002 年 3 月颁布的《危险化学品安全管理条例》第五条第四款规定，“环境保护部门负责废弃危险化学品处置的监督管理，负责调查重大危险化学品污染事故和生态破坏事件，负责有毒化学品事故现场的应急监测和进口危险化学品的登记，并负责前述事项的监督检查。”同时规定，“县级以上地方各级人民政府负责危险化学品安全监督管理综合工作的部门应当会同同级其他有关部门制定危险化学品事故应急救援预案，报经本级人民政府批准后实施。危险化学品单位应当制定本单位事故应急救援预案，配备应急救援人员和必要的应急救援器材、设备，并定期组织演练。危险化学品事故应急救援预案应当报设区的市级人民政府负责危险化学品安全监督管理综合工作的部门备案。发生危险化学品事故，单位主要负责人应当按照本单位制定的应急救援预案，立即组织救援，并立即报告当地负责危险化学品安全监督管理综合工作的部门和公安、环境保护、质检部门。发生危险化学品事故，有关地方人民政府应当做好指挥、领导工作。负责危险化学品安全监督管理综合工作的部门和环境保护、公安、卫生等有关部门，应当按照当地应急救援预案组织实施救援，不得拖延、推诿。有关地方人民政府及其有关部门并应当按照下列规定，采取必要措施，减少事故损失，防止事故蔓延、扩大：（一）立即组织营救受害人员，组织撤离或者采取其他措施保护危害区域内的其他人员；（二）迅速控制危害源，并对危险化学品造成的危害进行检验、监测，测定事故的危害区域、危险化学品性质及危害程度；（三）针对事故对人体、动植物、土壤、水源、空气造成的现实危害和可能产生的危害，迅速采取封闭、隔离、洗消等措施；（四）对危险化学品事故造成的危害进行监测、处置，直至符合国家环境保护标准。”

第六节 突发环境事件应急预案的制定

突发环境事件应急预案，是指针对可能发生的突发环境事件，为确保迅速、有序、高效地开展应急处置，减少人员伤亡和经济损失而预先制订的计划或方案，是应急救援系统的重要组成部分。应急预案可分为企业预案和政府预案。

企业应根据所在行业的特点，所在区域的周边环境和风险评估的结果，按照国家法律、法规的要求，制定企业环境污染事故应急预案。企业级环境污染事故应急预案在环境污染事故时可能需要投入整个单位的力量来控制，但可依靠企业自身的力量对事故进行遏制和控制，其影响局限在企业的一定界区内。如企业无法控制，应启动相应的政府预案。现场环境污染事故应急预案由企业负责。

政府预案可以说是环境污染事故的应急管理预案，可分为县、市/区级，地区/市级，省级，国家级。根据不同级别环境污染事故对应不同的政府预案，一般环境事故（Ⅳ级）启动县（市、区）环境应急预案，较大环境事故（Ⅲ级）启动市（地、州）环境应急预案，重大环境事故（Ⅱ级）启动省（自治区、直辖市）环境应急预案，特别重大环境事故（Ⅰ级）启动国家《国家突发环境事件应急预案》。

政府预案与企业预案主要区别在于：

（1）政府预案与企业预案的地位不同。政府环境事故应急机构负责的是发生在其管辖范围内所有重大环境事故的应急响应，主要侧重于应急救援整体实施的工作部署，政府环境事故应急救援预案侧重于区域力量整合协调和指挥调动。而企业负责的是本企业内部的事故应急救援，企业预案是针对具体事故所作的预案，即使在周围发生事故时参与其他单位的救援行动，也是在政府的协调下进行的具体行动，企业预案是微观方面的具体方案。

（2）政府预案编写时只停留在应急程序阶段，不必编写具体应急作业的基层文件，但应对政府各部门编写相应预案做出要求。企业预案应从组织机构到具体应急方法都做出详细规定。

（3）政府预案是对环境事故应急的指导性文件，要开展污染源调查、区域应急资源准备、不同环境事故的假设、分析和风险评估工作，以便为救援工作服务。地方政府的地域监控尤其重要，应用信息和网络技术，建立本地域应急救援的管理和紧急动员体制是政府预案的一项任务。

第七节 污染事故中环保部门的作用定位

应急组织系统通常由政府部门和各种社会团体共同组成，主要包括政府机构、非政府公共组织、新闻媒体、工商企业等，其核心部门是政府机构的警务、消防、紧急救助、环境保护、救灾减灾和新闻部门。

重大环境污染事故应急属于政府应急体系的一部分，其责任部门是环境保护行政主管部门，即：国家级为环保部，地方级为地方环保局。关于环保部门的职能，总的要求是按照《中华人民共和国环境保护法》的规定：“国务院环境保护行政主管部门对全国环境保护工作实施统一监督管理，县级以上地方人民政府环境保护行政主管部门对本辖区的环境保护工作实施统一监督管理”。目前国家及一些省市环保部门都设立了专门的应急中心，其组织框架与通常的事故应急联动中心体系有类似之处，但环境污染事故有其特殊性，其应急组织系统、应急管理体制的各相关机构的作用职责、优先顺序是不一样的。

按照我国现有的政府行政管理体系，与突发性重大环境污染事故相关联的国家级别主要机构有环保部、发改委、财政部、科技部、国防科工委、公安部、监察部、民政部、国土资源部、建设部、铁道部、交通部、水利部、卫生部、劳动和社会保障部、林业局、安全监察局、海洋局、新闻办、红十字会等，到省地一级均有相应的机构部门。对于重大环境污染事故的应急工作，不可能是单个环境保护部门能全部完成的，而应该视事故级别、牵涉的范围由中央或地方政府负全责、起主导作用，环保部门作为主要职能部门参与应急处理全过程的有关工作，并在污染事故的预防/预警、事故影响、级别及责任认定、污染应急控制技术、应急环境监测等方面起主要作用。

一般地，突发环境事件应急组织体系由应急领导机构、综合协调机构、有关类别环境事件专业指挥机构、应急支持保障部门、专家咨询机构、各级地方人民政府突发环境事件应急领导机构和应急救援队伍组成。国家级突发环境事件应急领导机构为国务院，综合协调机构为全国环境保护与生物物种资源保护部际联席会议，专业指挥机构为相关专业领域的国务院职能部门，应急支持保障部门为负责突发环境事件应急各种保障任务的国务院职能部门，专家咨询机构为突发环境事件专家咨询委员会。

第八节 环境污染事件应急处理

一、应急处理方式方法

环境污染事件一旦发生后应立即启动相关应急处理机制，具体的工作内容如下：

（1）迅速确定事件的级别与性质。处理突发性环境污染事件首先要根据环境污染事件影响的规模、范围、对象、后果等确定应急处理工作级别。因此确定事件的级别与性质必须迅速果断、准确无误。这就需要环境管理人员和专业人员熟悉环境污染事件分级标准，熟悉环境污染事件性质与分类，熟悉各种污染因素产生来源及其危害特征，熟悉并能熟练应用环境应急监测技术。

（2）迅速成立符合事件级别的应急处理指挥协调组织机构，确保事件得到及时、有序、全面的处理。这需要事先在制定预案的基础上进行适当的培训和演练，确保应急机构能够有效运转。

（3）迅速寻找和确定环境污染源头，采取措施有效控制污染规模的扩大，这是解决问题的根本。

（4）紧急救援受事件影响的死伤者，及时疏散可能受到严重影响的有关人员，这是处理事件的核心工作之一。

（5）采取严格有效的监控与管理措施，确保受污染环境不对人群健康造成严重危害。这是贯彻以人为本思想，有效降低事件影响程度的必经之路。

（6）集中专家智慧研究并实施消除环境危害、恢复环境质量的治理措施。

（7）评估经济损失，处理有关责任机构或人员，处理好善后工作。

二、应急处理存在的主要问题

（1）应急相关法律不健全。在环保应急方面有的法律法规还缺乏配套政策，可操作性不强。如在应急预案的启动上就缺乏一定的法律指导，在突发性环境污染事故发生时，不是依法及时启动应急程序，而是靠领导或相关指挥人员指示作决定。

（2）环境应急基础性工作仍需加强。环境危险源底数不清，无法做到主动预防，重大事故隐患尚未得到有效防治。

（3）部分地区现场应急监测能力不足，影响事件的处置。全国大部分市、县级环境应急能力极弱，环境事件发生后，由于缺乏必要的防护能力，环保调查和监测人员无法进入事发现场。

（4）部门间信息交流渠道不畅，延误了处置的最佳时机。各地在发生安全生产事故和其他事故、事件次生或可能次生环境事件时，有关职能部门不能在第一时间通报环保部门，使得环保部门不能够及时反映并参与处置。

（5）突发事件缺乏现场评估标准。由于环境事件的缓发性和不可确定性，一些突发事件的现场评估无法依照事件分级标准进行评估，有些要等到事件处理结束后才能评价事件等级，给统计分析工作带来一定的困难。

三、应急处理技术及发展展望

1. 应急处理技术

环境污染事件应急处理技术分为环境应急监测技术、中毒受伤人员应急救援技术、环境危害应急治理技术三大类。

环境应急监测技术对迅速确定环境污染事件的性质与规模起着举足轻重的影响，因而也对后续采取的应急救治技术、应急治理技术起决定作用。因此，应急监测技术必须要求快速、广谱，识别能力强，但不需要很高的精确性和准确性，这是本书要重点介绍的内容。

应急救援技术对尽量减少环境污染事件造成的人员伤亡起关键作用，它包括现场紧急救治与医疗机构专业急救两个方面，本书只介绍现场紧急救治的一些基本技术与方法。

应急治理技术主要是为了迅速消除环境危害，降低事件的影响范围和时间而采取的环境污染治理技术措施。主要应用于污染源头的扑灭、受严重影响环境载体的隔离与恢复等方面。

需要重视的是，上述应急处理技术人员在现场工作时也可能会受到污染因素的严重影响，必须针对污染物性质采取严格有效的安全防护措施，确保应急处理技术人员健康安全并能够有效开展工作。

2. 发展展望

环境污染应急处理技术目前主要集中在实时、快速、简便、多功能等方面，在发达国家应用已经相当成熟和普遍。但在我国尚处于引进消化阶段，国内尚未形成有足够实力的相关制造产业，有关核心仪器设备和试剂主要依赖进口。

在发达国家，环境污染应急处理技术目前正在向自动化预警监控方向发展，在已有技术基础上，利用卫星监测与地面自动监测相结合方式，可以对相关敏感区域及时预知并报警相关环境污染事件，给成功有效处理环境污染事件带来极大的方便。

第二章　水污染事件应急处理技术

第一节　概述

水污染事件是最容易发生的环境污染事件之一。20 世纪世界十大环境公害事件中就有两起是完全由水体污染造成的恶果；2005—2010 年，我国发生的几起重大环境污染事件中以松花江硝基苯水污染事件最为典型，广东省发生的北江镉污染和铊污染事件也是其突出代表。

水污染事件不仅因为单纯的水污染源而发生，固废污染源、大气污染源及其他污染源也可能带来严重的水体污染。吉林石化厂爆炸造成的空气污染事件因为处理不当，而引发了后果更为严重、影响更为深远的松花江水污染事件。广东省发生的北江镉污染和铊污染事件则是因为固体废物处置不当造成的。

一、水污染事件的分类

水污染事件的分类有多种方法，本书从识别和管理的角度出发，主要根据水污染物的性质进行分类。需要说明的是，这里所说的水体污染事件是指陆地水体污染事件，不包括海洋，关于海洋污染事件将在后面的章节另行阐述。

1. 重金属水污染事件

重金属的污染特征及危害特征具有相似性，监测方法及处理方法也具有类同性。因此把所有重金属污染物对水体的污染归类为重金属水污染事件。

2. 一般有机物水污染事件

一般有机物主要是指在环境中容易降解、没有毒性，但大量排放容易造成水体缺氧或病菌传播的有机污染物，比如常见的蛋白质、油脂类、糖类、淀粉、石油类及部分有机酸等。这类污染物造成的水污染事件称为一般有机物水污染事件，其监测技术难度相对较小，也较易实施处理。

3. 有机毒物水污染事件

有机毒物主要是指在环境中不易降解、急性毒性较大，甚至可以通过食物链进入人体累积，造成慢性中毒的有机物，比如常见的多氯联苯类、各种芳烃、卤代烃、有机农药、有机氰化物、苯系物，及硝基苯类、酚类、酯类、肼类和各种醛、醇、酮、醚类等。这些污染物造成的水污染事件监测技术较复杂，处理难度也较大，因此把它们归为一类进行阐述。

4. 其他污染物水污染事件

除了上述 3 类水污染事件外，还有其他一些水污染事件，如非金属无机毒物污染、酸碱污染、热污染等。它们没有共同或类似的污染危害特征，监测及处理方法也不同，而数量相对较少，因此把它们归为一类进行阐述。

二、水污染事件的影响对象

水污染事件，顾名思义其影响对象就是水体，但由于水体功能不同其具体影响对象又有不同。具体分为以下几种：

（1）人体及牲畜。作为饮用水源或人体直接接触的景观娱乐用水水体，水污染事件直接影响对象即为人体及其驯养的牲畜。

（2）渔业养殖产品。河流、湖泊、人工鱼塘等作为渔业养殖区用水的水体污染事件，其影响对象主要是养殖的水产品。

（3）灌溉农作物。仅作为农田灌溉水源的水体，其水污染事件主要影响对象即为其灌溉区域的农作物。

（4）自然水生生态。有些水体主要是珍稀水生动植物栖息地或洄游通道，其水污染事件主要影响对象就是这些珍稀水生动植物及其生态系统。

大多数水体具有多种功能，一旦发生水污染事件其影响对象就是多重的，有些单一功能的水体可能通过食物链影响到其他对象。因此，这里水污染事件影响对象的分类仅具有识别和管理的意义，便于处理水污染事件人员抓住主要影响对象，采取相应的应急处理措施。

三、水污染事件的特点

水污染事件与其他污染事件相比具有自身的显著特征，主要有以下几点：

（1）污染区域的流动性与局域性。由于绝大部分水体都是在不断流动或交换过程中，水污染物一旦进入水体就会随着水的流动而扩散到其他区域。但与大气污染物扩散所不同的是，水污染物扩散路径和扩散速度是较容易掌握和预知的，具有显著的流域特征，因此对水污染事件采取监测及管控措施成本相对较低，效果也较好。

（2）污染性质和来源的复杂性。水污染事件因其污染物种类不同、影响对象敏感性不同，所造成的危害后果是不同的。而且水污染物的来源不仅可来自陆地固定污染源，还可来自水上和陆上流动污染源、空中污染源以及农业面源。由此看来，水污染事件的污染特征复杂性是显而易见的，因此采取预防控制措施的难度较大。

（3）危害对象的广泛性和集中性。由于地球上所有生物几乎都离不开水，水是生命之源，水污染事件的危害对象就相当广泛，而大多数危害会通过生态系统的食物链最终集中到人体。因此水污染事件的危害对象既是广泛的又是集中的。

第二节 重金属水污染事件应急处理技术

一、重金属污染物的来源

重金属污染物主要来源于机械加工、矿山开采、钢铁及有色金属冶炼及部分化工企业。

1．机械加工业

（1）含酸的废水、废液。含酸废水、废液主要来自重型机器厂、电器制造厂、汽车厂、锅炉厂、农机制造厂、标准件厂、工具厂等的钢材表面酸洗，另外来自电器制造厂、电缆厂的铜件、铝件酸洗，以及仪表、电子器材、整流器等制造厂的不锈钢酸洗等。工件电镀、印刷线路板制造前工序也有酸洗废水排出。这些酸洗废水、废液主要含有铁、锌、铜、铝等毒性相对较小的第二类污染物重金属离子。

（2）含铅废水。含铅废水主要来源于铅蓄电池制造厂以及铅蓄电池维修站、废铅蓄电池回收站、电瓶车库等。另外，电镀车间镀铅（已基本淘汰）、电泳涂漆中的染料和烧制铅玻璃等过程也会排出含铅废水。

（3）电镀及化学镀废水。金属和非金属表面镀上装饰和防护用途的镀层金属，其工件在电镀（或化镀）和钝化完后都需要水洗镀层表面的残留镀液，此过程排出含重金属离子的废水。根据镀种的不同主要有铬、铜、镉、镍、锌、金、银等，其中除了铜、金和锌外，其余成分都属于毒性较大的第一类污染物重金属离子。

2．矿石金属冶炼废水

钢铁及有色金属的采矿和冶炼或提炼过程需要耗用大量的水，同时因其矿石往往伴生有大量的非主矿的重金属，所以废水中含有多种成分的重金属离子化合物。主要有汞、镉、铅、铬、银、铊、铍等。

3．其他含重金属的废水

其他行业虽然不是重金属废水的主要来源，但在某些企业其废水中某种或几种重金属离子含量可能会很高。例如生产金属无机盐类化学品的企业、使用金属催化剂的化学工业、制革铬鞣企业、染料和涂料制造企业、颜料工业、干电池制造企业等。

另外，稀有金属炼制及应用工业也会产生含有毒稀有金属的废水，如含铊废水、含铍废水等。

4．重金属废水处理污泥

上述行业废水、废液中所含重金属，除了回收利用部分有用金属外，大部分都是在水处理过程形成沉淀物（污泥）而从废水中去除。因此，其产生的污泥中含有高浓度而且可能是多成分的重金属。如果没有得到有效干化和安全处置，污泥排放到水体中就会回溶释放出大量重金属毒物。

二、重金属污染物的危害

本节列出的重金属污染物是指根据《建设项目环境风险评价技术导则》中关于有毒物质的定义，并参考《危险货物分类和品名编号》（GB 6944—2005）第 6.1 项有毒物质的定义，急性毒性半数致死量（LD_{50}）小于 200 mg/kg（大鼠经口）或 LD_{50} 小于 400 mg/kg（大鼠经皮），或人体 LD_{50} 小于 500 mg/kg，相对分子质量大于 50 的金属及其化合物。同时，在根据上述毒性标准选择时除了考虑该金属本身的毒性外，也适当考虑该金属化合物（包括有机物和无机物）的毒性。

铍属于轻金属，虽然单体及其化合物毒性强，但毒性主要从呼吸道被人体吸收形成，可溶性铍化合物易在肠道形成磷酸盐沉积而不易被吸收进血液，完整未受伤皮肤也不易吸收铍及其化合物，皮肤接触和口服毒性均很低，因此不作为水污染物介绍。

（一）汞及其化合物

1. 汞的理化性质

分子式及相对分子质量：Hg，200.59。

外观与性状：无味、流动状银色液态金属。

熔沸点：熔点−39℃，沸点 357℃。

化学稳定性：不可燃，加热时形成有毒烟雾，与氨和卤素剧烈反应，与铝等许多金属易形成汞齐而腐蚀金属。

有毒化合物：氧化汞、氯化汞、硝酸汞、硫酸汞、烷基汞类、苯基汞类、烷氧苯基汞类等。

2. 汞及其化合物的危害特征

汞主要通过微生物、植物吸收，再经生物转化及食物链富集（可达 1 000 倍）而进入动物体及人体。直接接触或摄入汞及其化合物的急性毒性资料见表 2-1。

表 2-1 汞及其化合物的毒性资料 单位：mg/kg

类别	物质名称	染毒途径	毒性指标	中毒剂量（以金属计）
单金属	汞	大鼠腹腔	LD_{50}	400
无机化合物	氧化汞	大鼠经口	LD_{50}	16.7
	氯化汞	大鼠经口	LD_{50}	27.3
	碘化汞	大鼠经口	LD_{50}	17.6
	硝酸汞	大鼠经口	LD_{50}	26
	硫酸汞	大鼠经口	LD_{50}	28.5
有机化合物	烷基（甲基）汞类	小白鼠经口	LD_{50}	16（最小值）
	苯基汞类	小白鼠皮下	LD_{50}	6（最小值）
	烷氧苯基汞类	黑鼠经口	LD_{50}	16（最小值）

汞中毒的机理是汞与各种蛋白质的巯基极易结合，而这种结合又很不容易分离。因此，汞易引起人体消化道、口腔、肾脏、肝等的损害。急性中毒症状表现为全身酸痛、寒战、发热、头昏头晕，消化系统恶心呕吐、腹痛腹泻，以及呼吸困难、发绀，牙根肿痛溃疡，齿根出现蓝黑色“汞线”（硫化汞）等。慢性中毒表现为神经精神障碍、震颤、口腔炎等。甲基汞与其他汞的化合物相比，比较容易渗透到脑、大脑皮层，因此更易造成神经精神障碍症状。

3. 汞污染物主要来源

汞在自然界广泛存在。岩石风化、湖海蒸发、火山喷发等都可以使汞进入大气，而后又随降水进入水体。人类生产活动中煤、油等燃料燃烧，矿石焙烧冶炼、耗汞性工业生产等都会产生汞污染，其中以化学工业如氯碱工业、有机合成工业、含汞化合物制造工业等为主。仪器仪表行业使用汞作为计量载体，冶金工业的矿石炼汞、用汞齐法提取金银或镀金银等，成为汞污染的主要来源。

（二）镉及其化合物

1. 镉的理化性质

分子式及相对分子质量：Cd，112.40。

外观与性状：柔软蓝白色金属块或灰色粉末。

熔沸点：熔点321℃，沸点765℃。

化学稳定性：镉粉末易燃，与氧化剂、叠氮化氢、锌、硒等反应，有着火和爆炸危险，与酸反应释放氢气。

有毒化合物：氯化镉、氟化镉、磷酸镉、氟硼酸镉、乳酸镉、丁二酸镉等。

2. 镉及其化合物的危害特征

单金属镉不易被人体吸收，因而没有毒性。镉主要以化合物形式进入人体，沉积在胃、肝、胰腺和甲状腺内，其次是胆囊、睾丸和骨骼中。直接接触或摄入镉的化合物的急性毒性资料见表2-2。

表2-2 镉化合物的毒性资料 单位：mg/kg

类别	物质名称	染毒途径	毒性指标	中毒剂量（以金属计）
无机化合物	氯化镉	大鼠经口	LD_{50}	54
	氟化镉	大鼠经口	LD_{50}	112
	磷酸镉	小鼠腹腔	LD_{50}	37.2
	氟硼酸镉	大鼠经口	MLD（最小致死剂量）	98
	硫酸镉	小鼠经口	LD_{50}	100

镉中毒的机理是，通过消化系统和呼吸系统进入血液，迅速与血浆中的白蛋白等成分结合，并随血流分布到各器官。镉通过扩散作用进入细胞，进入细胞后开始与高分子蛋白结合，以后逐渐转移与金属硫蛋白结合。因此，镉易在人体肝脏、肾脏以及骨髓等部位累积。急性中毒表现为吸入后引起呼吸道刺激症状，可发生化学性肺炎、肺水肿；误食后可引起急剧的胃肠道刺激症状，如恶心、呕吐、腹泻、腹痛、里急后重、全身乏力、肌肉疼痛和虚脱等，重者可危及生命。慢性中毒表现为长期接触引起支气管炎，肺气肿，以肾小管病变为主的肾脏损害。重者可发生骨质疏松，骨质软化或慢性肾衰竭。可发生贫血、嗅觉减退或丧失等。日本富山省通川流域首先发生的"骨痛病"环境公害事件，就是由于镉慢性中毒，使骨中的钙被镉代替造成的。

3. 镉污染物主要来源

镉在自然界分布并不广泛，主要以硫化镉形式在锌矿、铅锌矿和铜锌矿中伴生存在。人类生产活动主要是在上述矿石的采选及冶炼、金属镀镉、制造含镉合金、制造含镉电池、制造核反应堆控制棒、制造和使用镉化合物（颜料、塑料稳定剂、荧光粉）等过程中产生含镉废水、废渣和废气。

（三）铅及其化合物

1．铅的理化性质

分子式及相对分子质量：Pb，207.19。

外观与性状：浅蓝白色或银灰色各种形状的金属固体。

熔沸点：熔点 327.5℃，沸点 1 740℃。

化学稳定性：铅不可燃，加热时易产生有毒烟雾，与热浓硝酸、沸腾浓盐酸、浓硫酸发生反应。

有毒化合物：氧化铅、氯化铅、硝酸铅、砷酸铅、硫酸铅、乙酸铅、四乙基铅、环烷酸铅、四甲基铅等。

2．铅及其化合物的危害特征

单金属铅也能够被人体吸收，具有毒性。铅的化合物毒性与其在体内的溶解度（溶解度大毒性大）、含铅烟尘粒径大小（颗粒小易吸收）、中毒环境（潮湿或干燥）及化合物存在形态（铅烟或铅尘）等有关。铅及其化合物可以通过呼吸道、消化道进入人体，首先主要积蓄于骨髓、肝、肾、脾和大脑等处的“储存库”，以后慢慢放出，进入血液，引起慢性中毒，可在人体各个部位器官及系统累积。直接接触或摄入铅的化合物的急性毒性资料见表 2-3。

表 2-3　铅及其化合物的毒性资料　　单位：mg/kg

类　别	物质名称	染毒途径	毒性指标	中毒剂量（以金属计）
单金属	铅（粉）	大鼠腹腔	LD_{100}	1 000
		豚鼠腹腔	MLD	100
无机化合物	氧化铅	大鼠腹腔	LD_{50}	19.9
	氯化铅	豚鼠经口	LD_{50}	1490
	硝酸铅	大鼠腹腔	MLD	169
	砷酸铅	大鼠经口	LD_{50}	59.3
	硫酸铅	豚鼠腹腔	LD_{50}	205
有机化合物	醋酸铅	小鼠腹腔	LD_{50}	82
	四乙基铅	大鼠经口	LD_{50}	35
		大鼠经皮	LD_{50}	0.1
	四甲基铅	大鼠经口	LD_{50}	109

铅中毒的机理是，通过消化系统和呼吸系统进入血液，迅速与血浆中红细胞结合然后转运到肝、肾、脑、骨髓内，主要累及神经系统、造血系统、消化系统和肾脏功能。因此，铅中毒可出现贫血、周围神经疾病、中毒性脑病、肾脏病、腹绞痛、肝病、高血压病等。铅及其无机化合物急性中毒较少见，主要是经口入砷酸铅中毒表现较为明显，主要出现腹绞痛，这是有毒砷元素协同作用的结果，其余基本没有急性中毒症状；而铅的有机化合物中毒的急性毒性表现强烈，主要以四乙基铅毒性最大，主要影响中枢神经系统，造成神经精神严重障碍。

3．铅污染物主要来源

铅作为一种古老的毒物，在自然界分布较广泛，但主要以硫化铅矿（方铅矿）形式存在，另外也伴生在锌矿、铅锌矿、锑矿、锡矿等矿石中。人类生产活动主要是在上述矿石的采选及冶炼、熔铅用铅作业、蓄电池行业、铅的化合物制造与使用等行业产生含铅废水、废渣和废气。另外，日常生活及交通也会产生含铅污染物，如含铅汽油的使用、含铅家用设备使用、含铅中药方的使用等。

（四）铬及其化合物

1．铬的理化性质

分子式及相对分子质量：Cr，52.00。

外观与性状：铁灰色或深橘黄色金属粉末。

熔沸点：熔点 1 900℃，沸点 2 642℃。

化学稳定性：与强氧化剂如过氧化氢激烈反应，有着火和爆炸危险，与稀盐酸和稀硫酸反应。与碱和碱金属碳酸盐不兼容。

有毒化合物：三氧化铬、重铬酸钾（或钠）、三硝酸铬、三氯化铬。

2．铬及其化合物的危害特征

单金属铬不易被人体吸收，因而没有毒性。铬主要以化合物形式进入人体，其中三价铬是人体必需微量元素之一，在葡萄糖和脂肪代谢过程中起作用，人体每天需要量为 50～200 μg，而六价铬属于有毒元素。六价铬主要作用于胃部、肺部、生殖系统和皮肤。直接接触或摄入铬的化合物的急性毒性资料见表 2-4。

表 2-4　铬化合物的毒性资料　　单位：mg/kg

类 别	物质名称	染毒途径	毒性指标	中毒剂量（以金属计）
六价铬	三氧化铬	大鼠经口	LD_{50}	80
	重铬酸钠	大鼠经口	LD_{50}	50
三价铬	三硝酸铬	大鼠经口	LD_{50}	3 250
	三氯化铬	大鼠经口	LD_{50}	1 870

六价铬中毒的机理是，通过消化系统、皮肤和呼吸系统三条途径进入肌体，能够迅速在胃肠道、呼吸道和皮肤被吸收进入血液。通过呼吸道和消化道吸收的六价铬在血液内容易通过红细胞膜与血红蛋白结合，然后被抗坏血酸和谷胱甘肽还原为三价铬，与血清转铁蛋白和β-球蛋白结合，并随血流分布到全身各器官，这时造成体内六价铬浓度显著升高影响肌体各器官正常功能，主要影响生殖功能。通过皮肤汗腺吸收的六价铬在真皮层被还原成三价铬，三价铬与蛋白质反应形成抗原-抗体复合物，易造成过敏性皮炎。

而进入消化道和呼吸道的三价铬不易通过红细胞膜，因而不易进入血液代谢系统，通过皮肤表层的三价铬与蛋白质结合形成稳定的铬化合物，也不会造成皮炎，因此外部三价铬污染物对人体毒性很小。

毒理学研究表明，六价铬易造成致畸、致癌及皮肤炎症，其毒性比三价铬大 100 倍。六价铬急性中毒表现为吸入后可引起急性呼吸道刺激症状、鼻出血、声音嘶哑、鼻黏膜萎缩，有时出现哮喘和发绀，重者可发生化学性肺炎。口服可刺激和腐蚀消化道，引起恶心、呕吐、腹痛、血便等；重者出现呼吸困难、发绀、休克、肝损害及急性肾衰竭等。慢性中毒表现为有接触性皮炎、铬溃疡、鼻炎、鼻中隔穿孔及呼吸道炎症等。

3．铬污染物主要来源

铬在自然界分布很广，各种矿石、水体、土壤及生物几乎都含有铬，但主要以三氧化二铬形式存在于铬铁矿，铬有多种价态，但自然界主要是三价铬和六价铬。人类生产活动主要是在铬铁矿的采选及冶炼、镀铬工业、耐火材料及铬酸盐重铬酸盐生产、含铬合金生产、颜料及感光剂生产、制革铬鞣和染色工段等过程中产生含铬废水、废渣和废气。

（五）镍及其化合物

1．镍的理化性质

分子式及相对分子质量：Ni，58.71。

外观与性状：无味，银白色各种形状的金属固体。

熔沸点：熔点 1 455℃，沸点 2 730℃。

化学稳定性：镍不可燃，与非氧化性酸缓慢反应，与氧化性酸较快发生反应。

有毒化合物：氯化镍、乙酸镍、二茂镍等。

2．镍及其化合物的危害特征

单金属镍不易被人体吸收，因而没有毒性。镍是人体必需微量元素之一，是胰岛素分子的一个成分，有增强胰岛素降低血糖的作用，另外含镍的α-原球蛋白即纤维蛋白溶酶，对保持生物体内大分子和结缔组织的结构稳定性起重要作用，人体每天需要量为 300～500 μg。但当体内镍的含量超过一定剂量时对人及动物均有毒害作用，人体内总镍量不应超过 10 mg。镍的化合物主要通过消化道吸收进入人体，首先主要积蓄于肺，然后部分转移到五脏及脊髓和脑，以肾脏居多，但肺部仍然是主要蓄积部位。镍主要抑制酶系统活性，导致五脏水肿、出血和变性。直接接触或摄入镍的化合物的急性毒性资料见表 2-5。

表 2-5　镍的化合物的毒性资料　　单位：mg/kg

类别	物质名称	染毒途径	毒性指标	中毒剂量（以金属计）
无机化合物	氯化镍	大鼠经口	LD_{50}	364
		大鼠腹腔	LD_{50}	29
	硝酸镍	大鼠经口	LD_{50}	1 620
	硫酸镍	大鼠经口	LD_{50}	2 895
有机化合物	醋酸镍	大鼠经口	LD_{50}	360
		大鼠腹腔	LD_{50}	23
	二茂镍	大鼠经口	LD_{50}	490
		大鼠腹腔	LD_{50}	50
	羰基镍	大鼠皮下	LD_{50}	63
		大鼠腹腔	LD_{50}	39
		大鼠吸入	LC_{50}	200 mg/m^3（2h）

镍中毒的机理是无机镍离子通过消化系统进入血液，在血管内抑制皮细胞的 ATP 酶活性，致使血管和血脑屏障的通透性增加，引起肺和脑等器官的渗出、水肿和出血，抑制琥珀酸脱氢酶、苹果酸脱氢酶和细胞色素氧化酶等，干扰组织代谢，使肝、肾、睾丸和肾上腺等组织变性，肺防御机能降低。

镍的有机化合物羰基镍在沸点 43℃以上时为无刺激性高度易燃气体，可通过呼吸系统进入血液，而且不易察觉，其毒性作用与无机镍类似，但毒性极强，是一氧化碳的 50 倍，属于高毒性物质。

镍离子和皮肤接触可与大分子蛋白相结合，形成具有免疫原性的半抗原——载体复合物，间接促使肥大细胞脱颗粒，引起过敏性水肿，导致肌体产生过敏性反应。

因此，镍中毒可导致过敏、致癌、致突变等病变。镍的化合物急性中毒主要是氯化镍、醋酸镍和羰基镍所造成，早期表现有头痛、头晕、步态不稳、视力模糊、眼刺激、恶心、心悸、胸闷、气短等。迟发的症状主要有明显的胸闷、气短、严重呼吸困难、发绀、咳嗽、咳大量粉红色泡沫痰、心动过速等，这些是肺水肿及弥漫性间质肺炎的表现。慢性中毒主要表现为呼吸道癌症、皮肤过敏性炎症等。

3．镍污染物主要来源

镍在自然界分布较很广，各种矿石、海水、土壤及生物几乎都含有镍，但主要以硫化镍矿和氧化镍矿形式存在。人类生产活动主要是在镍矿石的采选及冶炼、镍合金制造、镀镍作业、镉镍电池制造、镍化合物制造与使用、原子能工业（纯镍的中子断续器制造）等行业产生含镍废水、废渣和废气。

（六）银及其化合物

1．银的理化性质

分子式及相对分子质量：Ag，107.87。

外观与性状：灰白色金属，属立方晶系，富延展性。

熔沸点：熔点 960.5℃，沸点 1 950℃。

化学稳定性：银不可燃，与酸缓慢反应，活性低。

有毒化合物：硝酸银。

2．银及其化合物的危害特征

单金属银不易被人体吸收，因而没有毒性，银的大多数化合物溶解性（包括酸溶性、脂溶性）差，因而也没有毒性。有毒化合物主要是硝酸银和氟化银，属于高毒性物质。误服硝酸银可引起剧烈腹痛、呕吐、血便，甚至发生胃肠道穿孔，可造成皮肤和眼灼伤。长期接触的工人会出现全身性银质沉着症。硝酸银的急性毒性资料为小鼠经口 LD_{50} 为 50 mg/kg（以金属银计），DNA 抑制小鼠腹腔 20 g/kg。大鼠皮下最低中毒剂量（TD_{10}）：13 590 μg/kg（雄性交配前用药 1 d），对睾丸、附睾和输精管有影响。小鼠皮下最低中毒剂量（TD_{10}）：13 590 μg/kg（雄性交配前用药 30 d），对睾丸、附睾和输精管有影响。

银的中毒的机理尚不明确，但银中毒可导致银质色素沉着、致突变和生殖毒性等病变。具体表现包括：全身皮肤广泛的色素沉着，呈灰蓝黑色或浅石板色；眼部银质沉着造成眼损害；呼吸道银质沉着造成慢性支气管炎；精子减少或突变导致不育或胎儿畸形等。

3. 银污染物主要来源

银在自然界分布较少，主要以游离态和硫化物形式存在于辉银矿（Ag_2S）中。人类生产活动主要是在银矿石的采选及冶炼、镀银作业、银化合物制造与使用、胶片制造及感光显影业等行业产生含银废水、废渣和废气。

（七）铊及其化合物

1. 铊的理化性质

分子式及相对分子质量：Tl，204.37。

外观与性状：浅蓝白色柔软金属，遇空气变灰色。

熔沸点：熔点 304℃，沸点 1 457℃。

化学稳定性：与氟激烈反应，室温下与卤素发生反应。

有毒化合物：氧化铊、氟化铊、氯化铊、硝酸铊、硫酸铊、碳酸铊、碳酸亚铊、硫酸亚铊和醋酸亚铊。

2. 铊及其化合物的危害特征

纯金属铊没有毒性，铊的化合物是有剧毒的神经类毒物，并引起严重的肝、肾损害。其中三价铊比一价铊化合物毒性大，有机铊比无机铊毒性大。急性中毒主要是对神经系统和消化系统产生损伤，如躁动不安、共济失调、惊厥、局部肢体麻痹、震颤、呼吸困难、呕吐及出血性腹泻，少尿或血尿，最后死于呼吸和循环衰竭。具体急性中毒资料见表 2-6。

表 2-6 铊的化合物的急性毒性资料 单位：mg/kg

类 别	物质名称	染毒途径	毒性指标	中毒剂量（以金属计）
无机化合物	氯化铊	小鼠经口	LD_{50}	23.7
	硝酸铊	小鼠经口	LD_{50}	32.5
	硫酸铊	小鼠经口	LD_{50}	29
	氧化铊	大鼠腹腔	LD_{50}	72
	碳酸铊	小鼠经口	LD_{50}	21
	碳酸亚铊	小鼠经口	LD_{50}	20.1
	硫酸亚铊	小鼠经口	LD_{50}	23.5
有机化合物	醋酸亚铊	大鼠经口	LD_{50}	30
		大鼠腹腔	LD_{50}	15
		大鼠经皮	LD_{50}	117.3
		狗静脉	LD_{50}	4
		兔静脉	LD_{50}	4

含铊化合物粉尘可被呼吸道吸收，可溶性化合物可经胃肠道和皮肤吸收进入血液。血中的铊不与血清蛋白结合，而是以离子状态转运，被吸收的铊大部分蓄积在细胞内，随血液分布于全身，但主要集中在肾脏，其次是肌肉、骨骼、肝脏、心脏、肠、胃、脾脏、睾丸和神经组织，其中在神经组织是逐渐积累的，含量逐步升高，最后高过肝脏。因此，含铊化合物中毒后，初始症状表现不明显，12 h 后开始出现恶心呕吐、腹部灼烧感、阵法性腹绞痛、便秘等，可伴有口腔炎；3～5 d 后出现神经系统症状，如口唇、肢体麻木，痛觉

过敏，足跟、足底及足趾疼痛不能够碰地，严重时触及皮肤也会感觉剧痛，继而出现运动障碍、下肢无力，严重时出现瘫痪，最后因呼吸肌肉麻痹可导致呼吸衰竭而死亡。

3．铊污染物主要来源

铊属于稀有金属，在自然界多以微量存在于黄铁矿及锌、铅、铜等的硫化矿中，储量极少，主要依靠冶炼上述金属矿时回收烟气粉尘副产品而制得纯金属铊。铊的化合物有以下用途：光电管制造；能够屏蔽放射线的特殊玻璃制造；超导性能或其他特殊性能的合金制造；杀虫剂、杀鼠剂原料；颜料、染料制造及有机反应的催化剂等。这些铊的提炼及应用过程均可能产生含铊污染物的废水、废气和废渣。

三、水体重金属污染物的应急处理技术

（一）应急监测技术

一旦发生重金属污染物严重污染水体的事件，首先要能够快速识别出重金属污染物的种类，然后才确定其污染浓度及其迁移分布范围。因此，监测技术要求广谱和快速。能够用于快速和广谱监测水体中重金属的技术设备和方法不多，传统的实验室分析化验设备和方法如原子吸收法、原子荧光法、原子发射光谱法、普通分光光度法等都不能够符合上述要求。近年来有国外仪器设备厂家把实验室已基本淘汰的溶出分析法进行改进，制成多用途、便携式的重金属监测仪器。另外，具有流动实验室之称的应急监测车也配备了小型化的原子吸收仪、原子发射光谱仪等，这些都可以用于重金属污染事件的应急监测。

1．便携式阳极扫描溶出伏安法

传统的溶出分析具有操作成本低（耗电、耗水、耗试剂均很少）、所需配套设备少（只需要电源稳压稳流器）、样品处理及分析快速简便、能够同时发现样品中多种金属离子等优点。缺点是对电源稳定性要求高、监测方法灵敏度和监测结果准确性和精密性无法满足精密实验室的质量要求。

经过改进后的便携式阳极扫描溶出伏安仪，主要对电源部分进行了改进，可以用自带的高能蓄电池供电，也可以外接交流电并进行超级稳压稳流处理。同时充分利用现代电子技术进步的成果，对各种控制电路和电极设备进行超级集成，使得仪器设备体积和重量大幅度降低，便于携带到事故现场实时操作。而仪器设备的制作成本则没有原子吸收仪、原子发射光谱仪等大型仪器设备昂贵，便于向基层推广。

由于应急监测强调的是快速识别污染物及其大致污染水平，对监测结果的精度和准确度要求不高，而且污染事件监测不同于痕量监测，对监测方法灵敏度要求不高。因此运用便携式阳极扫描溶出伏安仪对水体重金属污染事件进行应急监测是一个好的选择，特别适合事故影响范围小、地方性强的污染事故识别监测。再配合实验室精密仪器分析，可以完成整个事故的监测任务。

根据传统溶出分析法的经验，便携式阳极扫描溶出伏安仪可以分析的金属离子涵盖了本书所定义的重金属污染物 Hg、Cd、Pb、Cr、Ni、Ag，同时还可以测定 Cu、Zn 等金属离子。

2．应急监测车

现代应急监测车，配备了供电和供水系统，同时可以模块化选择应急监测仪器设备，

素有“流动实验室”的美誉。作为重金属污染事件的监测，采用应急监测车配备小型化的原子发射光谱仪和原子吸收仪模块，可以达到快速识别和准确监测重金属污染物的目的。在大范围、流域性、跟踪性的重金属污染事件监测中具有显著优势。因此在处理大范围污染事故时采用应急监测车是必要的。但由于应急监测车本身造价昂贵，再加上配套的小型化原子发射光谱仪和原子吸收仪等，其价格对大多数基层环保部门来说是难以负担的，何况其利用效率较低，因此现阶段很难得到推广普及。

3. 多功能水质监测仪

目前国外已开发成功并推广应用的多功能水质监测仪，基本上涵盖了上述重金属离子项目。优点是价格适中，操作简易，但没有快速识别污染物的功能，只能靠监测人员根据经验，选择检测项目一个一个去实验来识别出污染物。

4. 快速试纸和快速试剂比色管法

目前国外已开发成功部分金属如银、铬、铜、镍等的快速试纸，用于测量受污染水体（或废水）的金属离子浓度。另外，日本等国有关公司开发成功用于快速测量金属离子的试剂比色管，它们是使水样通过塑胶试剂管的针刺孔被吸入试剂管中，与试剂发生显色反应，对照标准色列辨别其颜色深浅，可以半定量地确定待测金属离子的浓度。大多数金属离子都可以用快速试剂比色管法进行半定量测定。

这些试纸或试剂比色管的优点是价格和成本低廉、操作简单快捷，缺点是选择性强、检出限较高，因此识别污染因素的能力较差，监测结果仅有定性参考价值。适合于污染源头的查找，对基层环保部门而言，是一个不错的备用选择。

（二）应急治理技术

要有效治理重金属污染事件相对困难，因为多数重金属都容易通过食物链累积最后污染到人体。重金属污染水体首先造成水质重金属含量超标，随着水流迁移，重金属逐渐沉积到水体底泥中。随着水质 pH 降低（如遇酸雨或酸废水污染），底泥中的重金属又会回溶到水中。另外，水体底泥中也栖息着大量生物，它们和水中生物一起构成水体完整的生态系统，底泥受到重金属污染必然也会影响到整个水生生态环境。人类食用的许多水产品如鱼虾类、贝壳类、莲子莲藕等都与河、湖或海的底泥密切相关。因此，在处理重金属污染事件时，除了确保受污染水质净化外，还要考虑受污染底泥的清除。

1. 受重金属污染水质净化技术

净化受污染环境水质与处理废水是不同的，这是因为环境水体一般都有量大、流动难以控制的特点，不像废水那样可以集中收集后处理。应急净化环境水质主要从两个方面来进行：

一是堵截被污染水体，减缓污染物向下游区域扩散速度。这就需要实时跟踪监测配合，随时掌握水质状况，以便合理确定堵截位置，确保堵截效果。

二是采取有针对性的快速沉降措施，使重金属污染物尽可能地沉积在水体底泥中。根据重金属的理化性质，常见的沉降方法有石灰水沉淀和铁酸盐磁力分离沉淀法。

石灰水沉淀法可以用于汞、镉、镍、铅、银、三价铬等对 pH 值敏感的污染物。其成本低廉、原料易得，但沉淀速度较慢，效果一般。要加快速度就要增加投石灰的量，容易造成水质 pH 严重偏高而导致二次污染。该方法不能够用于六价铬污染的治理。

铁酸盐磁力分离沉淀法，就是用亚铁盐加碱氧化，在重金属生成氢氧化物和硫酸盐沉淀时，亚铁离子也被氧化成磁性的四氧化三铁一起共沉淀，沉淀物可以通过磁力分离机回收铁盐。这种沉淀法可以同时处理汞、镉、镍、铅、银、铬（包括六价铬）、铜、锌等多种金属离子。其沉淀速度快，二次污染少，处理后水质pH可保持在8～9，清淤后还可以回收铁盐，但缺点是亚铁盐成本较高，原料不容易就地取得。近年发展起来的铁氧体法处理重金属废水基本是这一方法的延伸和改进，主要是不再单纯使用亚铁盐，而是亚铁和三价铁盐按合理比例配合使用，这种方法也可以用到净化环境水质上来。

2．受重金属污染水体底泥净化技术

受到重金属污染的水体底泥（含自然沉降的和人工净化水质沉降的），必须进行清淤与净化工作。当然，清淤工作没有水质净化工作那么紧迫，可以放在事故处理后期进行。

清淤工作没有太多的技术选择，主要是用专用清淤船把表层底泥清运到陆地堆填，然后进行干化。

干化后的重金属污泥必须进行无害化处置或安全填埋。常见的无害化处置方式有用作制砖或水泥制造材料添加剂，或与可燃物混合后烧结固化。安全填埋时要注意避免渗滤液二次污染。

（三）紧急救援技术

重金属水污染事件发生后，首先要采取控制水源利用的紧急措施，防止中毒事态扩大。对已发生的重金属急性中毒人员，应首先采取针对性的现场急救措施，同时紧急请求当地医疗急救机构抢救。常见重金属急性中毒急救方法见表2-7。

表2-7　常见重金属水污染急性中毒现场急救方法

污染物	中毒特征	急救方法
无机汞	头痛头晕、腹痛腹泻，皮肤出现红色斑丘疹	皮肤接触者立即用流动清水冲洗； 误饮污染水体者要立即漱口，并用清水反复洗胃（反复喝大量水，然后用手指钩住喉咙呕出水，下同）
有机汞	精神昏迷、瘫痪、全身抽搐、肌肉震颤	皮肤接触者立即用流动清水冲洗； 误饮污染水体者要应立即用温水洗胃； 呼吸困难者吸入氧气，呼吸停止要做人工呼吸
无机铅	没有急性中毒表现	—
四乙基铅	睡眠障碍（失眠），言语不清，步态失常，意识混乱，血压、体温和脉率下降	皮肤接触者立即用肥皂水和清水彻底冲洗；误饮污染水体者应给大量水催吐洗胃，或用硫代硫酸钠溶液洗胃、导泻
镉化合物	恶心呕吐，腹痛腹泻，大汗虚脱，眩晕抽搐	皮肤接触者立即用流动清水冲洗； 误饮污染水体者要应立即用温水反复洗胃
六价铬	恶心呕吐，上腹痛，腹泻便血，发绀，呼吸困难，心率加快，头痛头晕	皮肤接触者用肥皂水和清水彻底冲洗皮肤。眼睛接触：提起眼睑，用流动清水或生理盐水冲洗。误饮污染水体者用清水漱口，用清水或1%硫代硫酸钠溶液洗胃。给饮牛奶或蛋清
无机镍	没有急性中毒表现	—

污染物	中毒特征	急救方法
羰基镍	视力模糊，走路不稳，眼刺痛流泪，咽干咽痛，胸闷咳嗽，心率加快，血压下降	皮肤接触者用流动清水冲洗。眼睛接触：立即提起眼睑，用流动清水冲洗。注意保暖，保持呼吸道通畅。误服者给饮大量温水，催吐
硝酸银	剧烈腹痛、呕吐、血便，皮肤和眼灼伤	皮肤接触者用肥皂水和清水彻底冲洗皮肤；眼睛接触：提起眼睑，用流动清水或生理盐水冲洗。误服者用水漱口，给饮牛奶或蛋清
铊化合物	腹部绞痛、恶心、呕吐、腹泻、末梢神经炎、中枢神经系统障碍、痛觉过敏、四肢疼痛甚至瘫痪	皮肤接触者用肥皂水和清水彻底冲洗皮肤。眼睛接触：提起眼睑，用流动清水或生理盐水冲洗。就医。吸入者迅速脱离现场至空气新鲜处，保持呼吸道通畅，如呼吸困难，给输氧，如呼吸停止，立即进行人工呼吸，就医。食入者饮足量温水，催吐，用 1%碘化钾 60 mL 灌胃，洗胃。就医

第三节　一般有机物水污染事件应急处理技术

一、一般有机物污染来源

一般有机物主要是指大分子的脂肪、氨基酸、糖类、淀粉、油脂类、树脂类、有机酸类有机物。这些有机物本身基本没有毒性，但进入环境水体后因为生物降解作用易消耗水中的氧，造成水体缺氧，代谢产物易造成水体富营养化。另外一类是石油类污染物，其污染水体主要是在水面上形成油膜阻碍水体和空气进行氧交换，导致水体缺氧，同时乳化的石油类也直接影响水体水质。

一般有机物来源相当广泛，但主要是食品工业（如制糖、味精、酒精、淀粉、氨基酸、啤酒制造业）、造纸工业、制革工业、纺织印染工业、化学纤维工业、有机化工工业、石化工业、医药制造工业等排放的有机废水量较大，COD 和 BOD 浓度较高。另外，城市生活污水、农业的禽畜养殖业和水产养殖业排水等也是一般有机物的重要来源。其中食品工业废水、生活污水和农业养殖业废水有机物成分比较单纯，主要是容易降解的有机物，不含有毒物质和酸碱性物质。而其他工业废水则往往在排放一般有机物的同时含有毒性物质、酸或碱性物质。石油类污染主要来自石油开采业和炼制业废水，石油类产品（汽油、柴油、煤油、重油、润滑油、渣油等）运输、储存和使用过程的泄漏等。

二、一般有机物的危害

一般有机物大量进入水体后，就会切断排污口附近水体溶解氧的供应，厌氧菌分解有机物，产生有毒有害气体如硫化氢、氨等，因而容易使水体发黑发臭，同时耗氧菌也在周边开始分解有机物质，消耗水中的溶解氧，从而使水中溶解氧急剧下降，影响鱼类等需氧水生生物的生存。

一般有机物经过厌氧、耗氧两级分解后基本成为无机盐，如碳酸盐（或二氧化碳）、氨氮、亚硝酸盐、硝酸盐、硫酸盐、磷酸盐等，导致水体中游离氮和磷的显著增加。而水体中游离氮和磷的增加为嗜氮磷藻类“疯长”提供了条件，该类藻类“疯长”会导致水体透光性下降，覆盖水体表面时还会造成空气中氧进入水体的速度放慢，因此会造成其他水生植物光合作用下降，水体溶解氧恢复速度变慢，自净能力显著降低。这就是水体的富营养化。

水体富营养化不仅导致水生生态系统紊乱，水生生物种类减少，生物多样性受到破坏，而且“疯长”藻类排出毒素也会危害人体及动物健康。

石油类污染除了油膜阻隔水体和空气氧交换，造成水质缺氧外，还因石油类本身及其含有的各种添加剂，乳化进入水中可能导致水生生物中毒。石油类污染严重的可导致鱼类生物大量死亡。

三、一般有机物的水污染事件应急处理技术

1. 应急监测技术

一般有机物污染水体事件主要表现为突然间大量排放有机物造成水体短时间缺氧，致使鱼类等水生动物急速死亡。而富营养化一般是长期污染的结果，而且和水体流动特征息息相关，一般不视为突发性水污染事件。因此，此类水污染事件应急监测工作相对简单，主要是及时监测水体溶解氧浓度，配备便携式溶解氧监测仪就可以满足要求。与实验室用溶解氧仪所不同的是，便携式溶解氧仪要有干电池供电系统，方便现场作业，电极附近要有水溶液搅拌系统，确保监测结果具有代表性。

石油类监测可采用便携式红外分光光度计、便携式紫外分光光度计或单纯的便携式测油仪进行现场测定。目前国外已开发成功并推广应用相关的便携式仪器设备，在国内各大环保仪器设备公司均有经销，价格可以为广大基层环境监测部门所接受。

2. 应急治理技术

一般有机污染物水污染事件的水环境治理工作也相对简单，主要是要发现和堵住污染来源，清除死亡的水生动物，补充新鲜水（自然补充或人工补充）到受污染水体或者人工向污染水体增氧。水质复氧后需向自然水体投放水生动物苗种，以便恢复水生生态。

石油类污染水域应尽快设置围油栏，防止油膜大面积扩散，然后紧急清走围油栏围住的油类。石油类还可能污染河漫滩淤泥及河砂，应在洪水到来之前清走干净受污染淤泥或河砂，用新的淤泥或河砂回填。清理的废油应置入煤等固体燃料一起焚烧，清理走的淤泥、泥沙应安全填埋或焚烧。

3. 应急救援技术

一般有机物污染事件很少发生人员中毒事故（个别可能受厌氧过程挥发气体中毒），因此应急救援主要是如何保护尚存的水生动物，特别是人工养殖的水产品。具体方法是，停止引用受污染水体作为水产养殖业水源，给受影响的养殖区域水体人工增氧（开动增氧机或撒增氧剂），清除已死亡的水生动物尸体。

受石油类水污染中毒影响的人群应立即切断所供污水源，现场即用清水洗胃，必要时就医诊治。

第四节 有机毒物水污染事件应急处理技术

一、有机毒物的种类与来源

随着工业社会的发展，特别是化学工业的发展，人类活动产生的有机物种类越来越多，数量已相当庞大。有些是已经被人们所认识的，证明其具有急性毒性、慢性毒性或生殖毒性，还有一些是人们尚未掌握但也可能有某种毒性的有机物。鉴于有毒有机物数量庞大，本书按其毒性相似性及中毒机理相似性特征进行分类阐述。具体分为苯系物类、卤代烃类、多氯联苯类、有机农药类、黄曲霉毒素类、有机氰化物类、其他有机物类共七大类。需要说明的是，本节在具体阐述时主要选择急性毒性为中高毒性的污染物，低毒类不列入。另外，一般不会直接进入水体，纯粹属于气体类有毒有机物或者只在废气中产生的污染物（如多环芳烃）也不选入在内。

1．苯系物类

苯系物包括苯、甲苯、（邻、间、对）二甲苯、乙苯和苯乙烯等几种含苯环的物质。其中前 4 种苯类物质主要由煤焦油分馏或石油裂解而来，在生产含苯环的染料、香料、塑料、农药、合成纤维、合成橡胶、炸药等企业以及作为有机溶剂、萃取剂、稀释剂用途的油漆、油墨、涂料、树脂、喷漆等行业的生产及使用中具有大量机会接触。苯乙烯主要由乙苯在一定条件下催化脱氢而来，它是聚苯乙烯塑料、丁苯橡胶、ABS 工程塑料、离子交换树脂、漆、香料、制药等的重要化工原料。苯系物的制造、储存、运输和使用均会带来较大的环境风险。

2．卤代烃类

挥发性卤代烃主要包括烷烃类三氯甲烷（氯仿）、四氯化碳、1,2-二氯乙烷、三溴甲烷（溴仿）、三碘甲烷（碘仿）、二溴一氯甲烷和一溴二氯甲烷。它们在自然界是不存在的，都是由烷烃经氯化、溴化或碘化而制得。烯烃类包括氯丁二烯、六氯丁二烯、二噁英等。氯丁二烯用乙烯基乙炔反应制得，主要用于制造氯丁橡胶；六氯丁二烯通常是用三氯乙烯的二聚物经脱氢化氢而制得；二噁英常来源于含氯化学品制造过程、垃圾焚烧过程、含氯化学物和农药的分解过程等。

3．多氯联苯类

多氯联苯类常称为聚氯联苯类或氯化联苯类，代号 PCB。我国根据联苯上被氯取代的个数将它们分为三氯联苯（PCB_3）、四氯联苯（PCB_4）、五氯联苯（PCB_5）、六氯联苯（PCB_6）等，而美国则按氯的百分含量加以标号，如 AR-1260 表示含氯 60%的多氯联苯。另外，由于氯原子在联苯环上的不同位置构成了多氯联苯异构体，全部异构体多达 210 种，商品多氯联苯都是多种多氯联苯的混合物。多氯联苯为联苯经氯化制得，曾经广泛用作蓄电池、电容器和变压器的绝缘油，合成树脂、油漆、油墨、黏胶剂的增塑剂等。另外，多氯联苯还曾作为农药杀菌剂使用。

4．有机农药类

有机农药类主要包括有机磷类农药、有机氯类农药、有机砷类农药、有机汞类农药及其他有机类农药五大类。其中有机汞类农药已全面禁止生产和使用，有机氯类和有机砷农药大部分也已禁止生产和使用，只有有机磷农药大量而广泛生产使用，但一些高毒的有机磷农药也属于限制生产使用或淘汰的产品。目前仍然允许限制生产使用的有机氯农药有六氯苯、滴滴涕、毒杀芬、五氯酚钠等；有机磷农药中部分高毒农药如治螟磷（苏化 203）、磷胺等也列入禁止生产使用项目，甲胺磷、对硫磷、甲基对硫磷、久效磷、氧化乐果、水胺硫磷、甲基异硫磷、甲拌磷、甲基硫环磷、乙基硫环磷、特丁磷、杀扑磷、磷化锌等列入限制生产使用项目。有机砷农药的资料在其他类污染事件中的砷化物章节介绍。另外，还有不属于上述四大类的有机农药如毒鼠强（已禁止使用）、敌鼠钠、敌鼠酮、杀鼠灵等。有机农药一般都是人工合成的毒物，自然界产生得很少，因此农药制造及其储存、运输和使用过程是农药污染的主要来源。

5. 黄曲霉毒素类

黄曲霉毒素是一类具有相似结构的衍生物，它们都有一个双呋喃和一个氧杂萘邻酮（香豆素）结构，现在已知有 17 种，但通常指的是由黄曲霉和寄生曲霉产生的黄曲霉 B1、B2、G1、G2 等 4～6 种，其余的都是进入动物体内后生成的具有相似结构且具有毒性或致癌性的代谢物。黄曲霉毒素主要是农作物、食品、牧草、饲料在潮湿阴暗环境下由真菌引起霉变而产生。

6. 有机氰化物类

有机氰化物是一类分子结构中含有氰基团，在生物体内代谢过程中容易释放出剧毒氰化物的有机物，其种类很多，而且大都具有中高毒甚至剧毒特性。它们全是人工合成的有机物，有的用于制造除草剂农药的基础原料或直接作为除草剂使用，有的用作工业有机溶剂，有的作为制造其他有机化学品的原料、反应介质或者添加剂。在这些有机物的合成、储存、运输和使用过程中均有可能发生泄漏中毒的危险。

7. 其他有机物类

其他有机物是指分子量较小的有机毒物，主要有硝基苯类、苯酚类、苯胺类、联苯胺类、酸酯类、醇类、醚类、酮类、醛和缩醛类、酰胺类、醌类和肼类。这些有机物使用相对广泛，主要由石油化工企业生产合成，有机化工企业作为原料使用。在其生产合成、储存、运输、使用过程中都可能发生环境风险。

二、有机毒物的危害特征

从上述分类及来源分析可知，有机毒物物种类繁多，来源复杂，使用范围广泛。要详细说明每一种有机毒物的毒性危害特征绝非易事，本书从每一类有机毒物选择 2～3 个有代表性的物质进行阐述，以期达到抛砖引玉的效果。

1. 苯系物的危害特征

苯系物中的甲苯、二甲苯、乙苯、苯乙烯属于低毒物质，苯属于中等毒性物质，这主要是由于它们在生物体内的富集系数不同，苯的富集系数高达 352，而其他的生物富集系数在 5 以下。它们的急性毒理学资料见表 2-8。

苯为无色透明液体，具有特殊芳香气味，熔点 5.5℃，沸点 80.1℃，易燃，闪点－11℃，密度 0.878 6 g/mL，能溶于多种有机溶剂，在水中微溶（0.05%～0.1%）。苯中毒大多是由于吸入而发生的，也可通过皮肤吸收。急性中毒主要是神经系统麻醉，表现为过度兴奋，意识模糊，乱跑或震颤，以后发生全身抽搐，昏迷，并出现剧烈、持久性阵法性痉挛，最后因呼吸中枢麻痹而死亡。慢性中毒表现为血象改变，如血小板减少、白细胞减少，因而导致髓细胞性贫血及白血病。苯也可能导致致癌、致畸病变。

表 2-8 苯系物急性毒性资料

污染物名称	中毒途径	毒性指标	中毒剂量
苯	大鼠经口	LD_{50}	3.3 g/kg
	大鼠腹腔	LD_{50}	1.93 g/kg
	大鼠吸入（4 h）	LC_{50}	51 g/m^3
甲苯	大鼠经口	LD_{50}	5.0 g/kg
	大鼠腹腔	LD_{50}	2.75 g/kg
	大鼠吸入（4 h）	LC_{50}	30 g/m^3
二甲苯	大鼠经口	LD_{50}	4.9 g/kg
	大鼠腹腔	LD_{50}	2.9 g/kg
	大鼠吸入（4 h）	LC_{50}	29 g/m^3
乙苯	大鼠经口	LD_{50}	4.5 g/kg
	大鼠吸入（4 h）	LC_{50}	16.4 g/m^3
苯乙烯	大鼠经口	LD_{50}	4.92 g/kg
	大鼠吸入（4 h）	LC_{50}	11.8 g/m^3

2. 卤代烃毒物的危害特征

挥发性卤代烃的烷烃类氯仿、溴仿、四氯化碳、氯乙烷、二氯乙烷、四氯乙烷、二溴一氯甲烷、一溴二氯甲烷、氯丙烷、溴丙烷、碘乙烷等都属于低毒性物质，而碘仿属于中等毒性物质。烯烃类的氯丁二烯、六氯丁二烯等属于中等毒性物质，而二噁英属于剧毒性物质。它们的急性毒理性资料见表 2-9。

表 2-9 常见卤代烃急性毒性资料

污染物名称	中毒途径	毒性指标	中毒剂量
氯仿	大鼠经口	LD_{50}	1 800 mg/kg
	狗经口	LD_{50}	1 000 mg/kg
	小鼠吸入（4 h）	LC_{50}	38 700 mg/m^3
溴仿	大鼠经口	LD_{50}	2 500 mg/kg
	小鼠经口	LD_{50}	1 400 mg/kg
	小鼠皮下	LD_{50}	1 820 mg/m^3
四氯化碳	大鼠经口	LD_{50}	5 700 mg/kg
	小鼠经口	LD_{50}	12 800 mg/kg
	大鼠吸入（2 h）	LC_{50}	150 000 mg/m^3
碘仿	大鼠经口	LD_{50}	355 mg/kg
	小鼠经皮	LD_{50}	630 mg/kg
	小鼠吸入（7 h）	LC_{50}	2 657 mg/m^3
氯丁二烯	小鼠经口	LD_{50}	270 mg/kg
	小鼠经皮	LD_{50}	958 mg/kg
	小鼠吸入（4 h）	LC_{50}	2 300 mg/m^3

污染物名称	中毒途径	毒性指标	中毒剂量
六氯丁二烯	小鼠经口	LD_{50}	116 mg/kg
	小鼠腹腔	LD_{50}	76 mg/kg
	大鼠腹腔	LD_{50}	190 mg/kg
二噁英	小鼠经口	LD_{50}	114 μg/kg
	大鼠经口	LD_{50}	225 μg/kg
	豚鼠经口	LD_{50}	500 μg/kg

上述卤代烃中以二噁英毒性最强，二噁英在土壤内残留时间为 10 年。二噁英的稳定性与温度有关，在 500℃开始分解，800℃时 21 s 内完全分解。产生二噁英的来源有：生产农药除草剂 2,4,5-三氯苯酚以及 1,2,4,5-四氯苯碱解时，制造氯酚的过程，造纸工艺的氯漂漂白过程等。另外农药 2,4,5-涕中含有二噁英杂质，含氯塑料垃圾焚烧过程也会产生二噁英。二噁英是一类三环芳香族有机氯，共有 210 种化合同系物，其中 2,3,7,8-四氯二苯并对二噁英（简称 TCDD）是其毒性最大者，因此常用 TCDD 代称二噁英类化合物。

TCDD 为无色晶状固体，熔点 305℃，水中溶解度为 2×10^{-10}，可经消化道、呼吸道和皮肤被人体吸收。其蓄积作用强，主要蓄积在脂肪组织，生物半减期 7～8 年；而且急性毒性极强，对成人的致死剂量经口入约为 1 mg。TCDD 对眼有刺激作用，皮肤接触可致过敏性皮炎，较长时间接触可引发氯痤疮、皮肤黑斑和肝损害。慢性中毒可导致多个功能器官受损，如肝病、免疫功能低下、生殖功能降低（精子数量减少）、糖尿病、子宫内膜异位症等，更为可怕的是目前尚没有有效的临床急救及治疗方法。

3. 多氯联苯的危害特征

多氯联苯中的三氯联苯（PCB_3）、四氯联苯（PCB_4）、五氯联苯（PCB_5）、六氯联苯（PCB_6）等毒性均很强，属于高毒性物质。它们的急性毒性不如慢性毒性强，这是因为 PCB 在体内代谢过程产生的羟基衍生物毒性更强，约为 PCB 的 5～10 倍。PCB 急性毒性资料见表 2-10。

表 2-10 多氯联苯急性毒性资料 单位：mg/kg

污染物名称	中毒途径	毒性指标	中毒剂量
三氯联苯	大鼠经口	LD_{50}	4 250
四氯联苯	大鼠经口	LD_{50}	11 000
五氯联苯	大鼠经口	LD_{50}	1 295
六氯联苯	大鼠经口	LD_{50}	1 315

除了 PCB 制造和使用过程产生的含 PCB 废水、废渣和废气外，燃烧含多氯联苯的固体废物及塑料、涂料、生活污水与工业废水的挥发也是重要的 PCB 污染来源。

PCB 能够通过动物的皮肤、消化道和呼吸道而被肌体吸收，其中消化道吸收率很高。PCB 进入肌体后广泛分布于全身组织，以脂肪和肝脏中含量居多。母体的 PCB 还能够通过胎盘转移到胎儿体内，而且胎儿肝和肾中的 PCB 含量往往高于母体相同组织中的含量。PCB 在体内的代谢速率随着氯原子的增加而降低。

PCB 进入水体后可被鱼类及其他水生生物摄入，通过食物链和食物网发生生物富集作用，造成农作物、乳牛和鱼、虾、蟹等动物体内 PCB 含量增高。

严重的 PCB 急性中毒会使动物产生腹泻、血泪、运动失调、进行性脱水和中枢神经系统抑制等症状，甚至死亡。PCB 对人的危害最典型的例子是日本 1968 年发生的米糠油事件，受害者食用了被 PCB 污染的米糠油（每千克米糠油含 PCB 2 000～3 000 mg）而中毒。PCB 是强致癌、致畸和致突变性物质，其化学性质稳定，在环境中不可能通过水解或类似的反应以明显的速度降解，具有很高的残留性。慢性皮肤接触中毒表现为皮肤痤疮、毛囊炎、上腹痛、肝肿大等。

4. 有机农药类的危害特征

有机农药类种类繁多，其中有机磷农药可分为磷酸酯类、硫代磷酸酯类、二硫代磷酸酯类、亚磷酸酯类、磷酰胺、膦酸酯类和焦磷酸酯类共七大类，现就有代表性的农药进行危害特征介绍。主要根据以下 4 个方面的条件选择代表性有机农药：一是分子结构是含磷还是含氯；二是农药毒性是属于高毒还是中毒农药（低毒农药不在选择范围）；三是目前应用是否广泛，国家是否限制生产使用（已淘汰的不在选择范围）；四是在有机磷农药分类中有代表性，根据这 4 方面条件选择有代表性农药毒性资料见表 2-11。

表 2-11　常见有代表性的农药对动物的急性毒性资料　　单位：mg/kg

农药类别	农药名称	中毒途径	毒性指标	中毒剂量	备 注
有机磷类	甲基内吸磷	小鼠经口	LD_{50}	46	硫代磷酸酯类
	杀螟腈	小鼠经口	LD_{50}	324	硫代磷酸酯类
	棉胺膦	小鼠经口	LD_{50}	62	磷酰胺类
	草甘膦	小鼠经口	LD_{50}	1 568	磷酰胺类
	乐果	小鼠经口	LD_{50}	285	二硫代磷酸酯类
	马拉硫磷	小鼠经口	LD_{50}	1 120	二硫代磷酸酯类
	双硫磷	小鼠经口	LD_{50}	823	焦磷酸酯类
	久效磷	小鼠经口	LD_{50}	15	磷酸酯类（限制）
	敌百虫	小鼠经口	LD_{50}	390	膦酸酯类
有机氯类	五氯酚钠	大鼠经口	LD_{50}	140	—
	氯氰菊酯	大鼠经口	LD_{50}	82	—
	五氯酚	大鼠经口	LD_{50}	50	限制

有机磷农药（代号 OPP）是一类含碳的磷酸衍生物的总称，具有强烈生物学活性的神经毒害作用，其中的剧毒品还用作军用化学毒剂（如沙林、塔崩、梭蔓）。有机磷农药种类多样是因为磷原子周围有 4 个活性基团，它们被不同的取代基置换从而可以筛选出具有特定活性的化合物。这些有机磷化合物与有机氯化合物相区别的是在自然界容易降解，在生物体内容易分解成磷酸盐而排出体外，没有长期累积效应。这也是有机磷农药飞速发展、广泛使用的原因。现已商品化的有机磷农药已有 100 多种，其中最多的是杀虫剂，其次是杀菌剂，还有少量是除草剂和植物生长调节剂。种类繁多的有机磷农药对生物体的毒性差异较大，不少属于剧毒或高毒，有的对杀灭对象是高毒长效，但对人畜则是低毒甚至无毒的。其毒性大小取决于结构中的活性基团的抗胆碱酯酶的活性，而抗胆碱酯酶的活性取决于活性基团的亲电子性，亲电子性越强则抗胆碱酯酶的活性越强。所以不同的活性基团组

合就可以制造出不同类型的有机磷农药。另外，部分有机磷农药还有迟发性的非抗胆碱酯酶活性的神经毒害作用。

有机磷农药对人畜、水生动物的中毒途径主要有消化道、呼吸道和皮肤黏膜接触。有机磷农药进入人体血液后分布到靶器官（含乙酰胆碱酯酶的组织器官），这些器官主要是神经元活动区。因此，急性中毒后主要表现为神经活动受到抑制，出现恶心呕吐、头痛头晕、视力模糊、肌肉震颤、瞳孔缩小、呼吸困难、口部流涎、腹痛腹泻等，严重时出现肺水肿、昏迷、呼吸麻痹、脑水肿直至死亡。另外，有机磷中毒者还可能出现迟发性神经病，一般发生在中毒后 2～4 周，主要表现为双下肢腓肠肌胀痛，并逐步发展为下肢远端力减弱、步态障碍、共济失调、下肢瘫痪，病情严重者可累及上肢和双手，这是因为中毒后代谢产物造成合并脊髓损害的结果。由于容易在自然界降解和生物体内代谢分解，有机磷农药基本没有慢性中毒表现。

有机磷农药纯粹是人工合成的化合物，在自然界本身不存在。因此，有机磷农药制造、储存、运输和使用是其发生环境风险事故的主要来源。

有机氯农药是目前仍然使用的另一大类农药，其主要结构是各种氯代烃和苯环或环己烷结合生产具有不同化学活性的物质。其特点是大多化学性质稳定，不易在自然界降解，残留期长，在生物体内有蓄积作用，有的具有致畸、致癌、致突变、致不育的慢性中毒特征。因此是一种对环境不友好的农药。目前仍然广泛使用有机氯农药为五氯酚、氯氰菊酯等。

五氯酚（含五氯酚钠）主要用作杀菌剂和杀真菌剂，在生物体内有蓄积作用；氯氰菊酯主要用作杀虫剂，在生物体内没有蓄积作用，在环境中较易降解。

五氯酚口入、吸入或经皮肤吸收可引起头痛、疲倦、眼睛、黏膜及皮肤的刺激症状、神经痛、多汗、呼吸困难、发绀、肝、肾损害等，可因交热和心力衰竭引起死亡。五氯酚有蓄积作用，慢性中毒可引致肝癌等癌症。

氯氰菊酯对皮肤、黏膜有刺激作用。误服中毒的症状有：头痛、头晕、恶心、呕吐、腹痛、胸永、重者出现意识模糊和肺水肿。氯氰菊酯没有蓄积作用，因此少见慢性中毒症状。

有机氯农药主要是人工合成的化合物，自然界本身不存在。但随着过去的大量使用，加上其高残留性和蓄积性，目前在自然界有机氯农药已普遍存在，远在南极企鹅身上，高在喜马拉雅山的冰雪里都有检测出 DDT 的报告。在防范有机氯农药污染的过程中，除了生产、储存、运输和使用过程的风险防范外，还要从源头上减少甚至禁止生产和使用残留和蓄积作用强的有机氯农药。

5. 黄曲霉毒素的危害特征

黄曲霉毒素主要是由于农作物、食品、牧草、饲料等发生霉变而产生，因此一般不会发生突发性水体污染事件，但容易发生食物中毒事件。黄曲霉毒素的毒害主要是强致癌性，急性中毒表现为引起肝细胞变性、坏死，损害肝脏。黄曲霉毒素 B1 是其中毒性最大者，其急性毒性资料见表 2-12。

表 2-12 黄曲霉毒素 B1 的急性毒性资料 单位：mg/kg

动物名称	中毒途径	毒性指标	中毒剂量
鸭	经口	LD_{50}	0.34
兔	经口	LD_{50}	0.4
猫	经口	LD_{50}	0.55
猪	经口	LD_{50}	0.62
狗	经口	LD_{50}	1.0
鳝鱼	经口	LD_{50}	0.5
豚鼠	经口	LD_{50}	1.4
鸡	经口	LD_{50}	6.5
火鸡	经口	LD_{50}	2.0
大鼠	经口	LD_{50}	7.2
小鼠	经口	LD_{50}	9.0
绵羊	经口	LD_{50}	2.0

黄曲霉毒素主要通过消化道吸收，进入人体后大部分分布于肝脏，肾脏、血液、肌肉和脂肪组织也有分布，对人体除了极强的致癌性外还有致畸、致突变作用，还可引起动物胆管上皮细胞增生及脾、胃、睾丸、大脑、神经系统等病变，另外还有抑制免疫的特性。

黄曲霉毒素对植物、微生物、两栖动物、鸟类、甲壳动物、软体动物、昆虫等都有毒害作用。黄曲霉毒素在环境中易被光解和特征微生物降解，但在动物体内代谢过程产生的代谢物如过氧化物等均具有毒性。

较易发生黄曲霉毒素污染的作物及食物有油料种子（花生、坚果、绵子、油茶子、油菜子）、谷物（玉米、大米、麦类）、奶制品（经饲料途径污染）等。

6. 有机氰化物（腈类）的危害特征

腈类有机物种类多而且毒性一般都较大，表 2-13 是腈类有机物的急性毒性资料。

表 2 13 含氰基腈类有机物的急性毒性资料 单位：mg/kg

化合物名称	中毒途径	毒性指标	中毒剂量	用途
乙腈	大鼠经口	LD_{50}	453	工业溶剂
氯乙腈	大鼠经口	LD_{50}	220	工业溶剂
三氯乙腈	大鼠经口	LD_{50}	390	杀虫剂
乙醇腈	大鼠经口	LD_{50}	19	农药原料，反应介质
丙腈	大鼠经口	LD_{50}	25	工业溶剂
3-氯丙腈	大鼠经口	LD_{50}	100	工业溶剂
乳腈	大鼠经口	LD_{50}	21	工业溶剂、化工原料
丙烯腈	大鼠经口	LD_{50}	67	合成树脂、橡胶、纤维的原料
甲基丙烯腈	大鼠经口	LD_{50}	50	化工原料
丙二腈	大鼠经口	LD_{50}	60	润滑油添加剂、化工原料
苯腈	大鼠经口	LD_{50}	360	工业溶剂
苯乙腈	大鼠经口	LD_{50}	270	化工原料
丙酮腈醇	大鼠经口	LD_{50}	15	合成树脂的反应介质

化合物名称	中毒途径	毒性指标	中毒剂量	用途
丁腈	大鼠经口	LD_{50}	75	工业溶剂
异丁腈	大鼠经口	LD_{50}	75	工业溶剂
丁二腈	大鼠经口	LD_{50}	450	萃取剂、镀镍光亮剂
己二腈	大鼠经口	LD_{50}	300	合成纤维反应介质
戊二腈	大鼠经口	LD_{50}	50	合成纤维及树脂的原料
甲胩	大鼠经口	LD_{50}	71	可燃气体加臭剂
4-羟基-3,5-二碘苯甲腈	大鼠经口	LD_{50}	110	粮食作物除草剂
3,5-二溴-4-羟基苯腈	大鼠经口	LD_{50}	260	粮食作物除草剂
偶氮二异丁腈	大鼠经口	LD_{50}	30	发泡剂、聚合引发剂
四甲基丁二腈	大鼠经口	LD_{50}	30	发泡塑料加热副产品
异氰酸甲酯	大鼠经口	LD_{50}	71	氨基甲酸酯农药原料

有机氰化物在通过消化道、呼吸道或者皮肤进入人体后，在代谢过程中析出氰根离子迅速与红细胞结合，造成组织缺氧。不同种类的有机氰化物在代谢过程中析出氰的速度和量是不同的，而且有的还析出其他有毒物质如酚、氯化氢、苯甲酸等。因此造成中毒剂量和中毒反应速度不一样。

有机氰化物急性中毒症状和无机氰化物中毒症状类似，如开始恶心呕吐、胸闷胸痛、呼吸抑制、血压下降、昏迷、抽搐等，只是反应较慢，较少出现猝死，同时可能有其他并发症。但个别有机氰化物如异氰酸甲酯的中毒症状主要是呼吸道刺激性损伤，甚至肺水肿，而氰化物中毒症状不明显。慢性中毒表现要比无机氰化物明显而且丰富，多数都会引起肝脏、肾脏和肺功能的损坏，神经衰弱综合征发病率高。

7．其他有机毒物的危害特征

其他有机物是一些分子量不大，但使用或应用广泛的有机物，主要有硝基苯类、苯酚类、苯胺类、无苯胺类、酸酯类、醇类、醚类、酮类、醛和缩醛类、酰胺类、肼类、醌类及其他。由于这些有机物种类很多，大多数是没有毒性或毒性较低的，因此这里在每一类中选择毒性较大（对人畜中等毒性以上，大鼠经口 LD_{50}≤500 mg/kg）的物质进行分析，纯粹具有爆炸性、易燃性的危险物质，不会对水体产生危害的也不考虑在内。

硝基苯类化合物约有 20 多种，具有毒性（中毒以上的）的有硝基苯、邻硝基氯苯、二硝基苯（邻、间、对三种）、2,4-二硝基甲苯、2,6-二硝基甲苯、3,5-二硝基甲苯。

苯酚类化合物约有 30 多种，具有毒性（中毒以上的）的有苯酚、五氯酚（农药中已介绍）、硝基酚（邻、间、对三种）、（邻、对）苯二酚、三硝基苯酚。

苯胺类化合物约有 40 多种，具有毒性（中毒以上的）的有苯胺、间硝基苯胺、间甲苯胺、5-氯-邻甲苯胺、对苯二胺、亚甲基双苯胺、联苯胺、氯苯胺（邻、间、对三种）。

无苯胺类化合物约有 40 多种，具有毒性（中毒以上的）的有二丙胺、丙烯胺、二甲基亚硝胺、二环己胺硝酸酯。

酸酯类化合物种类较多，具有毒性（中毒以上的）的有氯甲酸甲酯、氯甲酸乙酯、氟乙酸乙酯、硫酸二甲酯。

醇类化合物种类较多，具有毒性（中毒以上的）的有甲醇、2-氯乙醇、氯丙醇、二氯丙醇、烯丙醇、糠醇、2-溴-2 硝基-1,3-丙二醇、氟代醇类、全氯甲基硫醇。

醚类化合物约有 30 多种，具有毒性（中毒以上的）的有双（氯甲基）醚、二氯乙醚、2-氯乙基乙烯醚、2-氟乙基甲基醚。

酮类化合物约有 20 多种，具有毒性（中毒以上的）的有甲基异丙烯基甲酮、3-丁炔-2-酮、3-戊炔-2-酮。

醛和缩醛类化合物约有 20 多种，具有毒性（中毒以上的）的有氯乙醛、丙烯醛、异丁烯醛、巴豆醛、乙二醛、糠醛。

酰胺类化合物约有 20 多种，具有毒性（中毒以上的）的有丙烯酰胺、氟乙烯酰胺、硫代乙酰胺、β-丙内酯。

肼类化合物约有 10 多种，具有毒性（中毒以上的）的有肼、甲基肼、1,1-二甲基肼、苯肼。

醌及其他类化合物具有毒性（中毒以上的）的有醌、环氧氯丙烷、氯乙酸、溴乙酸、碘乙酸、氟乙酸、巯基乙酸。

上述这些有机毒物的急性毒理资料见表 2-14。

表 2-14 其他有机毒物的急性毒性资料 单位：mg/kg

类别	化合物名称	中毒途径	毒性指标	中毒剂量	急性中毒症状
硝基苯类	硝基苯	大鼠经口	LD_{50}	489	均可以被消化道、呼吸道和皮肤吸收。是高铁血红蛋白形成剂。初期出现头晕、心悸、耳鸣、四肢麻木、发绀；严重者呼吸急促、心率失常、抽搐，肝肿大、昏迷、死亡。毒性顺序为二硝基苯＞二硝基甲苯＞硝基氯苯＞硝基苯
	邻硝基氯苯	大鼠经口	LD_{50}	268	
	邻二硝基苯	人经口	MLD	5	
	间二硝基苯	大鼠经口	LD_{50}	59.5	
	对二硝基苯	大鼠经口	LD_{50}	50	
	2,4-二硝基甲苯	大鼠经口	LD_{50}	268	
	2,6-二硝基甲苯	大鼠经口	LD_{50}	177	
	3,5-二硝基甲苯	大鼠经口	LD_{50}	216	
苯酚类	苯酚	大鼠经口	LD_{50}	317	均可以被消化道、呼吸道和皮肤吸收。主要为抑制中枢神经，也可引起高铁血红蛋白症。初期表现为血压升高、继而发生心肌损害，严重的发生呼吸困难甚至衰竭、昏迷、死亡
	邻硝基酚	大鼠经口	LD_{50}	334	
	间硝基酚	大鼠经口	LD_{50}	328	
	对硝基酚	大鼠经口	LD_{50}	250	
	邻苯二酚	大鼠经口	LD_{50}	260	
	对苯二酚	大鼠经口	LD_{50}	320	
	2,4,6-三硝基苯酚	人经口	MLD	5	
苯胺类	苯胺	大鼠经口	LD_{50}	250	大都可以被消化道、呼吸道和皮肤吸收。主要为导致高铁血红蛋白症所引起的缺氧和发绀。初期表现为头痛头晕、乏力、胸闷、皮肤及黏膜发绀。严重的出现溶血性贫血，并发生肝、肾、心脏损害及中枢神经系统症状。联苯胺易引起呼吸系统症状咳嗽、呼吸困难、咽喉肿痛等
	间硝基苯胺	大鼠经口	LD_{50}	353	
	间甲苯胺	大鼠经口	LD_{50}	450	
	5-氯-邻甲苯胺	大鼠经口	LD_{50}	464	
	对苯二胺	大鼠经口	LD_{50}	180	
	亚甲基双苯胺	大鼠经口	LD_{50}	374	
	联苯胺	大鼠经口	LD_{50}	309	
	邻氯苯胺	大鼠经口	LD_{50}	256	
	间氯苯胺	大鼠经口	LD_{50}	256	
	对氯苯胺	大鼠经口	LD_{50}	310	

类别	化合物名称	中毒途径	毒性指标	中毒剂量	急性中毒症状
无苯胺类	亚乙基亚胺	大鼠经口	LD_{50}	15	胺类化合物一般有难闻气味，具有腐蚀性和刺激性。均可以被呼吸道、皮肤和消化道吸收，但以呼吸道为主。主要表现为呼吸道疾病如鼻干、咳嗽，以及眼角膜水肿、视力下降、肺水肿等
	亚丙基亚胺	大鼠经口	LD_{50}	19	
	二丙胺	大鼠经口	LD_{50}	280	
	一烯丙胺	大鼠经口	LD_{50}	106	
	二甲基亚硝胺	大鼠经口	LD_{50}	18	
	二环己胺硝酸酯	大鼠经口	LD_{50}	325	
酸酯类	氯甲酸甲酯	大鼠经口	LD_{50}	50	酸酯类化合物一般具有刺鼻性气味，主要通过呼吸道和皮肤进入人体，消化道也可以吸收。对呼吸道、眼结膜有强烈刺激作用，易引起肺水肿、皮肤和黏膜坏死
	氯甲酸氯甲酯	大鼠经口	LD_{50}	2	
	氯甲酸乙酯	大鼠经口	LD_{50}	50	
	氯乙酸甲酯	大鼠经口	LD_{50}	240	
	氟乙酸乙酯	大鼠经口	LD_{50}	10	
	硫酸二甲酯	大鼠经口	LD_{50}	205	
醇类	甲醇	大鼠经口	LD_{50}	12	醇类化合物一般都有特殊气味，部分具有刺激性，主要通过呼吸道和消化道进入人体。醇类主要是对神经系统抑制和麻醉作用，急性中毒时出现兴奋、抑制呼吸、眩晕、嗜睡、流涎、恶心呕吐等多种症状。严重的出现昏迷、呼吸衰竭甚至死亡。慢性的可导致多种肝病
	2-氯乙醇	大鼠经口	LD_{50}	71	
	氯丙醇	大鼠经口	LD_{50}	220	
	二氯丙醇	大鼠经口	LD_{50}	90	
	烯丙醇	大鼠经口	LD_{50}	99	
	糠醇	大鼠经口	LD_{50}	275	
	2-溴-2 硝基-1,3-丙二醇	大鼠经口	LD_{50}	180	
	氟代醇类	大鼠经口	LD_{50}	10	
	全氯甲基硫醇	大鼠经口	LC_{50}	296 mg/m^3	
醚类	氯甲基甲醚	大鼠经口	LD_{50}	500	醚类主要有刺激和麻醉作用。急性中毒初期出现流泪、咽痛、剧烈呛咳、胸闷、呼吸困难并有发热，严重的出现化学性肺炎和肺水肿。慢性中毒具有强致癌作用
	双（氯甲基）醚	大鼠经口	LD_{50}	210	
	二氯乙醚	大鼠经口	LD_{50}	75	
	2-氯乙基乙烯醚	大鼠经口	LD_{50}	250	
	2-氟乙基甲基醚	小鼠腹腔	LD_{50}	15	
酮类	甲基异丙烯基甲酮	大鼠经口	LD_{50}	180	酮类一般具有刺鼻气味。对眼和呼吸道有强烈的刺激性。无论吸入还是口服都可以导致发生抽搐甚至死亡
	3-丁炔-2-酮	大鼠经口	LD_{50}	6.3	
	3-戊炔-2-酮	小鼠腹腔	LD_{50}	63	
醛和缩醛类	氯乙醛	大鼠经口	LD_{50}	50	醛类一般都具有强烈的刺鼻气味。对呼吸道和眼的刺激性强烈。可引起肺水肿，严重时出现休克、心力衰竭、致死。氯乙醛可引致慢性中毒致畸、致癌
	丙烯醛	大鼠经口	LD_{50}	46	
	异丁醛	大鼠经口	LD_{50}	220	
	巴豆醛	大鼠经口	LD_{50}	220	
	乙二醛	大鼠经口	LD_{50}	200	
	糠醛	大鼠经口	LD_{50}	50	
酰胺类	丙烯酰胺	大鼠经口	LD_{50}	170	酰胺类化合物主要通过皮肤和消化道被人体吸收，其中皮肤吸收能力强。中毒症状表现为中枢神经系统障碍如喘息、痉挛、衰竭，慢性可引致肝硬化和致癌
	硫代乙酰胺	大鼠经口	LD_{50}	2	
	β-丙内酯	大鼠经口	LD_{50}	345	

类别	化合物名称	中毒途径	毒性指标	中毒剂量	急性中毒症状
肼类	肼	大鼠经口	LD_{50}	60	肼类可以被消化道、呼吸道和皮肤迅速吸收。中毒时出现头晕头痛，频繁的恶心呕吐、腹泻，严重的出现意识蒙眬、大小便失禁、运动障碍、痉挛、肾衰竭、死亡
	甲基肼	大鼠经口	LD_{50}	32.5	
	1,1-二甲基肼	大鼠经口	LD_{50}	122	
	苯肼	大鼠经口	LD_{50}	188	
有机酸及其他类	醌	大鼠经口	LD_{50}	130	醌可以被消化道和皮肤吸收，可引起抽搐、呼吸困难、肺组织损伤、血压下降，甚至延髓中枢麻痹而死亡
	环氧氯丙烷	大鼠经口	LD_{50}	210	可以被消化道、呼吸道和皮肤吸收。具有神经毒和细胞原浆毒作用，可导致轴突和骨髓稍病变、肌肉无力或瘫痪，接触的皮肤或黏膜坏死
	氯乙酸	大鼠经口	LD_{50}	76	有机酸类可以被消化道、呼吸道和皮肤吸收。能与体内重要的含巯基酶类结合，引起三羧酸循环障碍，使耗能较多的心脏、中枢神经系统和骨骼肌受到严重损伤。初期中毒对眼和呼吸道刺激作用明显，继而引发神经系统障碍，循环衰竭，最终可导致死亡
	溴乙酸	大鼠经口	LD_{50}	100	
	碘乙酸	大鼠经口	LD_{50}	116	
	氟乙酸	大鼠经口	LD_{50}	4.6	
	三氟乙酸	大鼠经口	LD_{50}	200	
	巯基乙酸	大鼠经口	LD_{50}	250	

三、有机毒物水污染事件应急处理技术

1. 应急监测技术

有机毒物绝大多数都是石油化工产品及其中间体，一般都具有良好的色谱分离特性或显色反应和光反应特征。实验室传统的分析方法主要有气相色谱法、液相色谱法、气质联用法、分光光度法等。为了满足快速和广谱这两个应急监测的基本技术要求，监测方法必须在实验室应用基础上进行改进和提高。目前已开发成熟并推广应用的应急监测技术方法有：

（1）便携式气相色谱仪或气质联用仪。国外有关监测仪器研发机构已开发出可用于有机毒物监测的便携式气相色谱仪和气质联用仪，目前已开发成功能够识别的有机毒物标准图谱已达 1 000 多种。其优点除了方便带到现场操作、简单快速外，主要就是标准图谱丰富，容易识别出污染物质；气质联用仪还可以准确测出污染物的含量（浓度），监测精度和检测限满足许多剧毒物质的低阈值要求。缺点是价格较昂贵，对基层环保部门财务负担有压力。

（2）便携式红外光谱仪。国外开发成功的便携式傅里叶变换红外光谱仪与便携式气质联用仪相比，检测范围更宽广，预涉的标准图谱库物质已达 2 000 多种，并可自创增加谱库达 1 万多种，包含了有机和无机毒物在内的大部分气态、液态和粉末状物质。其优点是识别污染物的能力很强而且简便易用，缺点是检测限较高，但足够满足污染事件应急监测

要求。

（3）应急监测车。现代应急监测车一般都有多模块组合功能，因此配备有小型化的气相色谱仪、液相色谱仪、气质联用仪或红外光谱仪模块的应急监测车，对监测有机毒物水污染事件是最有效的选择。当然，应急监测车及其配套设备价格昂贵，不是一般基层环保部门能够负担的，但是对于中小化工企业较多或者大型化工企业所在地区、重要水源保护地的各级环保监测部门配备应急监测车是必要的。

（4）多功能水质监测仪。目前广泛应用的多功能水质监测仪主要检测项目为无机盐类，只有甲醛、酚、肼、二乙基羟胺、丙烯酸等少数几个有机毒物监测项目。针对有机毒物而言还无法真正实现“多功能”，而且必须预先选定测定项目，无法满足应急监测需要识别污染物的功能。

（5）快速检测试剂管。目前国外已开发用于检测部分有机毒物的检测试剂管主要有两大类，一类是直接检测管法，水体通过塑胶试剂管的针刺孔被吸入试剂管中，与试剂发生显色反应，其颜色深浅对照标准色列可以半定量地确定待测污染物的浓度，主要应用于检测酚、甲醛、肼、乙二醇等少数几个有机毒物。另一类是气提-气体检测管法，水样中的挥发性有机物经过气提（干净空气吹出）出来成为气体，然后进入检测管与试剂出现退色反应，试剂管退色的长度就是污染物的量。可用于挥发性强而在水中溶解度低的污染物，主要有低分子量的脂肪烃、卤代烃、芳香烃、有机酸类物质。试剂管法的优点是成本较低，简单易行，缺点是识别能力差，检测限较高，检测范围也较窄。

2. 应急治理技术

水体受到有机毒物污染，没有太多的治理方法选择，除了想方设法堵截污染严重水体向下游流动速度外，就是在水体流动方向下游投入可吸附有机毒物的物质，主要有活性炭、多孔煤渣、硅藻土等。其中以活性炭效果最好，但也价格较贵。应急处理初期可以就地选用煤渣、硅藻土等易得物质，紧接着用活性炭代替。投放吸附物时应注意用麻包装好，有序堆放在所有水体流动的地方，可以采取多级堆放的方式以增强吸附效果，同时要注意更换已经饱和的吸附物质。吸附处理完毕后的吸附物质应妥善处理，最好是焚烧净化。含氯基苯环有机毒物的吸附物质焚烧时应注意净化烟气，防止产生二噁英、苯并芘等更毒的二次污染物。

难溶解于水、具有沉积作用的有机毒物污染水体后，还要注意清除受污染的水体底泥。清除出的受污染底泥也必须安全处置。

3. 应急救援技术

有机毒物中毒类型多样，中毒症状不一，但凡是从口入或皮肤接触受污染水体的，现场应立即用肥皂水或清水冲洗皮肤，用清水漱口、催吐洗胃后口服活性炭，并紧急求医诊治。必要时可饮服牛奶、鸡蛋清等高蛋白物质解毒。有机氰化物中毒后可改用用 1∶5 000 高锰酸钾或 5%硫代硫酸钠溶液代替清水洗胃。

第五节　其他水污染事件应急处理技术

一、其他水污染事件种类及污染物来源

其他水污染事件主要包括热污染、酸碱污染、非金属无机毒物污染三大类。

（一）热污染的危害特征和来源

热污染事件主要来源于大型耗水企业的冷却水事故排放。冷却水（无论直接冷却还是间接冷却）温度显著高于水体常温，一般可达45～60℃，有的更高，一般都要经过进一步冷却，接近水体常温后回用或者排放。大量突然排放未经进一步冷却的冷却水，可导致水体温度局部显著升高，这样会导致水中部分生物（主要是藻类、昆虫、微生物等）受损甚至死亡，局部生态系统遭受破坏；另外还可能间接导致重金属、氰化物等毒性增强，水中溶解氧因温度升高而减少等。

产生大量冷却水的行业主要有火力发电企业、核能发电企业、钢铁冶金工业，此外化工、石油、造纸、机械制造工业等也有较大量冷却水产生。

（二）酸碱污染的危害特征与来源

酸碱污染事件是指大量酸性或碱性废水排入水中，或者酸液或碱液泄漏到水中，使水体的pH发生变化，妨碍水体自净作用，同时还会腐蚀船舶和水下建筑物，直接影响渔业生态的污染事件。自然水体对pH有一定的缓冲能力，但突然排入的废水废液或酸碱原料，会导致水体局部pH严重偏离正常波动范围，进而影响水体正常功能。

导致水体酸碱污染物事件的污染来源有：大型排水企业污水处理设施发生故障，排放污水pH严重偏离中性（pH＜2或＞12）；大量使用酸或碱的企业的酸或碱储罐因事故发生泄漏；运输酸或碱（含废酸废碱液）的槽罐车辆因交通事故发生泄漏；某些矿山开采排放未经处理的酸性坑道水等。

（三）非金属无机毒物的种类和来源

非金属无机毒物主要分为以下几类：

1．类金属毒物

主要有砷、硒、碲。其中以砷及其化合物的毒性最大，硒次之，碲最小，硒和碲均属于低毒类物质。

砷化物在自然界广泛存在，主要以砷的硫化物形式存在，如雄黄（As_2S_2）、雌黄（As_2S_3），并常以混合物的形式分布于各种金属矿中。冶炼和燃烧雄黄矿石或其他夹杂砷化物的金属矿石（如钨、锑、铅、锌、铜等矿石）时，会产生三氧化二砷（As_2O_3，俗称砒霜）。此外，三氧化二砷还常用作外用药、杀鼠药、杀虫剂、消毒防腐剂等，在生产及使用过程中，均有发生中毒的风险。其他砷化物有含砷杀虫剂，如砷酸钙、砷酸铅；含砷除草剂，如亚砷酸钠、亚砷酸钙；含砷杀菌剂，如五氧化二砷；木材防腐剂如砷酸；有机砷农药如甲基胂

酸锌（稻脚青）、甲基胂酸钙（稻宁）、甲基胂酸铁胺（田安）、退菌特（有机硫砷复合杀菌剂）等；半导体原材料如高纯砷、砷化镓（GaAs）；化工原料如三氯化砷，砷与铜、铅制成的合金；颜料如雄黄、雌黄、砷绿等；玻璃工业的氧化脱色剂如白砷；含砷药物如抗癌药、抗梅毒药、枯痔散等。在生产或使用这些化合物，特别是 As_2O_3 时，如防护不当，或意外污染食物、饮水等，均有发生急、慢性砷中毒的可能。

2. 氰化物

含无机氰根离子的化合物，绝大多数属于剧毒或高毒物质。

氰化物种类较多，但都属于人工合成物质，自然界存在极少。主要在电镀（镀铜、金、银等）、采矿（提取金银）行业，船舱、仓库的熏蒸灭鼠剂，制造各种树脂的单体如丙烯酸酯、甲基丙烯酸酯己二胺以及有机氰类化合物（腈类物质）做原料试剂使用。在这些氰化物的制造、储存、运输和使用过程均有可能发生中毒风险。

3. 磷及磷化物

单体磷中黄磷有剧毒，含磷的有毒化合物主要有磷化锌、磷化铝等。

磷主要存在于含磷矿石中。单体磷有 4 种同素异构体：黄磷（白磷）、赤磷（红磷）、紫磷及黑磷。其中黄磷有剧毒，应用最广泛，可从矿石或磷酸钙中提取，在工业及军事上用于制造红磷、磷化物、磷酸、磷合金、烟幕弹、燃烧弹、信号弹、火焰喷射器、烟火、爆竹等的原料，另外，还可以用于制造石化工业的缩合催化剂、稳定剂、表面活性剂、特殊干燥剂，也可以用于制药、电子工业、染料、农药、化肥等的原料。

磷的无机化合物中有毒的不是很多，其中磷化氢属于剧毒气体，不在此讨论之列，其余属于中等以上毒性的固态或液态物质有磷酸锌、磷化铝、三氯氧磷、三氯化磷等。磷化锌和磷化铝属于高毒物质，两者主要用作杀鼠剂、粮仓熏蒸杀虫剂等；三氯氧磷和三氯化磷主要在医药、农药、染料的生产及合成橡胶等有机合成工业中用作氯化剂、催化剂和溶剂，还可用作润滑油添加剂、制造磷酸酯及其增塑剂和阻燃剂的原料、光导通信的高纯物质材料等。这些化合物在生产、储存、运输、使用过程中均有可能发生中毒风险。

二、非金属无机污染物的危害特征

1. 砷化物的危害特征

人体中含有砷，但是否是人体的必需元素，尚有争论。无机砷不溶于水，无毒性。三价砷化物比五价砷化物毒性大，无机砷化物要比有机砷化物毒性大。砷毒性因染毒途径、动物种属不同有很大差别。砷的急性毒性资料见表 2-15。

无机砷化合物被摄入消化道以后，其吸收程度取决于它的溶解度和物理状态，可溶性的三价无机砷化物在消化道中的吸收率大于 80%。三氧化二砷等水溶性较差的砷化合物在消化道的吸收取决于其颗粒的大小，胃液的 pH 等，砷酸盐在肠道中的吸收方式与磷酸盐相似。有机砷化合物的吸收主要通过肠壁黏膜的简单扩散方式进行，吸收速率与浓度呈正相关。实验表明，小鼠、豚鼠、家兔以及猴一次吸入或经口摄入的无机砷化物很快进入血液，在血液中与蛋白质和氨基酸结合，形成巯基化合物，分布到肝、肺、肠、脾、肌肉和一些神经组织，1～2 天后有 1%留在血液中。大鼠例外，进入血液的砷有相当部分与红细胞结合，砷在血液中的半减期长达 70 天。长期摄入无机砷化合物会导致砷在皮肤、毛发、附睾、甲状腺、晶状体以及骨骼等蓄积。研究表明，砷很容易通过动物和人的胎盘屏障。

表 2-15　砷的化合物的急性毒性资料　　单位：mg/kg

类别	物质名称	染毒途径	毒性指标	中毒剂量
无机化合物	三氧化二砷（砒霜）	小鼠皮下	LD_{100}	9.0
		大鼠经口	LD_{50}	12.0
		人经口	MLD	0.76
		人吸入	MLC	0.16（mg/m^3）
	砷酸	大鼠经口	LD_{50}	48
	亚砷酸钠	大鼠经口	LD_{50}	41
	砷酸钠	大鼠经口	LD_{50}	100
	砷酸钙	大鼠经口	LD_{50}	20.0
	乙酰亚砷酸铜（巴黎绿）	大鼠经口	LD_{50}	22.0
	亚砷酸氢铜（舍勒绿）	人经口	LD	0.4（g/人）
有机化合物	苯砷酸	大鼠经口	LD_{50}	530
	二甲基砷酸	大鼠经口	LD_{50}	690

砷急性中毒主要表现为急性肠胃炎（剧烈恶心呕吐和腹痛腹泻）、心血管损害（血压下降、四肢湿冷、心律不齐等）、中毒性肝病（肝肿大甚至肝功能衰退）、迟发性神经病（1至3周后出现四肢麻木、运动力弱、感觉过敏等）、皮肤及附件改变（1周后出现皮肤糠秕状脱屑，继之色素沉着）。慢性砷中毒除了导致皮肤脱屑、色素沉着、角化过度及疣状增生外，还有致畸、致癌（以皮肤癌、肺癌、肝癌居多）作用。

2．氰化物的危害特征

氰化物能够通过皮肤和消化道被人体吸收，氰化氢气体能够通过呼吸道被人体吸收。氰化物进入人体血液后迅速释放出氰根离子，氰根离子能够抑制细胞色素氧化酶血液中的红细胞，抑制或阻断细胞生物氧化而迅速发挥毒性作用，其毒性资料见表 2-16。

表 2-16　氰化物的急性毒性资料　　单位：mg/kg

物质名称	染毒途径	毒性指标	中毒剂量
氢氰酸	小鼠经口	LD_{50}	4.17
	人经口	MLD	0.7
氰化钠（山埃）	大鼠经口	LD_{50}	6
	人经口	MLD	1.4
氰化钾	大鼠经口	LD_{50}	6.4
	人经口	MLD	1.6
氰化钙	大鼠经口	LD_{50}	39
氰化碘	大鼠经口	LD_{50}	33
氰化亚铜	大鼠经口	LD_{50}	41
金氰化钾	人经口	LD_{50}	77

无机氰化物被摄入人体后一般经过 4 个发病期：

（1）前驱期：接触低剂量氰化物时可出现眼部及上呼吸道刺激症状，如流泪、流涕、咽喉瘙痒等，口内有苦杏仁味，口唇及咽部麻木，继而出现恶心、呕吐、震颤、心悸、语言困难等。

（2）呼吸困难期：前述症状加重，出现呼吸急促，伴有听力和视力下降，常有恐惧感，并出现神志模糊、瞳孔放大、眼球突出等外在表现。

（3）痉挛期：中毒者意识丧失、牙关紧闭、不断发生全身性痉挛，呼吸浅而不规则、血压下降、大小便失禁、皮肤黏膜鲜红。

（4）麻痹期：中毒者表现为深度昏迷、全身痉挛停止、各种反应消失、心律失常、血压显著下降，呼吸随时可能停止，但心跳在呼吸停止后仍可维持 2～3 分钟。

4 个发病期中前两个及时治疗后可以恢复正常，后两个已导致心肌损害、肺水肿、脑水肿等器质性病变，即使抢救回来也会留下后遗症，如头痛失眠、心律失常、感觉障碍、精神失常等。

氰化物在体内无蓄积作用，因此慢性中毒症状较少见，但长期接触低剂量氰化物的人也会出现慢性结膜炎、慢性鼻炎、神经衰弱综合征、肌肉酸痛、动作迟缓，甲状腺肿大等中毒病症。

3. 磷及磷化物的危害特征

磷及其化合物可通过消化道和被灼伤的皮肤吸收进入人体内，除了一般中毒作用外，其在血液中的特异作用是可变为磷酸根或亚磷酸根与钙结合，导致体内钙的排出增多。因此，磷中毒时常表现为骨质脱钙，骨质疏松和脆弱。其毒性资料见表 2-17。

表 2-17 磷及磷化物的急性毒性资料 单位：mg/kg

物质名称	染毒途径	毒性指标	中毒剂量
黄磷	大鼠经口	LD_{50}	3.03
磷化锌	大鼠经口	LD_{50}	40.5
磷化铝	小鼠经口	LD_{50}	2
三氯氧磷	大鼠经口	LD_{50}	380
三氯化磷	大鼠经口	LD_{50}	550

单体黄磷进入体内后易积存于肝、脾、骨中，以肝脏为主。因此，黄磷通过灼伤皮肤进入体内的急性中毒常表现为肝区疼痛、肝肿大、黄胆、肝功能异常，严重时导致肝、肾、心功能衰竭而死亡。通过口进入人体的急性中毒表现为口腔、咽喉糜烂、胃部灼烧感强、恶心呕吐、呕血和黑便，呕吐物有蒜臭味，数日内也会出现黄胆、血尿，最终因肝、肾损害而死亡。

磷化物中毒时可对神经系统、呼吸系统、心血管系统、消化系统和泌尿系统造成损害。对神经系统中毒表现为精神不振、共济失调，严重时导致抽搐、昏迷；对呼吸系统中毒表现为鼻、咽发干充血，咳嗽、胸闷、气短，严重时导致肺泡性肺水肿；对消化系统中毒表现为恶心、频繁呕吐，呕吐物有蒜臭味（电石气味）、心窝部灼烧感、胃肠道出血等，严重时导致肝肿大、黄胆及肝功能异常；对心血管系统中毒表现为血压下降、心律不齐甚至休克，严重时导致心肌受损；对泌尿系统中毒表现为肾脏功能损害，如血尿、少尿，严重时导致肾功能衰竭。

三、其他水污染事件应急处理技术

（一）应急监测技术

1．水体热污染及酸碱污染事件应急监测技术

水体热污染及酸碱污染事件应急监测技术相对简单，主要采用便携式水温计和便携式pH 计进行。在监测水温时，需要注意的是要采用数字式的较长电极引线的测温探头；在监测 pH 时应采用有较长引线的复合型 pH 电极。

2．水体非金属无机物污染事件应急监测技术

砷化物、氰化物和磷化物污染水体，采取的应急监测方法主要有：

（1）便携式单项水质监测仪法。单项水质监测仪是指设计专门用于某一项污染物监测的仪器，如测氰仪、测砷仪等。这些单项水质测定仪优点是体积小，移动及操作都很方便，检测限满足水质安全监测的要求，适合于已知污染物类型的事故跟踪监测，但不适用于污染事件发生初期的污染物识别。我国目前已有部分仪器厂家生产，但质量不够稳定，国外进口的质量较好。

（2）多参数水质检测仪法。此法适用于已知多种污染物的跟踪测定，优缺点和单项水质监测仪法类似。国内外都有生产，目前以国外的种类较多，选择余地大，质量也较好，不过价格相对较贵。

（3）便携式阳极扫描溶出伏安法。此法在重金属污染物监测时已介绍，也可用于检测砷、硒、碲等类金属污染物，具有扫描识别污染物的功能。

（4）便携式分光光度计法。便携式分光光度计法是根据实验室分光光度计法的原理，把有关污染物的测定方法程序化置入控制芯片内，使之自动选择波长、自动调零、自动比色、自动根据内置标准曲线进行结果计算并打印输出的一种简便方法，它需要专门购置每一测定项目的显色试剂药包。砷化物、氰化物、磷化物及其他在实验室用分光光度法测定的无机污染物都可以用此法测定。

（5）快速试纸或检测管法。前面已介绍，快速试纸法可用于半定量或定性测定，目前已开发成熟可用于非金属无机物测定的项目有砷试纸、氰试纸等。快速检测管法和快速试纸法类似，目前已开发成熟可用于非金属无机物测定的项目有直接检测管型的氰化物管、砷化物管等。

（6）应急监测车。应急监测车可根据需要配备小型化的原子吸收仪、分光光度计等现场监测仪器设备，因此可用于多种非金属无机污染物的监测。

（7）便携式气相色谱仪法。目前单体黄磷尚没有其他现场测定方法，只有运用便携式气相色谱仪或气-质联用仪才能够检测出水体中的黄磷。

（二）应急治理技术

1．热污染与酸碱污染应急治理

水体受到热污染，没有太多的有效治理方法。首先是要杜绝污染源继续排放含热废水；其次是尽可能地堵截热污染水体大面积流动，依靠空气热交换自然冷却水体；最后是有条件的地方引入其他自然水体稀释冷却受热污染水体。

水体受到酸碱污染的治理方法是：首先杜绝污染源继续排放酸或碱到水体，其次选择中和材料中和受污染的水体。如果是酸污染，一般可以选择石灰中和，如果是碱污染，可以选择工业级的醋酸、盐酸等价格较低廉的酸中和。

2．砷化物污染水体应急治理

水体受到砷化物污染除了杜绝污染源继续排污外，没有更好的消除污染的办法，只能依靠水体稀释自净能力和生物的转化作用降低水体无机砷化物的含量。

3．氰化物污染水体应急治理

水体受到氰化物污染，首先要杜绝污染源继续排污，其次尽可能地堵截受污染水体向下游流动速度，然后可以向污染水体撒漂白粉或双氧水氧化氰根离子，以漂白粉最为经济。

4．磷及磷化物污染水体应急治理

黄磷进入水体后，大部分吸附在颗粒物上沉入水底与底泥混合，其中少量黄磷慢慢向水体释放，并被水中的溶解氧氧化生成磷酸盐，毒性下降。底泥中的黄磷则可残留很长时间，因此，黄磷污染水体更多的是影响底泥栖息生物。治理时首先要杜绝污染源继续排污，其次尽可能地堵截减缓受污染水体向下游流动速度，然后可以向污染水体撒漂白粉或双氧水等氧化剂加快黄磷氧化为无毒的磷酸盐。

磷化锌、磷化铝等有毒磷化物进入水体后可与水发生水解反应生成氧化磷或磷化氢，在强氧化剂存在条件下可迅速生产磷酸盐。因此，应急治理方法也是向污染水体撒漂白粉、次氯酸钠、双氧水等。

（三）应急救援技术

水体热污染或酸碱污染造成的急性中毒较少见，因此这里主要介绍因非金属无机毒物污染水体导致急性中毒的现场紧急救治技术。具体情况见表 2-18。

表 2-18　非金属无机毒物急性中毒现场救治技术

污染物	中毒特征	急救方法
砷化物	口入中毒出现恶心，呕吐，腹痛，大便有时混有血液，四肢痛性痉挛，少尿，无尿昏迷，抽搐，呼吸麻痹而死亡。可在急性中毒的 1～3 周内发生周围神经病。可发生中毒性心肌炎、肝炎。指（趾）甲上出现白色横纹（mess 纹）	皮肤接触者脱去被污染的衣着，用肥皂水和清水彻底冲洗皮肤；眼睛接触者提起眼睑，用流动清水或生理盐水冲洗；食入：催吐。洗胃给饮牛奶或蛋清。如呼吸困难，给输氧。如呼吸停止，立即进行人工呼吸。就医
氰化物	抑制呼吸酶，造成细胞内窒息。非骤死者临床分为 4 期：前驱期有黏膜刺激、呼吸加快加深、乏力、头痛，口服有舌尖、口腔发麻等；呼吸困难期有呼吸困难、血压升高、皮肤黏膜呈鲜红色等；痉挛期出现抽搐、昏迷、呼吸衰竭；麻痹期全身肌肉松弛，呼吸心跳停止而死亡	皮肤接触者用流动的清水或 5%硫代硫酸钠溶液彻底冲洗至少 20 分钟；眼睛接触者立即提起眼睑，用大量流动清水或生理盐水彻底冲洗至少 15 分钟。口入者饮足量温水，催吐，用 1∶5 000 高锰酸钾或 5%硫代硫酸钠溶液洗胃。如呼吸困难，给输氧。呼吸心跳停止时，立即进行人工呼吸（勿用口对口）和胸外心脏按压术。就医

污染物	中毒特征	急救方法
黄磷	口服中毒出现口腔糜烂、急性胃肠炎，甚至发生食道、胃穿孔。数天后出现肝、肾损害。重者发生肝、肾功能衰竭等。本品可致皮肤灼伤，磷经灼伤皮肤吸收引起中毒，重者发生中毒性肝病、肾损害、急性溶血等，以致死亡	皮肤接触者脱去被污染的衣着，用大量流动清水冲洗。立即涂抹2%～3%硝酸银灭磷火。眼睛接触者立即提起眼睑，用大量流动清水或生理盐水彻底冲洗至少15分钟。口入者立即用2%硫酸铜洗胃，或用1∶5 000高锰酸钾洗胃。洗胃及导泻应谨慎，防止胃肠穿孔或出血。如呼吸困难，给输氧。如呼吸停止，立即进行人工呼吸。就医
磷化物	磷化物遇水或酸产生磷化氢而中毒。吸入磷化氢气体引起头晕、头痛、乏力、胸闷及上腹部疼痛等。严重者有中毒性精神症状，脑水肿，肺水肿，肝肾及心肌损害，心律失常等。口服中毒有胃肠道症状，以及发热、畏寒、头晕、兴奋及心律失常，严重者有气急、少尿、抽搐、休克及昏迷等	吸入现场挥发的磷化氢者迅速脱离现场至空气新鲜处，保持呼吸道通畅。如呼吸困难，给输氧。如呼吸停止，立即进行人工呼吸。就医。食入磷化物者饮足量温水，催吐，洗胃。就医

第三章 空气污染事件应急处理技术

第一节 概述

空气污染事件是指由于发生自然灾害或意外事故，导致空气中某一种或某几种污染物浓度急剧升高，超过了一定的限值，从而对人体健康、动植物、社会福利造成损害的突发污染事件。这类污染事件具有突发性、不确定性、变动性、危险性、危害严重、污染影响长远等特点。根据空气污染事件发生的原因和危害特点的不同，可大致分为 4 种类型，即无机毒物污染空气事件、有机毒物污染空气事件、恶臭污染事件、城市空气污染事件。

一、无机毒物污染空气事件

无机毒物污染空气事件是由于生产活动中的意外事故造成无机气态和液态的有毒物质发生泄漏或易燃化学物质燃烧、爆炸，释放出高浓度的有毒气体，导致事故发生地周围的环境空气受到严重污染，进而危害人体健康和生态环境。

1．主要影响对象

无机毒物污染空气事件的主要影响对象有大气、地表水、土壤、人群健康、动植物（农作物、家畜、水生生物）、建筑物等。当污染事故发生后，除了大气受到污染外，污染物还可自行降落或随降水降落到地面，污染水体和土壤，使得饮用水、粮食、蔬菜、水果、牲畜都受到污染。

2．污染特点

（1）扩散速度快，危害严重。无机有毒物质泄漏或易燃化学物质燃烧、爆炸造成的突发空气污染事件，其影响范围一般在几公里到几十公里，属于小尺度的大气污染。短时间内大量释放到空气中的无机毒物，尤其是在常温常压下为气态和易挥发的物质，能迅速扩散到生产区域以外的场所，造成人畜中毒、植物枯死。当无机毒气向下风方向扩散，可在几分钟或几十分钟内扩散至几百米或数千米远，使无防护人员中毒。

（2）对人体的呼吸系统、循环系统及神经系统损害严重。引发突发空气污染事件的无机毒物对人体的危害主要表现在窒息性和刺激性两方面。窒息性无机气体主要损害人体的循环系统和神经系统，使肌体缺氧或组织缺氧而窒息。高浓度窒息性气体，如吸入 1 000 mg/m^3 以上的硫化氢气体，可导致“闪电式”死亡。刺激性无机气体的共同点是对人体黏膜和皮肤具有刺激作用，水溶性强的刺激性无机气体兼有腐蚀性。此类无机毒物主要损害人体的呼吸系统，形成高浓度刺激性气体时，可引起气管炎、肺炎、肺水肿。

（3）在空气中不稳定，易引发二次污染事件。相对于有机毒物而言，进入环境空气中的有毒无机气体，其化学活性较强，在空气中易发生化学变化，生成二次污染物。根据有关调查报告，当液氯泄漏事故发生时，污染源清除后的大约 72 h，空气中的氯气浓度接近正常值，而二次污染物氯化氢的浓度峰值出现在氯气浓度峰值之后大约 24 h，在氯气污染消除后，氯化氢成为空气污染的重要因素。除了氯气外，硫化氢、氟化氢、砷化氢等有毒无机气体都具有较强的不稳定性，甚至有燃烧爆炸的危险，如硫化氢，与空气混合能形成爆炸性混合物，遇明火、高温能引起燃烧爆炸，形成次生灾害，导致二次污染。

二、有机毒物污染空气事件

有机毒物污染空气事件是由于生产活动中的意外事故造成有机气态和液态的有毒物质发生泄漏，释放出高浓度的有毒蒸气，导致泄漏点周围的环境空气受到严重污染，进而危害人体健康和生态环境。

1．主要影响对象

有机毒物污染空气事件的主要影响对象有大气、地表水、土壤、人群健康、动植物（农作物、家畜、水生生物）。部分有机毒物进入环境后能在生物体内蓄积，如三氯乙烯进入水体后能在水生生物体内蓄积。

2．污染特点

有机毒物泄漏造成的空气污染，其影响范围在几公里到十几公里，属于小尺度的空气污染。但大量的有机毒物在短时间内挥发扩散到大气中，造成的影响大，危害严重。

（1）严重损害人体的神经系统。对空气造成严重污染的有机毒物多为中枢神经性毒物和周围神经性毒物。光气、甲烷、苯等属于中枢神经性毒物，此类污染物进入人体后，主要损害中枢神经系统，引起脑部严重器质性和机能性改变。如二硫化碳和三氯乙烯属于周围神经性毒物，主要损害感觉神经功能，三氯乙烯急性中毒可导致呼吸麻痹、视觉障碍等。

（2）在环境中停留的时间较长，危害长远。泄漏到环境中的有机毒物会在大气、水体、土壤中滞留、迁移、转化，水溶性强的污染水体，脂溶性强的在环境生物体内累积，移动性强的可能污染地下水。如甲苯、甲醛等可在环境中停留较长时间，对环境的影响具有较明显累积性。

（3）毒性持续时间长，污染不易洗消。进入到大气中的有机毒物多数比空气重，易于在高低、疏密不一的居民区、围墙内滞留。尤其是呈油状液体的有机毒物，由于其挥发性较弱，黏性大，不易消毒，所以毒性的持续时间长。若有机毒物污染空气事件发生在低温季节或通风不良的地形，则毒性可持续几小时或几十个小时，甚至更长，洗消特别困难。

三、恶臭污染事件

1．主要影响对象

恶臭污染空气事件的主要影响对象有大气、地表水、土壤、人群健康。

2．污染特点

恶臭造成的空气污染，其影响范围在几公里到十几公里，属于小尺度的空气污染。

（1）污染来源广泛。恶臭污染的来源十分广泛，一般来说，恶臭源分为天然源及人为源。天然源包括不流动的湖沟沼泽中，各种水草、藻类分解代谢产生的甲基硫、甲基硫醇等；动物尸体与植物残骸等腐败分解放出的硫化氢、氨等腐败性臭气。

人工恶臭污染源包括农牧业，如畜禽养殖场；工业恶臭，如石油精制厂；城市公共设施恶臭，如城市垃圾场、污水处理厂。

（2）危害严重。恶臭对人体的神经系统、呼吸系统、循环系统、消化系统和内分泌系统都有不同程度的危害，高浓度恶臭物质突然袭击，会使接触者发生肺水肿，当场熏倒，窒息死亡。

四、城市空气污染事件

城市空气污染事件是由于城市人居环境中的空气受到严重污染而造成对大数量人群健康发生急性危害的事件。这类空气污染事件具有受害人数多、涉及面广、后果严重等特点。

根据这类空气污染事件发生的原因不同，可以将城市空气污染事件大致分为 4 类：煤烟型烟雾事件、光化学性烟雾事件、灰霾事件、沙尘暴事件。

1. 主要影响对象

城市空气污染事件的主要影响对象有空气质量、人群健康、区域气候、农牧业、交通安全、工业生产和建筑。

2. 污染特点

城市空气污染事件的影响范围在几公里到几百公里，属于中尺度到大尺度的空气污染。

（1）具有集中危害性。由于城市本身具有建筑物密集、人口相对集中的特点，一旦发生急性空气污染事件，将产生巨大的危害。如洛杉矶光化学烟雾事件导致几千人受害，两天之内就有 400 多名 65 岁以上老人死亡，相当于平时的 3 倍多。1952 年英国伦敦烟雾事件中，4 天中死亡人数较常年同期约多 4 000 人。

（2）影响面广。城市空气污染事件的发生不仅危害人群健康和动植物生长，还对交通安全、农牧业、工业、区域气候、生态环境、无线电波的传播，甚至人的心理产生不利影响。如出现灰霾天气时，室外能见度低，污染持续，交通阻塞，人的精神不好，很容易造成交通事故，同时，灰霾还加快了城市遭受光化学烟雾污染的提前到来。

（3）损失严重。城市是一个地区经济较发达的地方，也是能流、物流高度集中的地方。因此，城市空气污染造成的损失相对其他地区要严重得多。比如 1993 年 5 月 5 日发生的沙尘暴袭击甘肃省金川市，高压供电线路损坏，造成多家工厂停产，直接经济损失达 8 300 万元。

（4）应急处理具有复杂性。发生在城市区域范围内的空气污染事件，在处理上具有自身的特点。首先，受城市建筑物密集、人口集中的制约，使事故的处理有诸多的限制条件；其次城市空气污染事件的发生有多方面的原因，既有人为原因也有自然原因；污染所造成的危害程度既受地形、气象等自然条件的影响，又受工业生产活动的影响。因此，城市空气污染事件应急处理时，需要综合考虑各方面的因素，协调污染事件可能涉及的各行业、各归口管理部门，科学决策。

第二节　无机毒物污染空气事件应急处理技术

无机毒物造成空气污染事件的主要污染物是无机气态和蒸气气态的物质如一氧化碳、氯、砷化氢等。根据其对人体的作用不同，大致可分为两类，一类是窒息性气体，另一类是刺激性气体。前者是导致人体缺氧而窒息的气体，如硫化氢、氰化氢、一氧化碳等；后者是对人体黏膜、皮肤具有刺激作用，如氨、氯、氯化氢等。

一、砷化氢

（一）理化性质

砷化氢为无色带有大蒜气味、无明显刺激性的气体。相对分子质量 77.95，熔点－116.3℃，沸点－55℃，相对密度 2.695（气体），蒸气压 1 466.3 kPa（20℃），略溶于水，水溶液呈中性，在水中迅速水解生成砷酸和氢化物。可溶于酸、碱、乙醇、甘油。遇明火易燃烧，燃烧呈蓝色火焰并生成 As_2O_3。加热至 300℃，可分解为元素砷。遇明火、氯气、硝酸、（钾+氨）会爆炸。痕量的砷化氢最好用高锰酸钾溶液或溴水吸收。

砷化氢属高毒类气态毒物。主要经呼吸道侵入体内，可迅速吸收入血，随血液循环分布于全身各脏器，其中以肝脏含量最多，其次为肾、心及大脑。主要经肾随尿排出。砷化氢与红细胞结合形成砷——血红蛋白复合物，导致溶血，引起急性肾衰竭。

毒理学资料及环境行为：①急性毒性：LC_{50} 390 mg/m^3，10 min（大鼠吸入）；250 mg/m^3，10 min（小鼠吸入）。②亚急性和慢性毒性：各种动物在反复吸入 12～36 mg/m^3 本品时，可见血红蛋白和红细胞减少，其体征有溶血、贫血和黄疸。

（二）污染来源

砷化氢无工业使用价值，它既不能作工业原料，也非产品，而是生产过程产生的有毒废气。砷多以硫化砷的形式广泛夹杂于各种金属矿，如锌、锡、锑、铅、镍等矿中。此类矿石在加工、储存过程与工业硫酸或盐酸等反应时可产生大量砷化氢。由于冶炼中含砷物质与钙结合生成砷化钙，砷化钙遇水即可生成砷化氢。因此，大量的砷化氢中毒事故是因用水浇熄炽热的金属矿渣，或堆放的矿渣遇潮而产生砷化氢后所引起。生产或使用乙炔、生产合成染料、氰化法提取金银等生产活动中可产生砷化氢。此外，无机砷或有机砷水解可产生砷化氢，如鱼舱中海鱼腐败使有机砷转化为砷化氢致使下舱工人中毒。

（三）污染危害特点

砷化氢为剧毒，是强烈的溶血性毒物。砷化氢在空气中浓度仅为 0.3 mg/m^3 时，即可引起急性中毒，中毒严重程度与吸入量有明显关系。潜伏期一般为半小时至数小时，起病急，依次出现急性溶血及急性肾功能损害为主的各种表现，有畏寒、高热、明显腰痛、尿呈酱油色甚至为黑色，继而可见黄疸。实验室可见尿砷明显增高，出现严重溶血。肾区剧烈疼痛，出现严重的急性肾衰竭症状，少尿，血压升高，甚至发生肺水肿、高血钾、急性心力衰竭而猝死。

（四）应急监测技术

应急监测方法可采用检测试纸法（氯化汞指示剂，反应显黄色），气体检测管法（0.1～10 mg/m^3），便携式电化学传感器法（0～200 mg/m^3）。

（五）应急治理技术

1. 急救措施

中毒患者应立即脱离接触，保持安静、给氧、保护肝、肾对症治疗。为减轻溶血反应及其对机体的危害，应早期使用大剂量肾上腺糖皮质激素，并用碱性药物使尿液碱化，以减少血红蛋白在肾小管的沉积。也可早期使用甘露醇以防止肾衰竭。重度中毒肾功能损害明显者需用透析疗法，应及早使用；根据溶血程度和速度，必要时可采用换血疗法。

2. 泄漏应急处置

迅速撤离泄漏污染区人员至上风处，并隔离至气体散尽，切断火源。合理通风，切断气源，喷雾状水稀释、溶解，注意收集并处理废水。将漏出气用排风机送至空旷地或装设适当喷头烧掉。抽排（室内）或清理通风（室外）。漏气容器不能再用，且要经技术处理以消除可能剩下的气体。

应急处理人员戴正压自给式呼吸器，穿化学防护服进行自我防护。

3. 消防措施

切断气源，若不能立即切断气源，则不允许熄灭正在燃烧的气体。喷水冷却容器，将容器从火场移至空旷处，用雾状水灭火。

消防人员必须佩戴过滤式防毒面具（全面罩）或隔离式呼吸器、穿全身防火防毒服，在上风处灭火。切断气源，若不能立即切断气源，则不允许熄灭正在燃烧的气体。喷水冷却容器，尽可能将容器从火场移至空旷处。

（六）防范措施

由于砷化氢为工业生产中的废气，所有可能产生砷化氢气体的地方应加强通风排毒，应尽量将反应槽、罐置于通风柜内，并维持柜内负压状况，避免毒气外逸。同时应加强管理，做好安全生产教育，针对砷化氢中毒制定周密的应急救援预案。工作场所安装报警器，设立应急救援通道，设置醒目的中文警示标志，并配备防毒面具等个人防护用品。

二、硫化氢

（一）理化性质

硫化氢为无色气体，具有臭蛋气味，分子式 H_2S，相对分子质量 34.08，相对密度 1.19，熔点−82.9℃，沸点−61.8℃。易溶于水，亦溶于醇类、石油溶剂和原油中。可燃上限为 45.5%，下限为 4.3%。燃点 292℃，硫化氢易燃，与空气混合能形成爆炸性混合物遇明火、高热能引起燃烧爆炸。

硫化氢是一种神经毒剂，亦为窒息性气体。其毒作用的主要靶器是中枢神经系统和呼吸系统，亦可伴有心脏等多器官损害，对毒作用最敏感的组织是脑和黏膜接触部位。人吸入 30 min LC_{10}：912.8 mg/m^3；5 min LC_{10} 1 217 mg/m^3。人（男性）吸入 LC_{10}：5 700 μg/kg。大鼠吸入 LC_{50}：675.5 mg/m^3。小鼠吸入 1 h LC_{50}：964.5 mg/m^3。硫化氢在体内大部分经氧化代谢形成硫代硫酸盐和硫酸盐而解毒，在代谢过程中谷胱甘肽可能起激发作用；少部分可经甲基化代谢而形成毒性较低的甲硫醇和甲硫醚，但高浓度甲硫醇对中枢神经系统有麻醉作用。体内代谢产物可在 24 h 内随尿排出，部分随粪便排出，少部分以原形经肺呼出。在体内无蓄积。

（二）污染来源

硫化氢污染主要来源于两方面，一是自然源，如沼泽地、沟渠、下水道、垃圾污物、天然气、火山喷气和矿下积水都可能释放大量的硫化氢气体；二是人为源，主要来自工业生产，如采矿、铜、镍、钴等有色金属冶炼、煤的低温焦化、含硫石油的开采和提炼以及橡胶、人造丝、鞣革、硫化染料、造纸、食品等行业。此外，在生产过程中由于操作不当或设备故障造成储罐破裂，可导致硫化氢大量泄漏，由于硫化氢溶于水及油中，可随水或油流至远离发生源处，造成急性中毒事故。

（三）污染危害特征

硫化氢主要来自生物体腐败，其次有火山爆发和某些人类工业过程如炼油、生产牛皮纸浆及炼焦等。估计每天进入大气的 H_2S 以亿吨计，人为产生量约 300 万 t。大气中的 H_2S 数小时后即被氧化成 SO_2。含 H_2S 的水有臭味，对混凝土和金属构筑物有侵蚀性，饮用水及工业用水应完全去除 H_2S。当水中 H_2S 含量超过 1.0 mg/L 时即对鱼类产生毒害作用。

硫化氢的急性毒作用靶器官和中毒机制可因其不同的浓度和接触时间而异。含量越高则中枢神经抑制作用越明显，含量相对较低时黏膜刺激作用明显。人吸入 70～150 mg/m^3 的 H_2S 1～2 min，出现呼吸道及眼刺激症状，吸 2～5 min 后嗅觉疲劳，不再闻到臭气。吸入 300 mg/m^3 的 H_2S，出现眼急性刺激症状，稍长时间接触引起肺水肿。吸入 760 mg/m^3 的 H_2S 15～60 min，发生肺水肿、支气管炎及肺炎，头痛、头昏、步态不稳、恶心、呕吐。吸入 1 000 mg/m^3 的 H_2S 数秒钟，很快出现急性中毒，呼吸加快后呼吸麻痹而死亡。

急性硫化氢中毒一般发病迅速，出现以脑和（或）呼吸系统损害为主的临床表现，亦可伴有心脏等器官功能障碍。临床表现可因接触硫化氢的浓度等因素不同而有明显差异。

1．中枢神经系统损害

（1）接触较高浓度硫化氢后可出现头痛、头晕、乏力、共济失调，可发生轻度意识障碍。常先出现眼和上呼吸道刺激症状。

（2）接触高浓度硫化氢后以脑病表现为显著，出现头痛、头晕、易激动、步态蹒跚、烦躁、意识模糊、谵妄、癫痫样抽搐可呈全身性强直一阵痉挛发作等；可突然发生昏迷；也可发生呼吸困难或呼吸停止后心跳停止。

（3）接触极高浓度硫化氢后可发生电击样死亡，即在接触后数秒或数分钟内呼吸骤停，数分钟后可发生心跳停止；也可立即或数分钟内昏迷，并呼吸骤停而死亡。死亡可在无警觉的情况下发生，当察觉到硫化氢气味时可立即嗅觉丧失，少数病例在昏迷前瞬间可嗅到令人作呕的甜味。死亡前一般无先兆症状，可先出现呼吸深而快，随之呼吸骤停。

2. 呼吸系统损害

可出现化学性支气管炎、肺炎、肺水肿、急性呼吸窘迫综合征等。

3. 心肌损害

在中毒病程中，部分病例可发生心悸、气急、胸闷或心绞痛样症状；少数病例在昏迷恢复、中毒症状好转1周后发生心肌梗死样表现。心电图呈急性心肌死样图形，但可很快消失。其病情较轻，病程较短，预后良好，诊疗方法与冠状动脉样硬化性心脏病所致的心肌梗死不同，故考虑为弥漫性中毒性心肌损害。心肌酶谱检查可有不同程度异常。

（四）应急监测技术

硫化氢应急监测方法可采用检测试纸法（乙酸铅试纸，反应显蓝色），气体检测管法（0.1～10 mg/m^3），便携式电化学传感器法（0～200 mg/m^3），便携式光学检测器法；便携式分光光度法，便携式离子色谱法。

（五）应急治理技术

1. 急救处理

（1）应立即使患者脱离现场至空气新鲜处，有条件时立即给予吸氧。现场抢救人员应有自救互救知识，以防抢救者进入现场后自身中毒。

（2）呼吸抑制时给予呼吸兴奋剂，心跳及呼吸停止者，应立即施行人工呼吸（切忌口对口人工呼吸，宜采用胸廓积压式人工呼吸）和体外心脏积压术，直至送达医院。

（3）凡昏迷患者，不论是否已复苏，均应尽快给予高压氧治疗，但需配合综合治疗。对中毒症状明显者需早期、足量、短程给予肾上腺糖皮质激素，有利于防治脑水肿、肺水肿和心肌损害。较重患者需进行心电监护及心肌酶谱测定，以便及时发现病情变化，及时处理。对有眼刺激症状者，立即用清水冲洗，对症处理。

2. 泄漏应急处置

迅速撤离泄漏污染区人员至上风处，并立即进行隔离，小泄漏时隔离150 m，大泄漏时隔离300 m。处置人员从上风处进入现场。尽可能切断泄漏源。合理通风，切断气源，喷雾状水稀释、溶解，注意收集并处理废水。尽可能将残余气或漏出气用排风机送至水洗塔或与塔相连的通风橱内，或是其通过三氯化铁水溶液，管路装上汇流装置以防日夜倒吸。空旷地或装设适当喷头烧掉。

应急处理人员戴正压自给式呼吸器，穿防静电全身防护服，戴化学安全防护眼镜，戴防化学品手套进行自我防护。

3. 消防措施

切断气源，若不能立即切断气源，则不允许熄灭正在燃烧的气体。喷水冷却容器，将容器从火场移至空旷处；用雾状水、泡沫灭火。

（六）防范措施

在生产过程中应注意设备的密闭和通风，设置自动报警器。要进入有可能产生硫化氢的工作场所，应先进行强制性通风，再放入小动物观察有无中毒现象，或用醋酸铅试纸测试现场空气中浓度，确认工作场所安全时方可进入作业。在特殊情况必须进入高浓度硫化氢工作场所检修或急救时，必须戴供氧式防毒面具，同时应有专人在外监护，并可实现口服高铁血红蛋白形成剂对氨基苯丙酮做预防药。

三、氨

（一）理化性质

氨在常温常压下为无色、有刺激性气味的有毒气体，比空气轻。氨在常温下稳定，但是在高温下可分解成氢和氮。氨的分子式 NH_3，相对分子质量为 17.031，标准状态下（压力=101.325 kPa）沸点为−33.35℃，熔点为−77.7℃，相对密度为 0.771（液），蒸气压为 1 013 kPa（26℃）。氨在空气中可燃，但一般难以着火，如果连续接触火源可燃烧，有时也能引起爆炸。如果有油脂或其他可燃物质，则更容易着火。在氧中燃烧时发出黄色火焰，并生成氮和水。氨微溶于甲醇、乙醇、二氯甲烷和乙醚。

人吸入氨最低耐受含量为 15.2 mg/m^3，人经口 LC_{10} 为 3 794.6 $mg/m^3 \cdot 5$ min。大鼠经口 LC_{50} 265.6 mg/m^3，大鼠吸入 LC_{50} 2 000 $mg/m^3 \cdot 4$ h。

（二）污染来源

氨气污染主要来源于工业生产过程，具体有以下几个方面：

（1）化工工业，如合成氨、化肥、制碱等。

（2）制药工业、塑料、染料、树脂、冷冻、皮革、石油精炼、合成纤维、制冷等工业。

（3）液氨运输、制氨设备检修、有关管道爆裂等可造成氨的大量外逸。

（三）污染危害特征

氨对皮肤、黏膜和眼睛有腐蚀性，高浓度可造成组织溶解性坏死，引起化学性肺炎及灼伤。吸入高浓度氨气引起喷嚏、流涎、咳嗽、恶心、头痛、出汗、脸面充血、胸疼、呼吸急促、尿频、眩晕、窒息感、不安感、胃疼、闭尿等症状。高浓度氨可引起反射性呼吸停止。慢性中毒时患者出现头痛、噩梦、食欲不振、易于激动、慢性结膜炎、慢性支气管炎、血痰、耳鸣等。

（四）应急监测技术

氨的应急监测方法可采用检测试纸法（红色石蕊试纸，反应显蓝色）、气体检测管法（0.1～10 mg/m^3）、便携式光学检测器法（0～500 mg/m^3）等。

（五）应急治理技术

1. 急救措施

吸入氨气的患者应立即转移到空气新鲜处，保持安静及保暖。咳嗽时可服可待因，呼吸微弱或停止时立即进行输氧或人工呼吸。皮肤接触时，立刻用水冲洗后再用肥皂水洗净，然后盖上用 5%醋酸、柠檬酸、酒石酸或盐酸浸湿的敷料，也可用 2%以上的硼酸水湿敷。被液氨冻伤时，首先要适当解冻，脱下冻结的衣服，脱衣时要注意不要扯破皮肤。眼睛受伤时，先用水清洗，或用 0.5%～1%明矾溶液洗涤，然后滴入凡士林油或橄榄油。剧烈疼痛时，可滴入1～2滴1%的普鲁卡因或滴入1滴0.5%的地卡因肾上腺素（1∶1 000）溶液。

2．泄漏应急处置

当出现氨泄漏时，用湿草席等盖在泄漏处或漏出来的氨液上，然后从远处用水管冲洗。气体大量喷出时，在远处用喷射雾状水吸收。处理钢瓶泄漏时应使阀门处于顶部，并关闭阀门；无法关闭时，将钢瓶浸入水中。迅速撤离泄漏污染区人员至上风向，并立即隔离150 m，尽可能切断泄漏源，合理通风，加速扩散。高浓度泄漏区，喷含盐酸的雾状水中和、稀释、溶解，构筑围堤或挖坑收容产生的大量废水。如有可能，将残余气或漏出气用排风机送至水洗塔或与塔相连的通风橱内。液体附着物要用大量水冲洗或用含盐酸的水中和。

应急处理人员戴正压自给式呼吸器，穿化学防护服（完全隔离）进行自我防护。

3．消防措施

消防人员穿全身防火、防毒服。切断气源，若不能立即切断气源，则不允许熄灭正在燃烧的气体。喷水冷却容器，尽可能将容器从火场移至空旷处。灭火剂可用雾状水、抗溶性泡沫、沙土、二氧化碳。

（六）防范措施

（1）接触低浓度氨时，要戴氨用防毒口罩，接触高浓度氨时要用供气面罩。处理水溶液时，要穿高腰胶鞋、防护眼镜、戴胶手套等。瓶装氨要存放在室外阴凉干燥通风良好处，避免阳光直射，避免一切可能的撞击。如在室外存放，一定要与其他化学药品，特别是氧化性气体、卤素及酸类隔离，设备管道要严格密封，可用肥皂水、浸过盐酸的布（遇氯生成氯化铵白烟）或靠其臭味探漏。工作现场严禁吸烟、进食和饮水。工作后淋浴更衣。保持良好的卫生习惯。进入高浓度区作业，应有监护。

（2）氨在室温或高温，水解或不水解，都腐蚀一些金属材料，所以有必要选择适当的材料，在干燥的氨气中，可以使用奥氏体不锈钢，铁硅合金、铜和锌合金、镁合金、镍、蒙乃尔、耐蚀镍基合金、银和银合金、钽。但是在潮湿的氨气中不能使用铜和铜锌合金、镍、蒙乃尔、银和银合金，可以使用碳钢。可以使用聚四氟乙烯、聚三氟氯化乙烯聚合体，聚乙烯、天然橡胶、丁腈橡胶、氯丁橡胶、海帕伦、丁基橡胶、硅橡胶和氧化橡胶。

四、一氧化碳

（一）理化性质

一氧化碳纯品为无色、无臭、无刺激性气味的气体。相对分子质量28.01，密度0.967 g/L，冰点为－207℃，沸点－190℃。在水中的溶解度甚低，但易溶于氨水。空气混合爆炸极限为12.5%～74%。

（二）污染来源

凡含碳的物质燃烧不完全时，都可产生CO气体。在工业生产中CO来源广泛，如冶金工业中炼焦、炼铁、锻冶、铸造和热处理工艺，化学工业中合成氨、丙酮、光气、甲醇的生产，矿井放炮、煤矿瓦斯爆炸事故，碳素石墨电极制造；内燃机试车，以及生产金属羰化物如羰基镍［$Ni(CO)_4$］、羰基铁［$Fe(CO)_3$］等过程，或生产使用含 CO 的可燃气体（如水煤气含 CO 达 40%，高炉与发生炉煤气中含 30%，煤气含 5%～15%），都可能造成 CO 急性中毒事件。

（三）污染危害特征

1．急性中毒

急性 CO 中毒的发生与接触 CO 的浓度及时间有关。我国车间空气中 CO 的最高容许质量浓度为 30 mg/m^3。有资料证明，吸入空气中 CO 质量浓度为 240 mg/m^3 共 3 h，Hb 中 COHb 可超过 10%；CO 质量浓度达 292.5 mg/m^3 时，可使人产生严重的头痛、眩晕等症状，COHb 可增高至 25%；CO 质量浓度达到 1 170 mg/m^3 时，吸入超过 60 min 可使人发生昏迷，COHb 约高至 60%。CO 质量浓度达到 1 1700 mg/m^3 时，数分钟内可使人致死，COHb 可增高至 90%。

轻度中毒者出现剧烈的头痛、头昏、心跳、眼花、四肢无力、恶心、呕吐、烦躁、步态不稳、轻度至中度意识障碍（如意识模糊、朦胧状态），但无昏迷。离开中毒场所吸入新鲜空气或氧气数小时后，症状逐渐消失。中度中毒者除上述症状外，面色潮红，多汗、脉快、意识障碍表现为浅至中度昏迷。及时移离中毒场所并经抢救后可渐恢复，一般无明显并发症或后遗症。

重度中毒时，意识障碍严重，呈深度昏迷或植物状态。常见瞳孔缩小，对光反射正常或迟钝，四肢肌张力增高，牙关紧闭，或有阵发性去脑强直，腱壁反射及提睾反射一般消失，腱反射存在或迟钝，并可出现大小便失禁。脑水肿继续加重时，表现持续深度昏迷，连续去脑强直发作，瞳孔对光反应及角膜反射迟钝，体温升高达 39～40℃，脉快而弱，血压下降，面色苍白或发绀，四肢发凉，出现潮式呼吸。重度中毒患者经过救治从昏迷中苏醒的过程中，常出现躁动、意识混浊、定向力丧失，或失去远、近记忆力。部分患者神志恢复后，可发现皮层功能障碍如失用、失认、失写、失语、皮层性失明或一过性失聪等异常；还可出现以智能障碍为主的精神症状。经过积极抢救治疗，多数重度中毒患者仍可完全恢复。少数出现植物状态的患者，表现为意识丧失、睁眼不语、去脑强直，预后不良。

2．迟发脑病

部分急性 CO 中毒患者于昏迷苏醒后，意识恢复正常，但经 2～30 天的假愈期后，又出现脑病的神经精神症状，称为急性 CO 中毒迟发脑病。主要有以下表现：

（1）精神症状。

突然发生定向力丧失、表情淡漠、反应迟钝、记忆障碍、大小便失禁、生活不能自理；或出现幻视、错觉、语无伦次、行为失常，表现如急性痴呆木僵型精神病。

（2）脑局灶损害。

①锥体外系神经损害，以帕金森综合征多见，患者四肢呈铅管状或齿轮样肌张力增高、动作缓慢、步行时双上肢失去随伴运动或出现书写过小症与静止性震颤。少数患者可出现舞蹈症。

②锥体系神经损害，表现为一侧或两侧的轻度偏瘫，上肢屈曲强直，腱反射亢进，踝阵挛阳性，引出一侧或两侧病理反射，也可能出现运动性失语或假性球麻痹。

（四）应急监测技术

一氧化碳应急监测可采用检测试纸法(氯化钯试纸,反应显黑色)、气体检测管法(0.1～10 mg/m^3 或 1～1 000 mg/m^3)、便携式电化学传感器法（0～1 000 mg/m^3），以及便携式光学检测器法（非分散红外吸收）。

（五）应急治理技术

1. 急救措施

对急性 CO 中毒患者，应立即移至空气新鲜处，松开衣领，保持呼吸道通畅，并注意保暖。轻度中毒者可给予氧气吸入，中度及重度中毒者，应积极给予常压口罩吸氧治疗，有条件时给予高压氧治疗。除一般对症治疗外，对重度中毒出现急性中毒性脑病者，应积极进行抢救。视病情给予消除脑水肿、维持呼吸循环功能、纠正酸中毒、促进脑血液循环等对症治疗及支持治疗，加强护理，积极防治并发症。对迟发脑病者，除高压氧治疗外，可用糖皮质激素、血管扩张剂或抗帕金森综合征药物及其他对症和支持治疗。

2. 泄漏应急处置

迅速撤离泄漏污染区人员至上风处，并隔离直至气体散尽，切断火源。切断气源，喷雾状水稀释、溶解，抽排（室内）或强力通风（室外）。如有可能，将漏出气用排风机送至空旷地方或装设适当喷头烧掉。也可以用管路导至炉中、凹地焚之。漏气容器不能再用，且要经过技术处理以清除可能剩下的气体。

建议应急处理人员戴正压自给式呼吸器，穿一般消防防护服进行自我防护。

3. 消防措施

切断气源。若不能立即切断气源，则不允许熄灭正在燃烧的气体。喷水冷却容器，尽可能将容器从火场移至空旷处。雾状水、泡沫、二氧化碳。

（六）防范措施

CO 属于易燃有毒的压缩气体，应储存于阴凉、通风仓间内。远离火种、热源，仓温不宜超过 30℃，防止阳光直射。应与氧气、压缩空气、氧化剂等分开存放。切忌混储混运。储存间内的照明、通风等设施应采用防爆型，开关设在仓外。配备相应品种和数量的消防器材，禁止使用易产生火花的机械设备和工具。验收时要注意品名和验瓶日期，先进仓的先发用。搬运时要轻装轻卸，防止钢瓶及附件破损。运输按规定路线行驶，勿在居民区和人口稠密区停留。

在生产场所中，应加强自然通风，防止输送管道和阀门漏气，有条件时，可用 CO 自动报警器。矿井放炮后，应严格遵守操作规程，必须通风 20 min 后方可进入工作。进入 CO 浓度较高的环境内，须戴供氧式防毒面具进行操作。冬季取暖季节，应宜传普及预防知识，防止生活性 CO 中毒事故的发生。对急性 CO 中毒治愈的患者，出院时应提醒家属继续注意观察患者两个月，如出现迟发脑病有关症状，应及时复查和处理。

五、氟化氢

（一）理化性质

氟化氢为无色气体或无色发烟液体，具有特殊刺激性气味。分子式 HF，相对分子质量 20.01，熔点－83.55℃，沸点 19.51℃，相对密度 1.27（气），蒸气压 53.2kPa（25℃）。氟化氢具有生殖毒性和高刺激性、高腐蚀性。能与大多数金属反应生成氢气而引起爆炸。若遇高热，容器内压增大，有开裂和爆炸的危险。

人吸入 LC_{10} 为 44.6 mg/m^3 30 min，大鼠吸入 LC_{50} 为 1 139.3 mg/m^3 1 h。氟化氢在动物和人中均可引起由于胃肠功能障碍所致的呕吐、压痛和肌无力、痉挛、色觉异常等脑神经障碍，肾脏和循环器官也有损害。长期接触可引起骨和牙齿的改变，引起骨硬化症，进而可见骨质增生和韧带的钙沉着，因而导致运动障碍，骨和尿中的氟含量也增高。

（二）污染来源

氟化氢污染主要来源于氟化工行业，如制造氟塑料、氟橡胶、氟化铝、六氟化铀等工业，此外，某些金属如铍、铀等的冶炼，清洗铸件，搪瓷、镀锌铁等工业产品的洗涤等都会产生氟化氢污染。

（三）污染危害特征

氟化氢属高毒类，接触氟化氢或氢氟酸烟雾 25 mg/m^3 即使人感到刺激，400～430 mg/m^3 可引起急性中毒致死。在 5 mg/m^3 时产生流泪，流涕、喷嚏、鼻塞。浓度增高则引起鼻、喉、胸骨后烧灼感，嗅觉丧失，咳嗽，声嘶。严重时引起眼结膜、鼻黏膜、口腔黏膜顽固性溃疡，鼻衄，甚至鼻中隔穿孔，支气管炎或肺炎。有时有恶心、呕吐、腹痛、气急及中枢神经系统症状。吸入高浓度，甚至可引起反射性窒息、中毒性肺水肿、手足抽搐、心律失常、低血钙、低血镁、高血钾，严重者心室纤颤死亡。

（四）应急监测技术

氟化氢应急监测可采用检测试纸法，气体检测管法（0.1～10 mg/m^3，无动力，或 1～20 mg/m^3），化学测试组件法（茜素磺酸锆指示液）。

（五）应急治理技术

1. 急救措施

大量吸入氟化氢后，立即脱离现场到空气新鲜处，可用 2.5%葡萄糖酸钙溶液超声雾化吸入，每次 15～20 mL，3 次/d。眼睛接触氢氟酸后，应立即用大量清水或生理盐水或 2%～3%碳酸氢钠溶液冲洗至少 10 min。灼伤时用 1%的可卡因滴眼以止痛。皮肤接触后，应立即脱去污染衣物，用大量流水做长时间彻底冲洗，尽快地稀释和冲去氢氟酸。可用氢氟酸灼伤治疗液（5%氯化钙 20 mL、2%利多卡因 20 mL、地塞米松 5 mg）浸泡或湿敷。患处可用冰水或冰冷敷 10 min，以冷却创面、控制水肿，及时就医。

2. 泄漏应急处置

迅速将泄漏污染区人员撤离至安全区，禁止无关人员进入污染区。合理通风，不要直接接触泄漏物，在确保安全情况下堵漏。喷雾状水，减少蒸发。用沙土、干燥石灰混合，收集运至废物处理场所。溶于水后用碳酸钠中和，然后用氯化钙沉淀。也可以用大量水冲洗，经稀释的冲洗水放入废水系统。大量泄漏，建围堤收容，然后收集、转移、回收或无害化处理。对进入空气中的氟化氢喷氨水或其他稀碱液体中和，注意收集处理废水。如有可能，将残余气或漏出气用排风机送至水洗塔或与水洗塔相连的通风橱内。漏气容器不能再用，且要经过技术处理以清除可能剩余的气体。

应急处理人员戴好防毒面具，穿防静电耐酸碱工作服，戴化学安全防护眼镜，戴橡胶耐酸碱手套进行自我防护。

3. 消防措施

用雾状水、泡沫灭火，灭火时戴氧气防毒面具和全身防护服。消防人员应在防爆掩蔽处操作，以防止酸液溅及皮肤。

（六）防范措施

（1）生产过程，严加密闭。提供充分的局部排风和全面通风。空气浓度超标时，必须戴防毒面具。紧急事态抢救或撤离时，必须戴正压自给式呼吸器。

（2）工作现场严禁吸烟、进食和饮水，工作后淋浴更衣。

（3）储存于通风的不燃库房。避免阳光直射。远离火种、热源。切忌接触氰化物、金属粉末、碱类等。工作人员必须穿戴用聚氯乙烯或氯丁橡胶制的防护用品（包括长袖工作服、防毒面具、面罩或化学安全防护镜、安全帽、手套和脚套）。并备有淋浴和洗眼睛设备供工作人员工作后清洗。

六、氯

（一）理化性质

氯为黄绿色气体，有窒息性气味。分子式 Cl_2，相对分子质量 70.91，相对密度 1.47（0℃、369.77kPa），熔点－101℃，沸点－34.5℃，蒸气相对密度 2.49，蒸气压 506.62 kPa。溶于水和易溶于碱液，遇水生成次氯酸和盐酸，次氯酸再分解为盐酸新生态氯、氧和氯酸。氯与一氧化碳在高热条件下，可生成光气。氯为强氧化剂，在空气中不能燃烧，但可助燃。在日光下与易燃气体混合时会发生燃烧爆炸。液氯与氢气、有机物如烃、醇、醚能发生爆炸性反应。

人吸入 LC_{10} 为 1 582.6 mg/m^3 5 min，大鼠吸入 LC_{50} 为 927.4 mg/m^3 1 h，小鼠吸入半数致死浓度 LC_{50} 为 433.6 mg/m^3 1 h。氯气吸入后，主要作用于气管、支气管、细支气管和肺泡，导致相应的病变，部分氯气又可由呼吸道呼出。人体对氯的嗅阈为 0.06 mg/m^3，90 mg/m^3 可致剧咳，120～180 mg/m^3、30～60 min 可引起中毒性肺炎和肺水肿，300 mg/m^3 时，可造成致命损害，3 000 mg/m^3 时，危及生命，高达 30 000 mg/m^3 时，一般滤过性防毒面具也无保护作用。

（二）污染来源

氯污染主要来源工业生产活动，具体有以下几方面：

（1）化工工业，如电解食盐、氯碱、盐酸、光气、氯化苯、氯乙烯、氯乙醇等合成。

（2）农药，各类有机氯农药制造。

（3）制药、塑料、颜料、印染、合成纤维、皮革、造纸等工业。

（4）其他。在氯气运输过程中发生泄漏或使用氯的企业不规范的排放、钢瓶破裂、爆炸等都可能造成严重的氯气污染事件。

（三）污染危害特征

氯与呼吸道黏膜水作用可生成次氯酸和盐酸，次氯酸又可分解为盐酸和新生态的氧。盐酸对黏膜有强烈的刺激烧伤作用和腐蚀作用，引起炎性水肿、充血和坏死。新生态的氧对组织有强烈的氧化作用，并可形成臭氧，对细胞产生原浆毒作用。氯浓度过高或接触时间较久，常可致深部呼吸道病变，使细支气管及肺泡受损，发生细支气管炎、肺炎及中毒性肺水肿。由于刺激作用使局部平滑肌痉挛而加剧通气障碍，加重缺氧状态；高浓度氯吸入后，还可刺激迷走神经引起反射性的心跳停止。

（四）应急监测技术

由于氯气活性较强，遇到空气时与水蒸气生成次氯酸和氯化氢，因此当污染事故发生后进行应急监测时，前期监测可考虑以氯气为主，后期同步监测氯气和氯化氢。监测方法可采用检测试纸法（溴化钾荧光素试纸，反应显红色），气体检测管法（0.1～10 mg/m^3 或 1～30 mg/m^3），便携式电化学传感器法（0～5 mg/m^3）和便携式分光光度法。

（五）应急治理技术

1．急救处理

（1）在进行救护前，必须采取适当的防护措施，以保护急救人员的安全，如佩戴合适的防护器具，两人同行或专人监护。

（2）将中毒患者脱离污染区，移至空气新鲜处，如果呼吸停止，立即进行人工呼吸，如果心搏停止，立即实施心肺复苏术，如果呼吸困难，解开衣扣和腰带，给氧。

（3）眼和皮肤接触，立即用流动温水冲洗。

（4）多人中毒事故发生时，应急处理抢救小组，把患者分为轻、重、中，做好现场处置后送医院抢救。

2．泄漏应急处置

迅速撤离泄漏污染区人员至上风处，并立即进行隔离，根据现场的检测结果和可能产生的危害，确定隔离区的范围，严格限制出入。一般地，小量泄漏的初始隔离半径为 150 m，大量泄漏的初始隔离半径为 450 m。尽可能切断泄漏源，泄漏现场应去除或消除所有可燃和易燃物质，所使用的工具严禁粘有油污，防止发生爆炸事故，防止泄漏的液氯进入下水道。合理通风，加速扩散。喷雾状碱液吸收已经挥发到空气中的氯气，防止其大面积扩散，导致隔离区外人员中毒。严禁在泄漏的液氯钢瓶上喷水，构筑围堤或挖坑收容所产生的大量废水。如有可能，用铜管将泄漏的氯气导至碱液池，彻底消除氯气造成的潜在危害。可以将泄漏的液氯钢瓶投入碱液池，碱液池应足够大，碱量一般为理论消耗量的 1.5 倍。实时检测空气中的氯气含量，当氯气含量超标时，可用喷雾状碱液吸收。

应急处理人员应佩戴正压自给式空气呼吸器，穿戴面罩式胶布防毒服，戴化学安全防护眼镜，戴橡胶手套。

3. 消防措施

氯气不会燃烧，但可助燃。一般可燃物大都能在氯气中燃烧，一般易燃气体或蒸气也都能与氯气形成爆炸性混合物。氯气能与乙炔、松节油、乙醚、金属粉末等猛烈反应发生爆炸或生成爆炸性物质，氯气燃烧产物为氯化氢。灭火时消防人员必须佩戴过滤式防毒面具（全面罩）或隔离式呼吸器、穿全身防火防毒服，在上风方向灭火。同时切断气源，喷水冷却容器，尽可能将容器从火场移至空旷处。灭火剂有雾状水、泡沫、干粉。

（六）防范措施

生产过程中，用液氯罐加氯时必须要有防止氯气泄漏的措施，加氯间应有强制通风设施，其换气量不少于 12 次/h。并控制氯气储量，有浓碱吸收池或浓碱淹没装置。操作人员必须经过专门培训，严格遵守操作规程。操作人员应佩戴空气呼吸器，穿戴面罩式胶布防毒衣，戴橡胶手套。同时还应加强管理，设立警示标志和中文警示说明，制定防氯气泄漏事故的应急救援预案。

七、氰化氢

（一）理化性质

氰化氢为无色窒息性气体，伴有轻微的苦杏仁气味。分子式 HCN，相对分子质量 27.03，相对密度 0.69，熔点－14℃，沸点 26℃，闪点－17.8℃，蒸气相对密度 0.94。蒸气压 101.31 kPa（101.325 kPa，25.8℃），蒸气与空气混合物爆炸极限为 6%～41%。易溶于水、乙醇，微溶于乙醚。水溶液呈弱酸性。氰化氢长期放置则因水分而聚合，聚合物本身有自催化作用，可引起爆炸。

氰化氢可经各种途径吸收入人体。如吸收非致死量，部分以原形呼出，大部分氰离子可逐渐从体内细胞色素氧化酶或从高铁血红蛋白的结合中释出，在体内硫氰酸的作用下与体内的硫代硫酸离子结合而转化为相对无毒的硫氰酸盐从尿中排泄。

人口服 LD_{10} 为 570 μg/kg，吸入 TC_{10} 500 mg/m^3 3 min，吸入 LC_{10} 为 120 mg/m^3 1 h；皮下 LD_{10} 为 1 mg/kg，静注 TD_{10} 为 55 μg/kg。

（二）污染来源

氰化氢主要来源于制药、合成纤维、塑料、氰化物和亚硝酸盐类、电镀（镀铜、金、银）、金属提炼、钢的淬火等工业生产。此外，杀虫剂、熏蒸剂使用不当亦可生成氰化氢。值得注意的是仓库中储有氰化钾、氰化钠时，如果进水可产生氰化氢，人进入仓库可导致突然中毒。

（三）污染危害特征

人体吸入氰化氢后，氰离子与氧化型细胞色素氧化酶中的三价铁结合，阻断了氧化过程中三价铁的电子传递，使组织细胞不能利用氧，形成内窒息。氢化氢主要引起机体组织内窒息。急性中毒病情进展迅速，无明显潜伏期。一般病情危重。吸入高浓度氰化氢或口服多量氢氰酸后立即昏迷、呼吸停止，于数分钟内死亡（猝死）。

（四）应急监测技术

氰化氢应急监测方法可采用检测试纸法（乙酸联苯胺试纸，反应显蓝色），气体检测管法（0.1～5 mg/m^{3}或6～120.5 mg/m^3），便携式电化学传感器法（0～200 mg/m^3），便携式分光光度法。

（五）应急治理技术

1. 急救措施

中毒患者应立即脱离现场至空气新鲜处，保温给氧。呼吸、心跳停止者应立即进行人工呼吸（忌用口对口）及胸外心脏积压、吸氧。急性中毒病情进展迅速，应立即就地应用抗氰急救针等解毒剂。皮肤接触液体者立即脱去污染的衣着，用流动清水或 5%硫代硫酸钠冲洗皮肤至少 20 min。眼接触者用生理盐水、冷开水或清水冲洗 5～10 min。口服者用0.2%高锰酸钾或 5%硫代硫酸钠洗胃。

2. 泄漏应急处置

迅速将泄漏污染区人员撤离至安全区，禁止无关人员进入污染区。合理通风，不要直接接触泄漏物，在确保安全情况下堵漏。喷雾状水，减少蒸发。将泄漏气体送至通风橱或将气体导入碳酸钠溶液中，加等量的次氯酸钠，以 6 mol/L 氢氧化钠溶液中和，污水放入废水系统做统一处理。

应急处理人员戴正压自给式呼吸器，穿防化学防护服（安全隔离），戴橡胶防护手套进行自我防护。

3. 消防措施

切断气源前不允许熄灭燃烧气体，消防人员必须穿戴全身防护服，佩戴氧气呼吸器、使用有雾状水、抗溶性泡沫、干粉、二氧化碳灭火剂。

（六）防范措施

生产企业应针对氰化氢中毒制定周密的应急救援预案，所有可能产生氰化氢气体的地方应加强通风排毒，应尽量将反应槽、罐置于通风柜内，并维持柜内负压状况，避免毒气外逸。应防止含氰化物等物料污染手、衣服、工具、座椅及地面。注意加强安全生产教育，促进工人自觉遵守安全卫生操作规程，避免人为污染。

第三节 有机毒物污染空气事件应急处理技术

一、光气（碳酰氯、氧氯化碳）

（一）理化性质

光气为无色，高毒性气体，有窒息性气味。空气稀释时，有一种干草的霉味，在 0℃时冷凝为透明无色发烟液体，分子式 $COCl_2$，相对分子质量 98.92，相对密度 1.381（20/4℃），熔点－118℃，沸点 8.2℃，蒸气压 161.96kPa（20℃），蒸气相对密度 3.4。微溶于水，易溶于苯、甲苯、冰乙酸和许多液态烃类，遇水缓慢分解，生成一氧化碳和氯化氢。加热分解，产生有毒和腐蚀性气体。

光气属高毒类，为窒息性毒气，毒性比氯气大 10 倍。大鼠吸入 20 min 的 LC_{50} 为 100 mg/m^3。较低浓度时无明显的局部刺激作用，经一段时间后出现肺泡-毛细血管膜的损害，而导致肺水肿。较高浓度时可因刺激作用而引起支气管痉挛，导致窒息。人的嗅觉阈为 0.4～4 mg/m^3，8 mg/m^3 对眼和鼻有轻度刺激作用。

（二）污染来源

光气污染主要来源于工业生产活动，具体有以下几个方面：

（1）化工工业，如光气合成。

（2）农药制造，如西维因制造。

（3）医药工业，如先锋霉素、海群生。

（4）染料工业，如猩红酸及二异氰酸甲苯酯等染料中间体的合成。

（5）其他：如光气输送管道泄漏及容器爆炸、氯碳氢化合物和聚氯乙烯燃烧、用四氯化碳灭火及金属冶炼等都可能接触光气。

（三）污染危害特征

吸入一定量的光气当时可出现轻度眼和上呼吸道刺激症状，如流泪、咽部不适、咳嗽、胸闷，或无明显症状。经 1～24 小时或长些时间的症状缓解期后，迅速出现肺水肿、急性呼吸窘迫综合征。可并发纵膈及皮下气肿、气胸等。部分患者在肺水肿消退后 2 周左右可出现迟发性阻塞性细支气管炎。胸部 X 线片示两肺满布粟粒阴影。这种气体特别危险之处在于被吸入后不立即发作，数小时后会造成严重伤害并致死。

（四）应急监测技术

光气应急监测方法可采用检测试纸法（二甲苯胺指示剂），气体检测管法（0.1～10 mg/m^3 或 0.442～88.3 mg/m^3），便携式仪器法（0～5 mg/m^3），便携式分光光度法。

（五）应急治理技术

1．急救措施

吸入后，应迅速脱离现场至空气新鲜处，立即脱去污染衣物，体表沾上的液体光气先用水冲洗再用肥皂彻底洗涤。保持安静，绝对卧床静息，适当保暖。密切接触者即使无症状，亦应观察 24～48 小时，注意呼吸率及肺部听诊等。及时观察血气分析及胸部 X 线片变化。给予对症治疗。防治肺水肿，给予合理氧疗；保持呼吸道通畅，应用支气管解痉剂，对症处理及支持疗法。脱水剂及吗啡应慎用。强心剂应减量应用。

2．泄漏应急处置

迅速将泄漏污染区人员撤离至上风处，并立即进行隔离，小量泄漏时隔离半径为 150 m，大量泄漏时隔离半径为 450 m。从上风向进入现场，尽可能切断泄漏源。合理通风，加速扩散。微量泄漏时喷雾状水稀释、溶解；较大量时，喷氨水或其他稀碱液中和，然后抽排（室内）或强力通风（室外）。构筑围堤或挖坑收容产生的大量废水。漏气容器不能再用，且要经过技术处理以清除可能剩余的气体。

应急处理人员戴防毒面具和正压自给式呼吸器，穿戴特殊全身防护服，戴化学安全防护眼镜，戴耐酸碱橡胶手套进行自我防护。

3．消防措施

消防人员必须穿戴特殊的全身防护服，用水保持火场中容器冷却，用水喷淋保护去关闭钢瓶阀门的人员。用雾状水、二氧化碳灭火并可用氢氧化钠溶液或氨使碳酰氯中和。

（六）防范措施

（1）生产过程，严加密闭。提供充分的局部排风和全面通风。采用钢瓶包装，储存于阴凉、高效通风的不燃材料结构的库房。避免日光曝晒和受潮，远离热源和火源，最好单独储存或在周围有防护墙的户外开阔处操作。操作人员必须穿戴特殊全身防护服。

（2）空气浓度超标时，必须戴防毒面具和正压自给式呼吸器。紧急事态抢救或撤离时，必须穿戴特殊全身防护服。

二、甲烷

（一）理化性质

甲烷为无色、无臭、易燃气体。相对分子质量 16.04，沸点 −161.49℃，蒸气密度 0.55 g/L，饱和空气浓度 100%，爆炸极限为 4.9%～16%，水中溶解度极小为 0.002 4%（20℃）。

甲烷由于 C—H 键比较牢固，具有极大的化学稳定性，不与酸、碱、氧化剂、还原剂起作用。但甲烷中的氢原子可被卤素取代而生成卤代烷烃。

甲烷属微毒类，有单纯性窒息作用，在高浓度时因缺氧窒息而引起中毒。

（二）污染来源

甲烷是油田气、天然气和沼气的主要成分。甲烷可来源于煤矿废气和制造乙炔、氢气、合成氨、炭黑、硝基甲烷、二硫化碳、一氯甲烷、二氯甲烷、三氯甲烷、四氯化碳和氢氰酸等工业行业。

（三）污染危害特征

甲烷对人基本无毒，只有在极高浓度时成为单纯性窒息剂。甲烷浓度增加能置换空气而致缺氧。87%的浓度使小鼠窒息，90%使致呼吸停止。80%甲烷和 20%氧的混合气体可引起人头痛。当空气中甲烷达 25%～30%时，人出现窒息前症状，头晕、呼吸增快、脉速、乏力、注意力不集中、共济失调、精细动作障碍，甚至窒息。煤矿的“瓦斯爆炸”是甲烷的最大危害。有人报告 58 名甲烷中毒患者均有中毒性脑病，以全身电流计和心电图测定脑循环容量，发现容量减少 26.1%。皮肤接触液化气可引起冻伤。

（四）应急监测技术

气体检测管法（10～500 mg/m^3），便携式 VOC 检测仪，便携式气相色谱法，便携式气相色谱-质谱联用法，实验室快速气相色谱法。

（五）应急治理技术

1. 急救措施

立即将患者移至空气新鲜处，平卧、保暖、保持呼吸道通畅和吸氧。呼吸、心跳停止时需立即进行心肺脑复苏，注意防治可能出现的脑水肿，必要时作高压氧治疗。禁用抑制呼吸的药物如吗啡、巴比妥类等。

2. 泄漏应急处置

迅速将泄漏污染区人员撤离至上风处，并进行隔离，严格限制出入。切断火源。尽可能切断泄漏源。合理通风，加速扩散。喷雾状水稀释、溶解。构筑围堤或挖坑收容产生的大量废水。如有可能，将漏出气用排风机送至空旷地方或装设适当喷头烧掉。也可以将漏气的容器移至空旷处，注意通风。

应急处理人员戴正压自给式呼吸器，穿防静电工作服进行自我防护。

3. 消防措施

甲烷易燃，与空气混合能形成爆炸性混合物，遇热源和明火有燃烧爆炸的危险。甲烷燃烧产物有一氧化碳和二氧化碳。灭火时切断气源，若不能切断气源，则不允许熄灭泄漏处的火焰。喷水冷却容器，尽可能将容器从火场移至空旷处。灭火剂有雾状水、泡沫、二氧化碳、干粉。

（六）防范措施

1. 生产过程中的防范措施

接触甲烷的生产环境，特别是矿井中，要注意通风，使甲烷浓度在安全限值以下。建立瓦斯检查制度，甲烷浓度达到 2%时，工作人员应迅速撤离现场。

工作场所严禁吸烟，使用防爆型的通风系统和设备。避免与氧化剂接触，远离火种、热源。在传送过程中，钢瓶和容器必须接地和跨接，防止产生静电。搬运时轻装轻卸，防止钢瓶及附件破损。工作场所应配备相应品种和数量的消防器材及泄漏应急设备。

2．储存过程中的防范措施

甲烷应储存于阴凉、通风的库房，远离火种、热源。库房温度不宜超过 30℃，应于氧化剂等分开存放，切忌混储。采用防爆照明、通风设施。禁止使用易产生火花的机械设备和工具，储区应被有泄漏应急处理设备。

3．运输过程中的防范措施

采用钢瓶运输时必须戴好钢瓶上的安全帽。钢瓶一般平放，并应将瓶口朝同一方向，不可交叉；高度不得超过车辆的防护栏板，并用三角木垫卡牢，防止滚动。运输时运输车辆应配备相应品种和数量的消防器材。装运该物品的车辆排气管必须配备阻火装置，禁止使用易产生火花的机械设备和工具装卸。严禁与氧化剂等混装混运。夏季应早晚运输，防止日光曝晒。中途停留时应远离火种、热源。公路运输时要按规定路线行驶，勿在居民区和人口稠密区停留。铁路运输时要禁止溜放。

三、四氯化碳（四氯甲烷）

（一）理化性质

四氯化碳为无色、易挥发、不易燃的液体，具氯仿的微甜气味。相对分子质量 153.84，密度 1.595 g/cm^3（20/4℃），沸点 76.8℃，蒸气压 15.26kPa（25℃），蒸气相对密度 5.3g/L。微溶于水，可与乙醇、乙醚、氯仿及石油醚等混溶。遇火或炽热物可分解为二氧化碳、氯化氢、光气和氯气等。在潮湿的空气中逐渐分解成光气和氯化氢。

四氯化碳是典型的肝脏毒物，但接触浓度与频度可影响其作用部位及毒性。高浓度时，首先是中枢神经系统受累，随后累及肝、肾；而低浓度长期接触则主要表现肝、肾受累。乙醇可促进四氯化碳的吸收，加重中毒症状。另外，四氯化碳可增加心肌对肾上腺素的敏感性，引起严重心律失常。人对四氯化碳的个体易感性差异较大，有报道口服 3～5 mL 即可中毒，29.5 mL 即可致死。在 160～200 mg/m^3 下可发生中毒。但也有在 1～2 g/m^3 下接触 30 min 才出现轻度中毒。目前认为四氯化碳无致畸和致突变作用，但具有胚胎毒性。

（二）污染来源

四氯化碳用途广泛，以往曾用作驱虫剂、干洗剂。目前主要作为化工原料，用于制造氯氟甲烷、氯仿和多种药物；四氯化碳作为有机溶剂，性能良好，用于油、脂肪、蜡、橡胶、油漆、沥青及树脂的溶剂；也用作灭火剂、熏蒸剂，以及机器部件、电子零件的清洗剂等。在其生产制造及使用过程中，均可能发生四氯化碳急性污染事件。

（三）污染危害特征

四氯化碳主要引起中枢神经系统麻醉及肝、肾损害。中毒的同时如果摄入乙醇可使病情加重。短期内吸入较高浓度的四氯化碳，可出现眼及上呼吸道刺激症状，随即出现头晕、头痛、乏力、精神恍惚、步态蹒跚、短暂意识障碍或昏迷等。极高浓度吸入时，可因延髓受抑制而迅速出现昏迷、抽搐，甚至突然死亡。口服中毒可有恶心、呕吐、食欲减退、腹痛、腹泻及黄疸、肝大、肝区压痛、肝功能异常等中毒性肝病征象。严重者可发生暴发性肝功能衰竭。肝损害症状多于发病第 2～4 天出现。

（四）应急监测技术

应急监测方法可采用快速检测管法、便携式气相色谱法和气体速测管（德国德尔格公司产品）。

（五）应急治理技术

1．急救措施

四氯化碳急性中毒时，应将患者迅速移出现场。脱去被污染的衣物。早期给氧，患者应卧床休息，密切观察 3～4 天，给予高热量，高维生素及低脂饮食。皮肤、眼睛受污染时可用清水或 2%碳酸氢钠溶液冲洗，至少 15 min 以上。口服中毒者必须及早洗胃，洗胃前，先用液体石蜡或植物油以溶解四氯化碳。

目前尚无特效解毒药，早期积极防治神经系统及肝、肾功能损害，密切注意水、电解质平衡。忌用肾上腺素及含乙醇药物。

2．泄漏应急处置

（1）迅速撤离泄漏污染区人员至安全区，并进行隔离，严格限制出入。

（2）迅速用土、沙子或其他可以取到的材料筑成坝以阻止液体的流动，特别要防止其流入附近的水体中，用土壤将其覆盖并将其吸收。也可以在其流动的下方向挖一坑，将其收集在坑内以防四处扩散，然后将液体收集到合适的容器中。在处理过程中不要用铁器（如铁勺、铁容器、铁铲等），应改用其他工具，因为铁有助于四氯甲烷分解生成毒性更大的光气。

（3）应急处理人员戴自给式呼吸器，戴安全护目镜，穿防毒物渗透工作服，戴防化学手套进行自我防护。合理通风，不要直接接触泄漏物，喷雾状水，减少蒸发。

（4）将受污染的土壤清除剥离后集中进行处理，有以下几种方法可视情况选用：

①加热土壤并加水，使四氯甲烷生成甲酸、一氧化碳和盐酸。

②将浓碱液加入土壤中使其与四氯甲烷反应生成一氧化碳。

③将稀的氢氧化钠或氢氧化钾加入土壤中，使其与四氯甲烷反应生成甲酸钠或甲酸钾。

以上操作应避免在光照条件下进行。

④对土壤进行焚烧处理，要保证完全燃烧，以防止光气产生。

（六）防范措施

（1）生产四氯化碳的工序，要求严格密闭，避免四氯化碳与火焰接触。使用四氯化碳的工序要充分通风。进入高浓度四氯化碳作业环境时，必须佩戴滤过式或供氧式面具。使用四氯化碳灭火器，应戴防毒面具，注意发生光气中毒的危险。

（2）工作现场严禁吸烟、进食和饮水。工作后淋浴更衣，保持良好的卫生习惯，进入高浓度区作业，应有监护。

（3）普及预防知识，宣传接触者不要饮酒，禁用四氯化碳洗手或洗涤工作服。另外，要做好就业健康检查及定期健康检查，有肝、肾及器质性神经系统疾患者，不宜接触四氯化碳。

四、氯乙烯

（一）理化性质

氯乙烯略呈芳香气味的无色气体。分子式 C_2H_3Cl，相对分子质量 62.50，相对密度 0.910 6（20/4℃），凝固点−159.7℃，沸点−13.37℃，闪点−78℃，自燃点 472℃，蒸气相对密度 2.15，蒸气压 346.58 kPa（2 600 mmHg 25℃）。蒸气与空气混合物爆炸限 3.6%～31%。微溶于水，溶于乙醇、乙醚、四氯化碳、苯。遇热、明火、氧化剂易燃烧爆炸。其热分解产物有氯化氢、光气、一氧化碳等。遇光或催化剂会发生聚合并放热。

大鼠经口 LD_{50} 为 500 mg/kg，吸入 LC_{50} 为 50.2 mg/m^3 15 min。氯乙烯属低毒类，主要经呼吸道吸收。氯乙烯及其代谢产物大部分经肾排出，尿中代谢物是硫化二乙醇酸、S-半胱氨酸、N-乙酰-S-半胱氨酸。

短时间吸入大量氯乙烯，因其麻醉作用而产生中枢神经抑制，可导致急性中毒。兔和狗于 437.8 g/m^3（17.1%）的质量浓度下 1 min 即引起麻醉，但移离后可恢复。人于 10.4 g/m^3 质量浓度下 5 min 尚无何感觉，15.6 g/m^3 下略有不适，31.2～41.6 g/m^3 下有头昏、畏光、呕吐等主诉。麻醉阈质量浓度为 182 g/m^3。

（二）污染来源

氯乙烯污染主要来源于制取、生产和加工聚氯乙烯以及以聚氯乙烯为基质的各种聚合物的材料生产过程，此外，以离心、干燥等工序清洗或抢修聚合釜时氯乙烯单体的无组织排放也是氯乙烯污染的重要来源。

（三）污染危害特征

（1）氯乙烯急性中毒主要表现为对中枢神经系统的麻醉作用。短时间内吸入较高浓度氯乙烯后可出现眩晕、头痛、无力、恶心、胸闷、嗜睡、步态蹒跚等症状，伴有上呼吸道黏膜刺激症状，眼球结膜充血、咽部充血、轻咳等。重度中毒者可出现意识障碍，甚至昏迷、抽搐、躁动、血压下降等，可因呼吸、循环衰竭而死亡。

（2）氯乙烯在环境中能参与光化学烟雾反应，由于其挥发性强，在大气中易被光解，亦能被空气中的氧氧化成苯甲醚、甲醛及少量苯乙醇，也可被生物降解和化学降解，即能被特异的菌丛所破坏。

（四）应急监测技术

氯乙烯应急监测方法可采用气体检测管法（20～100 mg/m^3），便携式 VOC 检测仪法，现场吹脱捕集-检测管法，便携式气相色谱法，便携式气相色谱-质谱联用法，实验室快速气相色谱法，便携式红外分光光度法。

（五）应急治理技术

1. 急救措施

急性中毒患者应及早移离现场至空气新鲜处，吸入氧气或含 5%二氧化碳的氧气，脱去污染衣物，严重昏迷病人可采用高压氧治疗。用大量清水清洗污染皮肤，注意保暖卧床休息，注意保护肝脏。

2. 泄漏应急处置

迅速将泄漏污染区人员撤离至上风处，并进行隔离，严格限制出入，切断火源，尽可能切断泄漏源。用工业覆盖层或吸附/吸收剂盖住泄漏点附近的下水道等地方，防止气体进入。合理通风，加速扩散。喷雾状水稀释、溶解。构筑围堤或挖坑收容产生的大量废水。如有可能，将残余气或漏出气用排风机送至水洗塔或与塔相连的通风橱内。漏气的容器要妥善处理，修复，检验后再用。

应急处理人员戴正压自给式呼吸器，穿防静电工作服，戴化学安全护目镜，戴防化学品手套进行自我防护。

3. 消防措施

氯乙烯易燃，空气混合能形成爆炸性混合物，遇热源和明火有燃烧爆炸的危险。燃烧或无抑制剂时可发生剧烈聚合。甲烷有害燃烧产物有一氧化碳、二氧化碳和氯化氢。氯乙烯蒸气比空气重，能在较低处扩散到远的地方，遇明火源会着火回燃。

灭火方法：切断气源，若不能切断气源，则不允许熄灭泄漏处的火焰。喷水冷却容器，尽可能将容器从火场移至空旷处。灭火剂有雾状水、泡沫、二氧化碳。

（六）防范措施

任何人生产、使用氯乙烯，事先应向有关部门申报。生产、包装、储存、处理、使用、运输氯乙烯的场所，责任部门必须建立专门作业区。操作人员必须经过专门培训，严格遵守操作规程。操作人员佩戴过滤式防毒面具（半面罩），戴化学安全防护眼镜，穿防静电工作服，戴防化学手套。远离火种、热源。工作场所严禁吸烟，使用防爆型的通风系统和设备。避免与氧化剂接触，在传送过程中，钢瓶和容器必须接地和跨接，防止产生静电。搬运时轻装轻卸，防止钢瓶及附件破损。工作场所应配备相应品种和数量的消防器材及泄漏应急设备。

氯乙烯应储存于阴凉、通风的库房，远离火种、热源。库房温度不宜超过30℃，应于氧化剂等分开存放，切忌混储。采用防爆照明、通风设施。禁止使用易产生火花的机械设备和工具，储区应被有泄漏应急处理设备。

五、三氯乙烯

（一）理化性质

无色液体，气味似氯仿。分子式 C_2HCl_3，相对分子质量 131.39，相对密度 1.464 9（20/4℃），熔点－73℃，沸点 86.7℃，闪点 32.22℃，自燃点 420℃，蒸气压 13.33 kPa（32℃），蒸气与空气形成混合物可燃限 8.0%～10.5%。几乎不溶于水，与乙醇、乙醚及氯仿混溶，溶于多种固定油和挥发性油，潮湿时遇光生成盐酸。高浓度蒸气在高温下会燃烧。加热分解，放出有毒氯化物，加热至 250～600℃，与铁、铜、锌、铝接触生成光气。能与钡、四氧化二氮、锂、镁、液态氧、臭氧、氢氧化钾、硝酸钾、钠、氢氧化钠、钛发生剧烈反应。

人经口 LD_{10} 为 7 mg/kg，吸入 TC_{10} 为 6 900 mg/m^3 10 min。大鼠经口 LD_{50} 为 5 650 mg/kg，吸入 LC_{10} 为 28 155 mg/m^3 4 h。小鼠经口 LD_{50} 为 2 402 mg/kg，吸入 LC_{50} 为 49 564.5 mg/m^3 4 h。

三氯乙烯属蓄积性麻醉剂，其麻醉作用仅次于氯仿，对中枢神经系统有强烈的抑制作用，亦可累及周围神经系统和心、肝、肾等实质脏器，能提高交感神经反应性，并使其递质生成增加，从而使心脏对刺激的敏感性增高。给予肾上腺素可引起心室颤动。一般来讲，三氯乙烯对心、肝、肾的损害较少见。主要毒性表现为中枢神经系统的抑制，重者可致昏迷及死亡。液态三氯乙烯对皮肤有刺激作用。三氯乙烯蒸气对呼吸道及眼睛有刺激性。

（二）污染来源

三氯乙烯污染主要来源于金属表面处理、干洗衣物、植物和矿物油的提取、制备药物、有机合成以及溶解油脂、橡胶、树脂和生物碱、蜡等生产工艺。

（三）污染危害特征

急性三氯乙烯中毒是接触高浓度三氯乙烯蒸气或液体所引起的以神经系统改变为主的全身性疾病，除神经系统受损外，心、肝、肾等脏器亦可累及。急性三氯乙烯中毒，多由事故引起，发病迅速。中枢神经系统一般先兴奋、后抑制，但主要还是抑制作用。在极高浓度下（53.8 g/m^3），患者常迅速昏迷而不出现前驱症状。26.9 g/m^3 下可发生昏睡、恶心、呕吐、麻醉。如继续停留可致死亡。

三氯乙烯对环境有严重危害，对空气、水环境易造成严重污染。在人类重要食物链中，容易在水生生物中发生蓄积。

（四）应急监测技术

三氯乙烯应急监测方法可采用气体检测管法（20～100 mg/m^3），便携式 VOC 检测仪法，现场吹脱捕集-检测管法，便携式气相色谱法，便携式气相色谱-质谱联用法，实验室快速气相色谱法，便携式红外分光光度法。

（五）应急治理技术

1. 急救措施

中毒患者应立即离开现场，移至空气新鲜处，保持呼吸通畅。如呼吸困难，应给输氧，如呼吸停止，立即进行人工呼吸，注意保护肝、肾功能，忌用肾上腺素。皮肤接触后，立即脱去污染的衣服，用肥皂和清水彻底冲洗皮肤，就医；眼睛接触后，立即提起眼睑，用流动或生理盐水冲洗。

2. 泄漏应急处置

迅速将泄漏污染区人员撤离至安全区，并进行隔离，严格限制出入，切断火源。尽可能切断泄漏源，防止流入下水道、排洪沟等限制性空间。小量泄漏，用沙土或其他不燃材料吸附或吸收。大量泄漏，构筑围堤或挖坑收容。用泡沫覆盖，降低蒸气危害。用泵转移至槽车或专用收集器内，回收或运至废物处理场所处置。

应急处理人员戴正压自给式呼吸器，穿防毒工作服进行自我防护。

3. 消防措施

三氯乙烯遇高热和明火能引起燃烧爆炸，与强氧化剂接触可发生化学反应，受紫外光照射或在燃烧、加热时分解产生有毒的光气和腐蚀性盐酸烟雾。三氯乙烯有害燃烧产物有一氧化碳、灭火时消防人员应佩戴氧气呼吸器。喷水保持火场容器冷却，直至灭火结束。灭火剂有雾状水、泡沫、二氧化碳、干粉、沙土。

（六）防范措施

生产、包装、储存、处理、使用、运输三氯乙烯的场所，责任部门必须建立专门作业区。操作人员必须经过专门培训，严格遵守操作规程，佩戴自吸过滤式防毒面具（半面罩），戴化学安全防护眼镜，穿防毒物渗透工作服，戴防化学品手套。远离火种、热源，工作场所严禁吸烟，使用防爆型的通风系统和设备。避免与氧化剂、还原剂、碱类、金属粉末接触。搬运时轻装轻卸，防止包装及容器破损。工作场所应配备相应品种和数量的消防器材及泄漏应急设备。

三氯乙烯应储存于阴凉、通风的库房，远离火种、热源。库房温度不宜超过 25℃，相对湿度不超过 75%。包装要严密，不可与空气接触。应与氧化剂、还原剂、碱类、金属粉末、食用化学品分开存放，切忌混储。不宜大量储存或久存。储区应备有泄漏应急处理设备和合适的收容材料。

六、苯

（一）理化性质

无色透明，易燃液体。分子式 C_6H_6，相对分子质量 78.11，相对密度 0.879 4（20℃），熔点 5.51℃，沸点 80.1℃，闪点－10.11℃，自燃点 562.22℃，蒸气相对密度 2.77，蒸气压 13.33 kPa（26.1℃）。蒸气与空气混合物爆炸限为 1.4%～8.0%，不溶于水，与乙醇、氯仿、乙醚、二硫化碳、四氯化碳、冰醋酸、丙酮、油混溶。遇热、明火易燃烧、爆炸。能与氧化剂，如五氟化溴、氯气、三氧化铬、高氯酸、硝酰、氧气、臭氧、过氯酸盐、（三氯化铝＋过氯酸氟）、（硫酸＋高锰酸盐）、过氧化钾、（高氯酸铝＋乙酸）、过氧化钠发生剧烈反应。不能与乙硼烷共存。

大鼠经口 LD_{50} 为 930 mg/kg，吸入 LC_{50} 为 34 870.5 mg/m^3·7 h。小鼠经口 LD_{50} 为 4 700 mg/kg，吸入 LC_{50} 为 34 800.8 mg/m^3。兔经皮 LD_{50} 大于 9 400 μL/kg。

苯急性毒作用主要为抑制中枢神经系统。高浓度蒸气对黏膜和皮肤有一定的刺激作用，液态苯直接吸入呼吸道，可引起肺水肿和出血。

苯蒸气经呼吸道吸入的最初几分钟吸收率最高。吸收入体内的苯，40%～60%以原形经呼气排出，经肾排出极少，吸收后主要分布在含类脂质较多的组织和器官中；主要在肝内代谢，约 30%的苯氧化成酚，并与硫酸葡萄糖酸结合随尿排出，极少量以酚或醌等形式经肾排出。

（二）污染来源

苯污染主要来源于石油、化工、制药等行业，如树脂、苯乙烯、苯酚、环乙烷及其他有机物的生产制造都可能发生苯污染。此外，洗涤剂、杀虫剂和油漆清除剂的生产使用也会造成一定程度的苯污染。化工厂超标排放的废水、废气是造成环境中苯污染事故的主要根源。苯还是机动车燃料的成分，汽车加油站和槽车装卸站是苯的另一个污染源。

（三）污染危害特征

苯为高毒液体，对水生生物毒性高，能积蓄于鱼的肌肉和肝脏中。苯在血液中的溶解度很大，急性苯中毒主要抑制中枢神经系统。短时间内吸入大量苯蒸气或口服多量液态苯后出现兴奋或酒醉感，伴有黏膜刺激症状，可有头晕、头痛、恶心、呕吐、步态不稳。重症者可有昏迷、抽搐、呼吸及循环衰竭。尿酚和血苯可增高。亚急性中毒：短期内吸入较高浓度后可出现头晕、头痛、乏力、失眠等症状。经 1～2 个月后可发生再生障碍性贫血。如及早发现，经脱离接触，适当处理，一般预后较原发性再生障碍为好。

苯微溶于水，水中的苯可迅速挥发至大气中，最后被光解。苯易燃，一旦发生泄漏，遇明火极易发生爆炸起火。苯燃烧时，冒出浓烈的黑烟，伴有刺激性气味。因苯蒸气比空气重，火焰会沿着地面燃烧。水中排入大量苯时，由于苯难溶于水，水面会出现漂浮液体，并有刺激性气味，还会出现鱼类及其他水生生物死亡。

（四）应急监测技术

苯污染急性监测方法可采用气体检测管法（0.2～10 mg/m^3 或 50～1000 mg/m^3），便携式 VOC 检测仪法，现场吹脱捕集-检测管法，便携式 VOC 检测仪法，便携式气相色谱法，便携式气相色谱-质谱联用法，实验室快速气相色谱法和便携式红外分光光度法。

（五）应急治理技术

1. 急救措施

急性中毒：立即撤离现场至空气新鲜处，脱去污染的衣着，用肥皂水或清水冲洗污染的皮肤。口服者给洗胃。中毒者应卧床静息。对症、支持治疗。可给予葡萄糖醛酸。注意防治脑水肿，心搏未停者忌用肾上腺素。

亚急性中毒：脱离接触，对症处理。对再生障碍性贫血，可给予小量多次输血及糖皮质激素治疗，其他疗法与内科相同。

2. 泄漏应急处置

迅速将泄漏污染区人员撤离至安全区，并进行隔离，严格限制出入。切断火源。尽可能切断泄漏源，防止进入下水道、排洪沟等限制性空间。可用雾状水扑灭小面积火灾，保持火场旁容器的冷却。小量泄漏，用活性炭或其他惰性材料及沙土吸收，也可用不燃性分散剂制成乳液刷洗，对污染的地面用肥皂或洗涤剂刷洗，经稀释后的冲洗水排入废水系统。或在保证安全的情况下，就地焚烧。如大量泄漏构筑围堤收容，用泡沫覆盖以降低蒸发，喷雾状水冷却和稀释蒸气，并用防爆泵转移至槽车或专用容器内，回收或无害化处置。含苯废水净化可采用共沸蒸馏、曝气池和二沉池生物净化、焚烧等方法。

应急处理人员戴防毒面具与手套，穿防毒物渗透工作服，戴化学安全防护眼镜进行自我防护。

3. 消防措施

灭火时消防人员应佩戴氧气呼吸器。喷水保持火场容器冷却，直至灭火结束。灭火剂为泡沫、二氧化碳、干粉、沙土。

（六）防范措施

（1）苯应储存于阴凉、通风仓间内，远离火种、热源。仓温不宜超过30℃，防止阳光直射。保持容器密封，应与氧化剂分开存放。储存间内的照明、通风等设施应采用防爆型，开关设在仓外。配备相应品种和数量的消防器材。罐储时要有防火防爆技术措施。禁止使用易产生火花的机械设备和工具。灌装时应注意流速（不超过 3 m/s），且有接地装置，防止静电积聚。搬运时要轻装轻卸，防止包装及容器损坏。夏季应早晚运输，防止日光曝晒。运输按规定路线行驶。

（2）生产过程应密闭，加强通风，并配备安全淋浴和洗眼设备。空气中浓度超标时，佩戴自吸式防毒面具（半面罩）。紧急事态抢救或撤离时，应佩戴空气呼吸器或氧气呼吸器。工作场所禁止吸烟、进食和饮水，工作结束后，淋浴更衣。

七、甲苯

（一）理化性质

甲苯为无色有折射力的易挥发的液体，气味似苯。分子式 C_7H_8，相对分子质量 92.130，相对密度 0.866（20/4℃），熔点－95～－94.5℃，沸点 110.4℃，闪点 4.44℃（闭杯），自燃点 480℃，蒸气相对密度 3.14，蒸气压 4.89 kPa（30℃）。蒸气与空气混合物的限爆炸限 1.27%～7%。几乎不溶于水，与乙醇、氯仿、乙醚、丙酮、冰醋酸、二硫化碳混溶。遇热、明火或氧化剂易着火。遇明火或与下列物质反应：（硫酸+硝酸）、四氧化二氮、高氯酸银、三氟化溴、六氟化铀，引起爆炸。流速过快（超过 3 m/s）有产生和积聚静电危险。

人经口 LD_{10} 为 50 mg/kg。大鼠经口 LD_{50} 为 636 mg/kg，吸入 LC_{50} 为 49 mg/m^3 4 h。小鼠吸入 LC_{50} 为 1 645 mg/m^3 24 h。兔经皮 LD_{50} 为 14 100 μL/kg。

甲苯对皮肤黏膜有刺激作用，高浓度时对中枢神经系统有麻醉作用。工业品中常含有苯等杂质，可同时出现杂质的毒作用。

进入体内的甲苯主要分布于富含脂的组织，以肾上腺、脑、骨髓和肝为最多。少量以原形经肺排出；80%～90%氧化成苯甲酸，并与甘氨酸结合形成马尿酸随尿排出；另有少量苯甲酸与葡萄糖醛酸结合随尿排出。

（二）污染来源

甲苯主要来源于与汽油有关的排放以及石油化工行业生产中溶剂的损失和排放。

（三）污染危害特征

吸入较高浓度蒸气后有头晕、头痛、恶心、呕吐、四肢无力、意识模糊、步态蹒跚，重症者有躁动、抽搐或昏迷，并伴有眼和上呼吸道刺激症状，可出现眼结膜和咽部充血。直接吸入液体后可出现肺炎、肺水肿、肺出血及麻醉症状。

甲苯具有挥发性，在环境中不易发生反应。由于空气的运动使其广泛分布在环境中，并且通过雨和水面的蒸发使其在空气和水体之间不断再循环，最终可能因生物和微生物的氧化而被降解。

甲苯毒性小于苯，但刺激性比苯强。甲苯微溶于水，当倾倒入水中时，可漂浮在水面，或呈油状分布在水面，会引起鱼类及其他水生生物的死亡。受污染水体散发出苯系物特有的刺鼻气味。发生爆炸起火时，冒出黑烟，火焰沿地面扩散，眼睛、咽喉会感到刺痛、流泪、发痒，并闻到特殊的芳香气味。

（四）应急检测技术

气体检测管法（0.2～10 mg/m^{3}或 50～1 000 mg/m^3），便携式 VOC 检测仪法，现场吹脱捕集-检测管法，便携式 VOC 检测仪法，便携式气相色谱法，便携式气相色谱-质谱联用法，实验室快速气相色谱法和便携式红外分光光度法。

（五）应急治理技术

1. 急救措施

吸入较高浓度蒸气者立即脱离现场至空气新鲜处。有症状者给吸氧，密切观察病情变化，对症处理，可用葡萄糖醛酸。有意识障碍或抽搐时注意防治脑水肿，心跳未停者忌用肾上腺素。直接吸入液体者给吸氧，应用抗生素预防肺部感染，对症处理。如出现全身性甲苯中毒者，静脉注射 10%硫代硫酸钠。皮肤损害者，可用清水多次洗涤，涂敷白色洗剂或炉矸石洗剂。

2. 泄漏应急处置

迅速将泄漏污染区人员撤离至安全区，并进行隔离，严格限制出入。切断火源，尽可能切断泄漏源，防止进入下水道、排洪沟等限制性空间。小量泄漏，用活性炭或其他惰性材料吸收，倒至空旷地掩埋，也可用不燃性分散剂制成乳液刷洗，洗液稀释后排入废水系统。如大量泄漏构筑围堤收容，用泡沫覆盖以降低蒸发，并用防爆泵转移至专用容器内，回收或无害化处置。对污染地带进行通风，蒸发残余液体并排出蒸气。

应急处理人员戴防毒面具与手套，穿防毒物渗透工作服，戴化学安全防护眼镜进行自我防护。

3. 消防措施

灭火时消防人员应佩戴氧气呼吸器。喷水保持火场容器冷却，直至灭火结束。灭火剂为泡沫、二氧化碳、干粉、沙土。

4. 防范措施

甲苯应储存于阴凉、通风仓间内，远离火种、热源。仓温不宜超过 30℃，防止阳光直射。保持容器密封，应与氧化剂分开存放。储存间内的照明、通风等设施应采用防爆型，开关设在仓外。配备相应品种和数量的消防器材。罐储时要有防火防爆技术措施。禁止使用易产生火花的机械设备和工具。灌装时应注意流速（不超过 3 m/s），且有接地装置，防止静电积聚。搬运时要轻装轻卸，防止包装及容器损坏。

工作中避免直接接触甲苯，空气中甲苯浓度超标时，须戴防毒面具，工作现场禁止吸烟、进食和饮水。工作后，淋浴更衣。保持良好的卫生习惯。

八、二硫化碳

（一）理化性质

二硫化碳纯品为清澈无色带有芳香甜味的液体，工业品呈微黄色，并有烂萝卜气味。分子式 CS_2，相对分子质量 76.14，密度 1.263 2 g/cm^3（20℃），冰点为－111.6℃，沸点 46.3℃。本品在室温下易于挥发，其蒸气比空气重 2.62 倍，能与空气形成易爆混合物，爆炸上限及下限为 50%和 1%。CS_2 液体属于易燃、易爆化学品，能产生静电引起爆炸，于 130～140℃时可以自燃。本品易溶于酒精、苯和醚中，微溶于水。

CS_2 能自肺很快吸收，部分以原形物自呼吸道排出，大部分经体内代谢以无机硫酸盐及其他硫化物形式随尿排出，可能有极少部分随汗液排出体外。

（二）污染来源

二硫化碳污染来源广泛，主要来源于工业生产活动，包括黏胶纤维生产、橡胶硫化、制造四氯化碳、谷物熏蒸、浮选，石蜡、石油精制等行业。

（三）污染危害特征

接触高浓度二硫化碳发生急性中毒后，主要表现为急性中毒性脑病的症状与体征。皮肤接触者，局部皮肤可出现红肿或类似烧伤的改变。轻患者感头痛、头晕、恶心及眼鼻刺激症状，或出现酒醉样感、步态不稳，可出现轻度意识障碍，无其他异常体征。重度中毒患者出现意识混浊、谵妄、精神运动性兴奋、抽搐以至昏迷。脑水肿严重者可出现颅内压增高的表现，瞳孔缩小、脑干反射存在或迟钝、病理反射阳性，甚至发生呼吸抑制，少数患者可发展为植物状态。

（四）应急监测技术

二硫化碳蒸气污染应急监测方法可采用现场吹脱捕集-检测管法，化学测试组件法（醋酸铜指示液）和便携式气相色谱法。

（五）应急治理技术

1. 急救措施

二硫化碳中毒无特效解毒剂，如果发生急性中毒事故，应立即将患者脱离现场，移至通风处，给予吸氧和保暖；皮肤或眼有污染应及时冲洗处理，脱去污染衣物，注意防治呼吸困难和脑水肿。

2. 泄漏应急处置

迅速撤离泄漏污染区人员至安全区，并进行隔离，严格限制出入。切断火源，不要直接接触泄漏物。尽可能切断泄漏源，防止流入下水道、排洪沟等限制性空间。小量泄漏时用沙土、蛭石或其他惰性材料吸收；大量泄漏时构筑围堤或挖坑收容。喷雾状水或泡沫冷却和稀释蒸气，保护现场人员。用防爆泵转移至槽车或专用收集器内，回收或运至废物处理场所处置。

建议应急处理人员戴自给正压式呼吸器，穿防静电工作服进行自我防护。

3. 消防措施

灭火时先喷水冷却容器，尽可能将容器从火场移至空旷处，处在火场中的容器若已变色或从安全泄压装置中产生声音，必须马上撤离。灭火剂采用雾状水、泡沫、干粉、二氧化碳、沙土。

（六）防范措施

1. 生产过程中的防范措施

生产过程中应密闭操作，局部排风。操作人员必须经过专门培训，严格遵守操作规程。建议操作人员佩戴自吸过滤式防毒面具（半面罩），戴化学安全防护眼镜，穿防静电工作服，戴橡胶耐油手套。远离火种、热源，工作场所严禁吸烟。使用防爆型的通风系统和设备，防止蒸气泄漏到工作场所空气中。避免与氧化剂、胺类、碱金属接触。灌装时应控制流速，且有接地装置，防止静电积聚。配备相应品种和数量的消防器材及泄漏应急处理设备。倒空的容器可能残留有害物。

2. 储存过程中的防范措施

在室温下易挥发，因此容器内可用水封盖表面。储存于阴凉、通风的库房。远离火种、热源，库温不宜超过 30℃。保持容器密封，应与氧化剂、胺类、碱金属、食用化学品分开存放，切忌混储。采用防爆型照明、通风设施。禁止使用易产生火花的机械设备和工具。储区应备有泄漏应急处理设备和合适的收容材料。

3. 运输过程中的防范措施

运输时，二硫化碳液面上应覆盖不少于该容器容积 1/4 的水。铁路运输采用小开口铝桶、小开口厚钢桶包装时，须经铁路局批准。运输时运输车辆应配备相应品种和数量的消防器材及泄漏应急处理设备，夏季最好早晚运输。运输时所用的槽（罐）车应有接地链，槽内可设孔隔板以减少振荡产生静电。严禁与氧化剂、胺类、碱金属、食用化学品等混装、混运。运输途中应防曝晒、雨淋，防高温。中途停留时应远离火种、热源、高温区。装运该物品的车辆排气管必须配备阻火装置，禁止使用易产生火花的机械设备和工具装卸。公路运输时要按规定路线行驶，勿在居民区和人口稠密区停留。铁路运输时要禁止溜放。严禁用木船、水泥船散装运输。

九、甲醇

（一）理化性质

甲醇为无色透明液体，有特殊气味，分子式 CH_4O，相对分子质量 32.05，熔点−97.8℃，沸点 64.8℃，相对密度 0.79，甲醇能与水混溶，可混溶于醇、醚等多数有机溶剂。遇热、明火或氧化剂易着火，遇明火会爆炸。

甲醇吸收至人体内后，可迅速分布在机体各组织内，其中，以脑脊液、血、胆汁和尿中的含量最高，眼房水和玻璃体液中的含量也较高，骨髓和脂肪组织中最低。甲醇在肝内代谢，经醇脱氢酶作用氧化成甲醛，进而氧化成甲酸。本品在体内氧化缓慢，仅为乙醇的 1/7，排泄也慢，有明显蓄积作用。未被氧化的甲醇经呼吸道和肾脏排出体外，部分经胃肠道缓慢排出。推测人吸入空气中甲醇质量浓度 39.3～65.5 g/m^3，30～60 min，可致中毒。人口服 5～10 mL，可致严重中毒；一次口服 15 mL，或 2 天内分次口服累计达 124～164 mL，可致失明。有报告，一次口服 30 mL 可致死。

（二）污染来源

甲醇污染主要来源于生产染料、医药、火药、防冻剂、香精等工业行业的工艺废气排放。

（三）污染危害特征

甲醇是蓄积性高度液体，对水生生物有毒，甲醇主要作用于神经系统，具有明显的麻醉作用，可引起脑水肿。对视神经和视网膜有特殊选择作用，引起病变；可致代谢性酸中毒。短时大量吸入出现轻度眼及上呼吸道刺激症状（口服有胃肠道刺激症状）；经一段时间潜伏期后出现头痛、头晕、乏力、眩晕、酒醉感、意识蒙眬、谵妄，甚至昏迷。视神经和视网膜病变，可有视物模糊、复视等，重者失明。代谢性酸中毒时出现二氧化碳接合力下降、呼吸加速等。

（四）应急监测技术

甲醇污染应急监测方法可采用气体检测管法（1～50 或 100～6000），便携式气相色谱法，便携式气相色谱-质谱联用法，实验室快速气相色谱法和便携式红外分光光度法。

（五）应急治理技术

1．急救措施

吸入高浓度甲醇蒸气后，应迅速脱离现场至空气新鲜处，保持呼吸道通畅。如呼吸困难，给输氧；如呼吸停止，立即进行人工呼吸，及时就医。皮肤接触后，脱去被污染的衣着，用肥皂水和清水彻底冲洗皮肤；眼睛接触后提起眼睑，用流动清水或生理盐水冲洗；食入后饮足量温水，催吐，用清水或 1%硫代硫酸钠溶液洗胃，及时就医。

2．泄漏应急处置

迅速将泄漏污染区人员撤离至安全区，并进行隔离，严格限制出入，切断火源，不要直接接触泄漏物。尽可能切断泄漏源，防止流入下水道、排洪沟等限制性空间。小量泄漏，用沙土或其他不燃材料吸附或吸收，也可以用大量的水冲洗，冲洗稀释后放入废水系统。大量泄漏，构筑围堤或挖坑收容。用泡沫覆盖，降低蒸气危害。用泵转移至槽车或专用收集器内，回收或运至废物处理场所处置。

应急处理人员戴正压自给式呼吸器，穿防静电工作服，戴化学安全防护眼镜，戴橡胶手套进行自我防护。

3．消防措施

甲醇易燃，其蒸气与空气可形成爆炸性混合物。遇明火、高热能引起燃烧爆炸。与氧化剂接触发生化学反应或引起燃烧。在火场中，受热的容器有爆炸危险。其蒸气比空气重，能在较低处扩散到相当远的地方，遇明火会引着回燃。

尽可能将容器从火场移至空旷处，喷水保持火场容器冷却，直至灭火结束。处在火场中的容器若已变色或从安全泄压中发生声音，必须马上撤离。灭火可用抗溶性泡沫、干粉、二氧化碳、沙土。

（六）防范措施

生产过程密闭操作，加强通风。操作人员必须经过专门培训，严格遵守操作规程。操作人员佩戴过滤式防毒面具（半面罩），戴化学安全防护眼镜，穿防静电工作服，戴橡胶手套。远离火种、热源。工作场所严禁吸烟，使用防爆型的通风系统和设备。避免与氧化剂、酸类、酸酐、碱金属接触，灌装时应控制流速，且有接地装置，防止静电积聚。工作场所应配备相应品种和数量的消防器材及泄漏应急设备。注意倒空的容器可能残留有害物。

甲醇应储存于阴凉、通风仓间内。远离火种、热源，储存温度不宜超过 30℃，防止阳光直射。保持容器密封，应与氧化剂、酸类、酸酐、碱金属分开存放，切忌混储。采用防爆照明、通风设施，禁止使用易产生火花的机械设备和工具。储区应备有泄漏应急处理设备和合适的收容材料。

第四节　恶臭污染事件应急处理技术

根据 1993 年国家制定的《恶臭污染物排放标准》（GB 14554—93），恶臭污染物，是指一切刺激嗅觉器官引起人们不愉快及损害生活环境的气体物质。

一、恶臭气体主要类型

恶臭物质种类繁多，分布较广，恶臭气体从其组成可分为 5 类。一是含硫化合物，如硫化氢、硫醇类、硫醚类等；二是含氮的化合物，如氨、胺类、酞胺、吲哚类等；三是卤素及其衍生物，如氯气、卤代烃等；四是烃类，如烷烃、烯烃、炔烃、芳香烃等；五是含氧的有机物，如酚、醇、醛、酮、有机酸等。从上述分类可知，这些恶臭物质，除硫化氢和氨外大都为有机物，这些有机物能散发到大气中主要是因为其沸点低、挥发性强，为此我们又称其为挥发性有机化合物，简称 VOCs（Volatile Organic Compounds）。

二、恶臭污染来源

恶臭污染的来源十分广泛，一般来说，恶臭源分为天然源及人为源。天然源包括不流动的湖沟沼泽中，各种水草、藻类分解代谢产生的甲基硫、甲基硫醇等；动物尸体与植物残骸等腐败分解放出的硫化氢、氨等腐败性臭气。

人工恶臭污染源主要来自 3 方面，一是农牧业恶臭，即畜禽养殖场、屠宰厂、兽脂处理场、血液处理场、渔产加工厂等产生的恶臭；二是工业恶臭，主要产生于石油精制厂、石油化工厂、香料厂、食品发酵厂、制药厂、造纸厂、化肥厂、农药厂、涂漆厂、橡胶厂、制革厂、电镀厂等；三是城市公共设施恶臭，城市垃圾场、污水处理厂、医院、公共厕所等公共设施产生的恶臭。

不同企业排放的恶臭物质是不同的，大部分企业都排放多种恶臭物质，见表 3-1。

表 3-1 恶臭物质来源和臭味性质

物质名称	主要来源	臭味性质
硫化氢	牛皮纸浆、炼油、炼焦、石化、煤气、粪便、硫化碳的生产或加工	腐蛋臭
硫醇类	牛皮纸浆、炼油、煤气、制药、农药、合成树脂冶成纤维、橡胶	烂葱头臭
硫醚类	牛皮纸浆、炼油、农药、垃圾、生活污水下水道	蒜臭
氨	氮肥硝酸、炼焦、粪便、肉类加工、家畜饲养	尿臭、刺激臭
胺类	水产加工、畜产加工、皮革、骨胶、油脂化工	粪臭
吲哚类	粪便、生活污水、炼焦、肉类腐烂、屠宰牲畜	刺激臭
硝基化合物	染料、炸药	刺激臭
烃类	炼油拣焦、石油化工、电石、化肥、内燃机排气、油漆、油墨、印刷	刺激臭
醛类	炼油、石油化工、医药、内燃机排气、垃圾铸造	刺激臭
脂肪酸类	石油化工、油脂加工、皮革制造、合成洗涤剂、酿造、制药、粪便	刺激臭
醇类	石油化工、油脂加工、皮革制造、肥皂、合成材料、酿造、林产加工	刺激臭
酚类	溶剂、涂料、油脂工业、石油化工、合成材料、照相软片	刺激臭
酯类	合成纤维冶成树脂、涂料、黏合剂	香水臭、刺激臭
含卤素	合成树脂、合成橡胶、溶剂灭火器材、有机物制冷剂	刺激臭

三、恶臭污染危害特征

恶臭对人体的危害主要表现在以下几个方面：

（1）危害神经系统。长期受低浓度恶臭物质刺激，首先会引起嗅觉疲劳，导致嗅觉失灵，继而导致大脑皮层兴奋与抑制过程的调节功能失调。有的恶臭物质，如硫化氢不仅有异臭，而且对神经系统产生毒副作用。

（2）危害呼吸系统。人们突然闻到恶臭，会闭气，即反射性的完全停止呼吸，妨碍正常呼吸功能。

（3）危害循环系统。随着呼吸的变化，会出现脉搏和血压的变化。如氨等刺激性臭气，使血压先下降后上升，脉搏先减慢后加快，硫化氢还能阻碍氧的输送，造成体内缺氧。

（4）危害消化系统。经常接触恶臭物质，使人厌食、恶心、呕吐，食欲不振，进而发展成为消化功能减退。

（5）危害内分泌系统。经常受恶臭刺激，会使内分泌功能紊乱，影响肌体代谢活动。

（6）其他危害。氨和醛类对眼睛有刺激作用，引起流泪、疼痛、结膜炎、角膜水肿等。恶臭的持续作用会使人烦躁、忧郁、失眠、注意力不集中、记忆减退，从而使学习和工作效率降低。

（7）高浓度恶臭物质突然袭击，会使接触者发生肺水肿，当场熏倒，窒息死亡，造成事故。

四、恶臭应急监测技术

恶臭应急分析方法按探测方式不同，分感官测试法和仪器分析法两大类。

（一）感官测试法

通常的恶臭气体组分多，测定复杂，感官测试法因简捷、实效性强而具有相当的实用价值，是恶臭测定中一种不可缺少的手段。它又分为臭气浓度法和恶臭强度法两种。

1. 臭气浓度法

该方法所表示的浓度，不同于物质的浓度，而是用臭气样品的气味稀释至检知阈的稀释倍数来表示。一般用三点比较式臭袋法（GB/T 14678—1993）进行测定。

2. 恶臭强度法

是根据恶臭气味的强弱，分成不同的等级，然后由臭辨员来测试分级。因国家和地区的不同，恶臭强度分级也有所不同，我国和日本采用 6 级分级制（表 3-2），美国采用 8 级分级制。由于该方法快捷简便，又能定性地说明臭气强弱程度，可作为一种简便判断污染程度的监测方法。对高浓度恶臭物质及含有毒有害物质的恶臭污染源避免使用此方法。

表 3-2 日本制定的恶臭强度分类法

臭气强度级别	嗅觉对臭气的反应
0 级	无味
1 级	勉强闻到有气味（感觉阈值）
2 级	能确定气味性质的较弱的气味（识别阈值）
3 级	很容易闻到，有明显气味
4 级	较强的气味
5 级	极强的气味

（二）仪器分析法

仪器分析法可对恶臭成分进行单一组分的定性、定量分析。由于恶臭成分大多是有机物，所以，气相色谱法、气相色谱法-质谱法等分析法在恶臭仪器分析中占主导地位。常见恶臭物质的分析方法见表 3-3。

表 3-3 常见恶臭物质的检测方法

恶臭有机物种类	实验室分析方法	现场快速测定方法
含硫含氮化合物	气相色谱法	便携式光学检测器法、气体检测管法、检测试纸法
苯系物	气相色谱法	气体检测管法、便携式气相色谱法、便携式 VOCs 检测仪法
恶臭化合物	分光光度法（NH_3，CS_2）	便携式光学检测器法、便携式气相色谱法
低级脂肪酸	气相色谱法	气体检测管法、便携式气相色谱法、便携式红外分光光度法、便携式气相色谱-质谱联用法
有机氯化合物	气相色谱法	气体检测管法、便携式气相色谱法、便携式红外分光光度法、便携式气相色谱-质谱联用法
醛、酮类化合物	分光光度法、气相色谱法、液相色谱法、离子色谱法	气体检测管法、便携式气相色谱法、便携式红外分光光度法
酚类化合物	分光光度法、气相色谱法	气体检测管法、便携式气相色谱法、便携式红外分光光度法
醇类化合物	气相色谱法	气体检测管法、便携式气相色谱法、便携式红外分光光度法

五、应急治理技术

各种恶臭治理技术和方法都是通过物理、化学、生物的作用，使恶臭污染物的物相或物质结构发生变化，从而达到去除臭味的目的。处理恶臭物质的方法可视恶臭污染物的性质、种类、浓度、处理量、气体排放方式及当地的卫生要求和经济情况的不同，采取不同的处理方法。常见的脱臭治理技术方法见表 3-4。

表 3-4　常见的脱臭方法概况

脱臭方法	原理	适用恶臭物质
水洗法	将恶臭气体溶于水中	易溶于水的臭气，如脂肪酸、胺类
冷却法	将含有水蒸气的恶臭气体冷却溶解于凝结水中	含有大量水蒸气的高温排气，如易溶于水的脂肪酸等
吸附法	恶臭气体用活性炭、硅胶、白土等吸附	脂肪酸、胺类及其他易溶于水的臭气
空气稀释法	恶臭气体用大量的空气稀释，降低臭气强度	适用于所有的臭气
酸碱吸收法	酸性气体用 NaOH 或 $Ca(OH)_2$ 水溶液吸收；碱性气体用稀硫酸吸收	脂肪酸、胺类及其他易溶于水的臭气
臭氧氧化法	利用臭氧的强氧化作用氧化分解	不饱和有机化合物，硫化氢、硫醇类、醛类等
燃烧法	将可燃性恶臭气体燃烧分解	适用于所有恶臭气体
生物膜法	恶臭气体通过滤层由细菌分解	大部分恶臭气体

六、防范措施

（1）先控制污染源，减少散发。

（2）有条件的地方，应疏散人群，远离恶臭污染源。

（3）优先采用活性炭吸附、清水加除臭剂冲洗、生物氧化清除等。

（4）处理低浓度恶臭气体可施放芳香气味或其他令人愉快的气味与臭气掺和，以掩蔽臭气或改变臭气的性质。

第五节　城市空气污染事件应急技术

一、城市空气污染事件类型

城市空气污染事件是由于城市人居环境中的空气受到严重污染而造成对大数量人群健康发生急性危害的事件。这类空气污染事件具有受害人数多、涉及面广、后果严重等特点。

根据这类空气污染事件发生的原因不同，可以将城市空气污染事件大致分为 4 类：煤烟型烟雾事件、光化学性烟雾事件、灰霾事件、沙尘暴事件。

二、煤烟型烟雾事件

（一）发生原因

工厂和家庭使用大量的煤，煤经过燃烧产生大量煤烟。同时，很多工厂的生产过程中产生大量有毒废气，这些煤烟和废气排入大气中，若遇到恶劣的气象条件，使得这些污染物不能充分扩散，只能聚集在局部地区的大气中滞留不散，造成当地居民急性中毒。

这类煤烟型烟雾事件是由于工业日益发达，废气排放量增加、用煤量增加而造成的。第一次工业革命以后，煤的消耗量大增，煤烟型烟雾事件开始发生。英国伦敦自 19 世纪开始，即出现过多次烟雾事件，发现烟雾加重与死亡人数增加有关。其中比较大的事件发生在 1873 年 1—2 月、1880 年 1 月、1882 年 2 月、1891 年 12 月、1892 年 12 月还有 1948 年冬季。但限于当时的科技水平，均未留下详细记载。自 1952 年伦敦烟雾事件开始，资料才较完整。此类烟雾事件除英国发生以外，其他国家也有发生，例如比利时的马斯河谷事件、美国的多诺拉烟雾事件等。由于 1952 年的伦敦烟雾事件最为严重，故伦敦烟雾事件已成为煤烟型烟雾事件的代表。

（二）影响因素

（1）污染物排出量。污染物的排出量与工厂和家庭的用煤量有关。尤其在冬季采暖季节，煤的消耗量更大，因此，冬季是煤烟型烟雾事件的高发季节。

（2）气象因素。煤烟的扩散受气象条件的影响很大。在气温低、湿度大和风速小的情况下，煤烟极不易扩散，有逆温的情况下，煤烟不易扩散。在冬季尤其在冬季的凌晨，最容易出现这种恶劣的气象条件，这再次表明冬季易发生煤烟型烟雾事件。

（3）地形。河谷、山谷、盆地等地形低凹的地区，污染物不易扩散，只能沿着低凹地的走向转移，所以在低凹地区极易受到污染。

（三）主要污染物及其污染危害特征

1. 颗粒物

煤烟型烟雾事件中，颗粒物是最主要的污染物。颗粒物本身对呼吸道就具有很强的损伤作用，破坏细胞，引发炎症，还会滞留在呼吸道影响呼吸功能，降低氧的吸入量。颗粒物上含有很多焦油，毒性很大。不仅如此，颗粒物还能吸附多种污染物，如二氧化碳、氮氧化物、氟化物等有害气体和铁、铬、镍等金属粒子，此外还能吸附微生物。所以，颗粒物在烟雾事件中起着决定性作用。1962 年的伦敦烟雾事件中，颗粒物少于 1952 年，而二氧化硫在 1962 年还略有上升，但 1962 年的死亡人数却比 1952 年少得多，说明颗粒物是煤烟型烟雾事件的主要危害。

2. 二氧化硫

二氧化硫主要来自燃煤。硫是煤的主要杂质，一经燃烧，就能氧化成二氧化硫。二氧化硫是气体，具有强烈的刺激性气味，引起咽部发痒、咳嗽、支气管发炎，还能刺激眼部和鼻腔。二氧化硫在大气中可被氧化成三氧化硫，然后溶于水汽中形成硫酸雾，对呼吸道的附着性更强，危害性更大。

3. 硫化氢

硫化氢主要来自石油化工企业，例如从天然气中回收硫黄的过程，就会生成大量硫化氢。硫化氢具有臭鸡蛋味，对呼吸道有强烈的刺激作用，会损伤呼吸道，引发炎症。但当硫化氢浓度很高时，能很快麻痹人的呼吸中枢，当人还没有来得及闻到臭气时，就会很快由于呼吸麻痹引起窒息而死。其急性死亡的速度之快被形容为“电击式死亡”。

4. 氟化物

大气中的氟化物主要来自某些工厂的废气，例如磷肥厂、炼铝厂、炼钢厂、炼铍厂等的废气中都含有大量的氟化物。无机的氟化物可以气体、蒸气或粉尘形态经呼吸道或消化道进入人体。能引起眼、鼻及呼吸道的刺激症状，如咳嗽、眼部灼痛、胸部紧迫感等。重者可引起肺炎、肺水肿或反射性窒息。并可从消化道摄入造成慢性氟中毒。

5. 其他污染物

此外，一氧化碳、二氧化碳、氮氧化物、醛类等有害物质，也是煤烟型烟雾事件的主要污染物。

煤烟型烟雾事件急性中毒症状表现为以下几种情况：

（1）急性中毒。大量受害者除了眼部、鼻咽部有刺激外，主要是呼吸道系统疾病和心血管疾病，如咳嗽、胸痛、憋气、呼吸困难，有时伴有头痛、呕吐、发绀。死亡原因主要是肺水肿、呼吸衰竭和心力衰竭、心肌梗死等。尤其是老年人、婴幼儿以及患有慢性呼吸道疾病和心脑血管疾病的病人，受害更严重，死亡率很高。

（2）迟发效应。除了急性发病以外，很多人在浓雾消失以后的一段时间内，陆续出现呼吸道疾病症状。这是由于煤烟中的焦油、二氧化硫、氮氧化物等对呼吸道持续作用后的迟发效应。这些迟发效应也是煤烟型污染引起的。

（3）大数量的家畜也受影响。例如牛也大量中毒，并出现死亡。

（四）应急监测技术

1. 应急监测的重点

（1）选择对人体健康危害严重、影响范围广的污染物进行监测，如颗粒物、SO_2、CO、硫酸雾。

（2）监测点应重点布设在受危害严重的区域及人口密集区和污染源集中区。

（3）在气象要素观测中，应重点观测风速、湿度，并注意逆温层高度和强度的变化。

2. 现场监测

（1）监测方法的选择。由于应急事故的紧迫性，监测方法应优先选用快速监测仪器和监测管，以缩短监测时间，只有在便携式气体检测仪器和监测管的检测精度和测定范围不能满足监测要求时，才选用实验分析方法。

（2）监测频次及采样时间。应急监测的采样频次和时间应根据事故的具体情况确定，对小范围瞬时性的小型污染事故，由于大气对污染物的稀释、扩散，对人群健康产生的危害较小，持续时间较短，选择具有代表性的时段进行 1～3 次监测或采样即可。对于大型的污染事故应加大监测频次，并规定严格的采样时间间隔。同时，在检测染毒气体时，一是要迎风检测；二是选择毒物飘移云团经过的路径；三是对掩体、低洼地等位置实施检测。在检测地面毒物时，要找到存在明显毒物的地域。

（3）现场调查。在监测的同时还需要进行现场调查取证工作，调查内容为事故发生的时间、地点、污染源和污染物，周围的环境概况、人群情况、牲畜情况、气象特征（风速学、风向）、污染范围、污染程度和农田植被的破坏情况，最后根据调查和监测结果确定污染物的排放量。

（五）应急措施

（1）重大污染源应暂时停止生产，停止排放污染物，避免大气污染的程度加重。

（2）受害者应尽快送往医院抢救。

（3）居民应尽量留在家中，关闭门窗，减少外出次数。

（4）走读学校应酌情停课，减少学生在室外走动的机会。

（5）人们外出时，应戴上防护眼镜和清洁水湿润的口罩，并经常清洗。

（6）各家庭以及各用煤单位应尽量减少用煤量，减少煤烟的排出量。

（六）预防措施

（1）对用煤量大和排废气量大的工厂企业，应建立档案，便于加强管理。

（2）谷地、盆地等低凹地区不宜建立排气量大的工厂。

（3）寒冷季节更应密切关注天气预报，在恶劣天气到来之前，应要求重大污染源适当减产，以减少排污量，减轻大气污染程度。

（4）患有慢性呼吸道疾病和心脏病的人，家中应备有小型吸氧装置以及一些急救药品，以备急用。

（5）将家庭分散式燃煤，改造为统一用管道输送煤气，或改用天然气等气体燃料，可大大降低煤烟污染。

三、光化学性烟雾事件

光化学烟雾现象是汽车尾气排放的大量氮氧化物和碳氢化合物，经太阳紫外线照射后发生的光化学反应，于是产生有刺激性的浅蓝色的烟雾。烟雾的成分是臭氧、醛类和过氧酰基硝酸酯等多种复杂化合物。这些化合物都是光化学反应生成的二次污染物。

光化学烟雾现象最早出现在20世纪40年代的美国洛杉矶，后来在日本东京、大阪、川崎，墨西哥的墨西哥城，澳大利亚的悉尼，意大利的热那亚等城市也先后出现。20世纪70年代末我国在兰州西固石油化学工业区首次发现光化学烟雾，1986年在北京也发现了光化学烟雾的迹象，随着经济的高速发展，我国交通发达的上海、广州、深圳等大城市也观测到光化学烟雾污染的现象。

（一）光化学烟雾的形成条件

光化学烟雾的形成必须具备一定的条件，如前体污染物、气象条件、地理条件等。

1. 污染物条件

光化学烟雾的形成必须要有 NO_x、CH 化合物等污染物的存在。汽油、柴油的消耗量大，排出尾气多，这是产生光化学烟雾事件的物质条件，所以，光化学烟雾多发生在机动车辆多的特大城市。例如洛杉矶、纽约、东京、大阪、悉尼、孟买、兰州、成都、上海、北京等大城市都发生过不同程度的光化学烟雾事件。其中，洛杉矶发生事件最早，发生次数也最多，所以洛杉矶烟雾事件已成为光化学烟雾事件的代表。

车流畅通程度也是形成条件之一。在等候红绿灯或是堵车的情况下，机动车的汽油或柴油燃烧很不完全，氮氧化物和碳氢化合物的生成量很大，容易产生光化学烟雾。在车流行驶畅通的情况下，这些污染物的产生量就少，降低了烟雾事件发生的可能性。

2. 气象条件

由于尾气中的氮氧化物和碳氢化合物必须在日光紫外线的光化学作用下才能生成光化学烟雾，因此，紫外线是关键的气象因素。紫外线照射程度最强的时间是在夏秋季烈日照射的下午，这是容易发生光化学烟雾事件的季节和时间。逆温存在和风速极小都能阻止光化学烟雾的扩散，加重局部污染。

3. 地形条件

光化学烟雾的多发地大多数处在比较封闭的地理环境中，这就造成了 NO_x、CH 化合物等污染物不能很快地扩散稀释，容易产生光化学烟雾。在城市内高楼密集、街道不透风的地段，空气流通极差，光化学烟雾不易扩散，这类地段容易发生光化学烟雾事件；在车流量大的交通干线附近、被山丘阻挡的低凹地区，烟雾易聚积，易发生光化学烟雾事件。

（二）污染危害特征

1. 对人类健康的危害

在不利于扩散的气象条件下，光化学烟雾会积聚不散，使人眼和呼吸道受刺激或诱发各种呼吸道炎症，危害人体健康。其中最突出的危害是刺激眼睛和上呼吸道黏膜，引起眼睛红肿和引发喉炎。

（1）主要污染物产生的急性中毒症状

光化学烟雾是由臭氧、醛类、各种过氧酰基硝酸酯等成分组成的混合物，这些物质都具有很强的氧化作用，通称为光化学氧化剂。

①臭氧。在光化学烟雾中的含量最多，占 90%以上。其刺激作用很强，对眼、鼻、咽喉部、肺部都有强烈的刺激作用。能引起流泪、眼红肿、咳嗽、咽喉痛、支气管炎、肺水肿等。当大气中臭氧质量浓度达到 200～300 $\mu g/m^3$ 时，会使哮喘发作导致上呼吸道疾患恶化，降低视觉敏感度和视力；臭氧质量浓度在 400～1 600 $\mu g/m^3$ 时，只要接触两小时就会出现气管刺激症状，引起胸骨下疼痛和肺通透性降低，使肌体缺氧；浓度再高，就会出现头痛，并使肺部气道变窄，出现肺气肿等。

②醛类。主要是甲醛、乙醛、丙烯醛等。醛类是刺激性物质，对眼睛、皮肤、呼吸道都有强烈的刺激作用。引起眼部烧灼感、流泪、眼睑水肿、结膜炎、角膜炎、鼻炎、咽喉炎、支气管炎，严重时发生喉痉挛、声门水肿、肺水肿等。

③过氧酰基硝酸酯（PANs）。约占光化学烟雾的 10%。PANs 是一类化合物，主要是过氧乙酰硝酸酯（PAN），其次是过氧苯酰硝酸酯（PBN）和过氧丙酰硝酸酯（PPN）。这类化合物的刺激性极强，是极强的催泪剂。其催泪作用相当于甲醛的 200 倍。

（2）光化学烟雾对人体危害的症状

①局部黏膜刺激症状。眼睛痛、流泪、眼睛充血、咽喉痛、咽喉发红、咳嗽，气急、呼吸困难、哮喘、胸痛等。

②全身症状。头痛、头晕、呕吐、发热、厌倦等。

③精神症状。麻木感、知觉障碍、痉挛、意识障碍等。

2．降低大气的能见度

光化学烟雾与大气中的粒状污染物质，如水气、酸雾、烟尘等混合，会降低大气的能见度，常常是造成陆上或空中交通事故的原因。

3．对植物的危害

对植物的危害是大气污染影响生物界的最初表现。一方面，光化学烟雾等可以降低大气的能见度，减弱阳光强度，从而影响植物的光合作用，给其生长带来不利影响。另一方面，大气污染可使植物的叶、花及果实生长迟缓，产量减少，质量变差，甚至助长病虫害的发展和蔓延。对光化学烟雾敏感的植物包括许多农作物（如棉花、烟草、甜菜、葛苞、番茄和菠菜等），以及某些饲料作物、观赏植物（如菊花、蔷薇、兰花和牵牛花等）和许多种树木。

4．对生活条件的危害

大气中的烟雾会污染街道、庭院，使居室及室内的设备、衣服等被腐蚀受损。

5．对建筑物的危害

光化学烟雾中的各种氧化物会腐蚀建筑材料和设备器材。

（三）应急监测技术

发生光化学烟雾事件时，监测前的物质准备、现场监测、现场调查的要求基本与煤烟型烟雾事件相同，但光化学烟雾事件监测对象主要是臭氧、醛类、各种过氧酰基硝酸酯，同时还要监测 NO_2、CO 等污染物。监测仪器也是优先采用便携式气体检测仪器和监测管进行应急监测。

（四）应急措施

1．光化学烟雾污染级别

按照代表性污染物臭氧的浓度水平，光化学烟雾污染划分为 3 个级别。

Ⅲ级：城区和近郊区有两个或两个以上监测站点的臭氧小时平均浓度大于或等于 400 $\mu g/m^3$（臭氧 API 指数 200），根据预测并仍将持续 2 h 以上。

Ⅱ级：城区和近郊区有两个或两个以上监测站点的臭氧小时平均浓度大于或等于 800 $\mu g/m^3$（臭氧 API 指数 300），根据预测并仍将持续 2 h 以上。

Ⅰ级：城区和近郊区有两个或两个以上监测站点的臭氧小时平均浓度大于或等于 1 000 $\mu g/m^3$（臭氧 API 指数 400），根据预测并仍将持续 2 h 以上。

2．防治措施

根据城市光化学烟雾污染的级别，分别采取以下防治措施。

Ⅲ级污染事件采取通告级控制措施。在事件发生后的 1 h 内，通过广播、电视、因特网和报纸等媒体及时向市民通告污染水平，公布污染严重区域，并发布针对不同人群的健康保护和出行建议，建议哮喘病患者、呼吸道疾病患者、婴幼儿、老年人等减少户外活动；鼓励公众减少有污染物排放的活动，鼓励企业自愿减排；保持信息发布直至烟雾污染事故警报解除。

Ⅱ级污染事故采取限制级控制措施。在采取通告级防治措施的基础上，还应采取以下措施：在主要道路沿线和公共场所里的电子显示牌及时向市民通告污染水平和污染区域，并保持信息发布直至烟雾污染事件警报解除；对重点大气污染源采取限产、限排措施；实施交通管制，污染物排放水平较高的机动车限行；重点污染区域的小学和幼儿园保持关闭。环境保护部门加强对重点污染源的监督和执法检查，在重点区域开展应急流动监测，并及时向指挥部报告实时监测值，每 10 min 至少应报告一次重点监测点位的监测数据；气象部门开展临界气象预报，每 15 min 至少应进行一次气象预报，环境保护部门同时进行污染预报。

Ⅰ级污染事件采取强制级控制措施。在采取限制级防治措施的基础上，可以通过警车用扩音器发布警报，有条件的城市可以动用直升机广播警报，或者通过警报器在全城范围发布环境污染警报，并保持信息发布直至烟雾污染事件警报解除；对重点大气污染源实施停产、禁排措施：实施严格交通管制，污染物排放水平较高的机动车禁止上路行驶，重点区域内除采用清洁能源的机动车、应急车辆和急救车辆外，社会车辆全部禁行；城区全部小学和幼儿园保持关闭；禁止普通人群上街活动。环境保护部门加强对重点污染源的监督和执法检查，对未安装连续在线自动监测设备的重点污染源派专人蹲点监督，在光化学烟雾污染重点区域和烟雾下风向开展应急流动监测，及时向指挥部报告实时监测数据，每 5 min 至少应报告一次重点监测点位的监测数据；气象部门开展临界气象预报，每 10 min 至少应进行一次预报，环境保护部门同时进行污染预报。

（五）防范措施

（1）炎热季节应密切关注天气预报，加强对机动车管理。在高温少风而车流量大的地区，要严密控制机动车流量。光化学烟雾的形成有一个光化学反应的时间过程。一般情况下，在日光紫外线作用 1 h 后烟雾开始升高，3 h 达顶峰。所以，在车流量大的地区，在强紫外线出现前 3 h 内，应控制机动车的排气量，以减少污染物的生成。已形成的烟雾，有一个消失过程。要待到紫外线强度减弱，风速加大以后，才能逐渐消失。所以，可根据光化学烟雾形成和消失的规律，以采取相应的预防措施。

（2）改进城市道路的机动车交通管理。减少车辆停车的时间，减少污染物排出量。

（3）位于光化学烟雾发生的高风险地段里，每当夏秋季烈日当头的下午，人们在室外活动时，应准备一些简单的防护用品，例如口罩、防护眼镜，随时预防烟雾的出现。

四、灰霾事件

近年，随着城市化进程的快速发展，人类活动直接向大气排放大量粒子，污染气体越来越多，在我国大城市中，灰霾现象日趋严重，已经成为一种新的灾害性大气污染天气。以珠江三角洲地区为例，对珠三角大气灰霾的初步观测发现，2001 年起，广州、佛山、东莞等地的灰霾有愈演愈烈之势，2004 年，灰霾天数最多的是新会、深圳和东莞，均大于 160 天。广州 2001 年灰霾日为 56 天，2002 年为 65 天，2003 年为 87 天，2004 年为 142 天，2005 年为 132 天，5 年平均数为 96 天。

（一）灰霾的概念

在中国气象局编制的《地面气象观测规范》中，灰霾天气定义为："大量极细微的干尘粒、烟粒、盐粒等均匀地浮游在空中，使水平能见度小于 10.0 km 的空气普遍有混浊现象，使远处光亮物微带黄、红色，使黑暗物微带蓝色"。国际组织称这种现象为"亚洲棕色云"。

大气科学词典对关于霾的定义：霾是"悬浮在大气中的大量微小尘粒、烟粒或盐粒的集合体，……组成霾的粒子极小，不能用肉眼分辨。当大气凝结核由于各种原因长大时也能形成霾。在这种情况下水汽的进一步凝结可能使霾演变为轻雾、雾或云……在城市严重空气污染地区，霾可以频繁出现"。

大气科学词典对关于雾的定义：雾是"悬浮在贴近地面的大气中的大量微细水滴（或冰晶）的可见集合体，雾的形成主要是空气中水汽达到（或接近）饱和，在凝结核上凝结而成"。

中国气象局广州热带海洋气象研究所的吴兑研究员建议：将相对湿度小于 80%时的大气混浊视野模糊导致的能见度恶化的天气现象确定为霾，相对湿度大于 90%时的大气混浊视野模糊导致的能见度恶化确定为雾，相对湿度介于 80%～90%时的大气混浊视野模糊导致的能见度恶化是霾和雾的混合物共同造成的，但其主要成分应该是霾。

（二）灰霾形成的因素

1. 水平方向静风现象的增多

近年来随着城市建设的迅速发展，城市群的迅速膨胀，越来越多、越来越高的建筑群不断竖起，增大了地面摩擦系数，严重阻碍了风的水平流动，使污染物横向稀释能力越来越差，空气质量逐渐下降。静风现象增多，不利于大气污染物向城区外围扩展稀释，并容易在城区内积累高浓度污染。据有关专家介绍，目前广州全年几乎有 1/3 的时间存在静风现象，污染物横向的稀释越来越少，空气质量也下降很快。

2. 垂直方向的逆温现象

逆温层好比一个锅盖盖在城市上空，使上空出现了高空比近空气温更高的逆温现象。污染物在正常气候条件下，从气温高的近空向气温低的高空扩散，逐渐循环排放到大气中。但是逆温现象下，近空的气温反而更低，导致污染物停留在近空，排放不出去。广州和北京市近年来都曾出现过逆温天气现象。

3. 悬浮颗粒物的增加

近些年，机动车尾气排放和工业气体排放量日益加剧，城市悬浮物大量增加，直接导致了能见度降低，使得整个城市看起来灰蒙蒙一片。目前，在我国的部分区域存在着 4 个明显的大气棕色云区，即灰霾严重地区：北部的黄、淮、海地区；东部的长江三角洲；四川盆地；珠江三角洲。灰霾的日趋势严重导致这 4 个区域空气混浊，能见度恶化，对城市人群的危害越来越大。

（三）污染危害特征

1. 影响身体健康

灰霾天气对健康的影响主要是对人体呼吸系统的危害。灰霾的组成成分非常复杂，包括数百种大气颗粒物。其中有害人类健康的主要是直径小于 10 μm 的气溶胶粒子，如矿物颗粒物、海盐、硫酸盐、硝酸盐、有机气溶胶粒子等，它能直接进入并黏附在人体上下呼吸道和肺叶中，容易“干扰”人体的免疫系统，加重呼吸道感染，尤其是肺气肿的患者会感觉胸闷、呼吸困难。由于空气流通差，空气中污染物和有害物质增加，一些病原体引起支气管收缩，所以咳嗽、气喘、过敏性鼻炎等的发生率就增加了。

其次，烟雾容易诱发哮喘。烟雾和粉尘是哮喘患者敏感的过敏原。灰霾天气中的烟雾和粉尘很容易刺激哮喘患者的支气管而引起呼吸道的反应。2004 年 10 月 31 日，是广州市 10 月份灰霾最严重的一天，广州中山三院哮喘专科中接诊的新发生的哮喘患者比平时明显增加，儿科门诊上午就诊的患者超过 200 多人，而这其中 90%以上是因为呼吸道疾病而就诊的，哮喘专科也有 30 多位患者就诊。

此外，由于太阳中的紫外线是人体合成维生素 D 的唯一途径，紫外线辐射的减弱直接导致小儿佝偻病高发。另外，紫外线是自然界杀灭大气微生物如细菌、病毒等的主要武器，灰霾天气导致近地层紫外线的减弱，易使空气中的传染性病菌的活性增强，传染病增多。

2. 影响交通安全

出现灰霾天气时，室外能见度低，污染持续，交通阻塞，人的精神不好，很容易造成交通事故。

3. 影响区域气候

使区域极端气候事件频繁，气象灾害频发。同时，灰霾还加快了城市遭受光化学烟雾污染的提前到来。

4. 对心理的影响

天空灰蒙蒙，能见度下降，空气污染严重的时候，人会变得压抑、郁闷，情绪低落，如不及时调节，很容易失控。灰暗的天气会影响人的心理，尤其是一些心理脆弱、患有心理障碍的人在这种天气里会感觉压力比较大，精神会更加紧张，情绪更忧郁，而原本就有精神疾病的患者则会受到很大的影响。

（四）应急监测技术

灰霾天气发生时应密切关注空气中颗粒物浓度及其组成成分的变化。可选择空气中的颗粒物质如 PM_{10} 和 $PM_{2.5}$ 作为城市空气灰霾污染事件的应急监测对象。监测方法可选择滤膜称重法、光散射法（如 LD-1 激光测尘仪）、β 射线吸收法（XC-1 袖珍微机 β 射线吸收法测尘仪）、激光法（如 PC-3A 可吸入颗粒物连续测定仪），后三种方法适用于现场快速测定。气象因子应重点监测能见度、风速和逆温强度的变化。

（五）防范措施

1. 宏观防范措施

（1）建立灰霾指数预报和灰霾天气的预警机制。

在城市设立地基光学观测点，与卫星遥感资料相匹配，开展气溶胶光学厚度的监测；同时在城市周边地区布设水平能见度观测站和垂直能见度观测站，开展水平能见度和垂直能见度的观测并直接进行灰霾天气公众服务；开展大气边界层探测，定时掌握逆温等边界层特征与灰霾天气的关系，认识工业化、城市化对大气边界层结构的影响，提高灰霾天气预测的准确性，提高监测、预防灰霾天气的能力；加强对太阳辐射的监测，评估大气灰霾对农业生产和气候变化的影响等。

（2）建立灰霾天气预测预报系统与其他污染控制系统联合机制。

把灰霾天气预测预报系统与动态控制排污系统、控制污染源排放的决策系统结合起来，才能有效地对付灰霾。从现在掌握的情况来看，城市化和工业化是灰霾产生的主要因素，而灰霾天气出现的一个气象特征是其区域有一个气流停滞区。国外有些发达国家利用不同气象条件对社会生产进行动态调控的方法来尽量解决灰霾的危害，其实质是对污染源进行总量调节。如在美国，一旦监测到某区域有气流停滞区时，该地区的工业气体排放都将受到控制，而当大气条件好、空气扩散能力强时，则可充分排放。

（3）限制机动车尾气排放和工业气体排放。

应采取严厉措施限制机动车尾气排放和工业气体排放，以消除或减轻灰霾对城市的危害。同时城市群之间应统筹考虑灰霾的防治工作。作为地区性的气候灾害现象，治理时也需要地区联手，才能达到最佳的治理效果。

（4）城市规划中科学进行功能布局。

在城市规划中，要注意研究城区上升气流到郊区下沉的距离，将污染严重的工业企业布局在下沉距离之外，避免这些工厂排出的污染物从近地面流向城区；还应将卫星城建在城市热岛环流之外，以避免相互污染。要充分考虑大气的扩散条件，预留空气通道。增加城市绿地，让城市绿地发挥吸烟除尘、过滤空气及美化环境等环境效益，从而净化城市大气，改善城市大气质量。

2. 个人防范措施

（1）减少外出。

灰霾中漂浮的污染物含有害物质，会刺激人的呼吸道和肺部，一旦发生灰霾事件，市民应尽可能减少户外停留时间，以免长时间吸入污染较重的空气。特别是老人、儿童、患有呼吸道疾病和心血管疾病的人群，应尽量避免户外活动，即使要出去活动也应选择公园、郊外等空气新鲜的地方，如有必要，可以戴口罩。

在灰霾天气出现时，早上和傍晚时分的空气质量是最差的。这个时候地表的气温比较低，气流呈下沉趋势，污染物特别容易在近地面积聚。因此，在这个时间段，市民一定要减少出行。不少市民有晨练的习惯，灰霾时期一定要暂停。

另外，在交通干线和人口密集的地方，灰霾通常最为严重，空气的毒性也是最大的，有呼吸道疾病的易感人群应当远离。而郊区和山间的空气相对清新，在周末闲暇的时候，有条件的市民不妨走得远一点儿，多呼吸些新鲜空气。

中小学校如有在上午 10 时左右做课间操的习惯，在灰霾的天气下，应暂停课间操。

（2）勤喝水。

勤喝水的目的在于清杂质，排毒素，清洁呼吸道。不能仅在口渴的时候喝，不渴的时候也要经常喝，一般每次喝 150～200 mL，一天 1 000～2 000 mL。

（3）餐饮保健。

在饮食方面，宜选用清淡易消化，且富有维生素的食物，如新鲜蔬菜和水果，这样不仅可补充各种维生素和无机盐，还有润肺除燥、祛痰止咳、健脾补肾养肺的作用。如有条件，可以服用滋润的药材，如杏仁、桑叶、夏枯草等，或促进代谢的药材，如白茅根、淡竹叶等。

（4）劳逸结合。

灰霾天气会使工作效率降低，在休息和饮食上应更加有规律，注意劳逸结合，同时适当增加睡眠的时间，减轻工作的紧张度。如果可能，可以将一些高强度的脑力劳动延长计划完成。如果心情不好，可以多利用周末到外地走走，暂时避开一下也是不错的方法。

（5）小心驾驶。

灰霾造成能见度较差，交通管理部门及时关闭高速公路，而驾驶人员应注意小心驾驶。

五、沙尘暴事件

沙尘暴是沙暴和尘暴两者兼有的总称，是指强风把地面大量沙尘卷入空中，使空气特别混浊，水平能见度低于 1km 的天气现象。其中沙暴是指大风把大量沙粒吹入近地气层所形成的携沙风暴；尘暴则是指大风把大量尘埃及其他细粒物质卷入高空所形成的强风暴。

全世界有四大沙尘暴多发区，分别位于非洲、中亚、北美和澳大利亚。中国的沙尘暴多发区属于中亚沙尘暴区域的一部分，主要位于北纬 35°—49°N，东经 74°—119°E 的广大北方地区，东西绵延 4 500 km，南北跨越 600 km。我国沙尘暴的空间分布基本上与我国北方沙漠及沙漠化土地分布相一致，反映了下垫面特征和沙尘源分布状况对沙尘天气形成的重要作用。

（一）沙尘暴的形成条件

沙尘暴的发生须具备大风、沙尘源和不稳定的低层大气层结状态这 3 个条件，大风是形成沙尘暴的动力条件，沙尘物质是沙尘暴形成的物质基础，不稳定的低层大气层结状态是重要的局部地热力条件。

1. 气象条件

（1）大风——沙尘暴形成的必要动力条件

根据试验观测，当风速为 30 m/s（11 级风力），粒径为 0.5～1 mm 的粗沙会飞离地面数十厘米，粒径为 0.125～0.25 mm 的细沙会飞离地面 2 m 高，粒径为 0.05～0.005 mm 的粉沙可达 1.5 km 高度，粒径小于 0.005 mm 的尘粒则可以飞到 12 km 的高空。

沙暴的起沙风速是 5 m/s，尘暴则更小。我国北方干旱半干旱区，冬春盛吹西北风，强劲而干燥，大风日数多者几十天，少者有几天。据资料统计，大风日数，民勤 27.8 天，敦煌 15.4 天，和田 52 天，库尔勒 32 天，且末 15.8 天，银川 25.7 天，石嘴山 5.4 天，榆林 12.6 天，哈密 22.2 天。

冬春季节，我国北方在蒙古—西伯利亚高压的控制下，当稳定的纬向环流被打破，出现南北向的经向环流时，北冰洋及西伯利亚蓄积的冷空气长驱南下，横扫我国的西北、华北、东北等地，这是我国沙尘暴的启动因子。

（2）不稳定的大气环流——沙尘暴形成的必要热力条件

每年的春季是一年当中冷暖空气交替最活跃的季节。西北、华北地区正是一年中的最高温出现时，空气垂直方向上暖下凉，处于热力不稳定状态，十分有利于空气的上下对流运动及其能量的交换，使得大气中带起的沙尘粒子卷扬得更高、传播得更快。

春季的西北、华北地区，每天的午后至傍晚这一时段，大气环流变化异常，如果遇到强冷空气过境，大气极不稳定，易形成沙尘暴天气；春季植被稀少，岩土裸露，表层土层疏松，极易起沙、起尘；而荒漠地区与绿洲地区，气象要素差异较大，特别是在暖季的午后差异达到最大，在边缘交接地带梯度值最大，极易形成大风天气，必然导致沙尘暴的产生。因此，不稳定的大气环流是沙尘暴形成的热力条件。

（3）干旱少雨、植被稀少——沙尘暴形成的前提条件

我国沙尘暴主要发生于北方，我国北方大部分地区年降水量在 250 mm 以下，由于降水稀少，植被稀疏，生态环境十分脆弱，极易受到破坏。沙尘暴是干旱气候的产物，其发生的强度及频率与降水量关系密切。根据统计资料显示：干旱的年份、春季降水少的年份，沙尘暴发生频数较高，反之，频数较低。

2．沙尘源

丰富的沙尘源是沙尘暴形成的物质条件。我国的古尔班通古特沙漠、塔克拉玛干沙漠、巴丹吉林沙漠、腾格里沙漠、毛乌素沙漠等大型沙漠主要分布于北方，其类型多为活动性沙漠，地表物质以物理风化为主，质地轻粗、松散，沉积厚度较大，储藏量极为丰富，为沙尘暴的形成提供了极为丰富的沙源，这里也是我国境内最大的沙尘源。北方沙漠周边的荒漠化土地分布面积较大，其植被极差，也是主要的起沙地；另外，春季由于大片农田准备春耕播种，人为疏松土质，也是沙尘暴的沙源地之一。因此，丰富的沙源为沙尘暴灾害天气的形成创造了有利的条件。

3．地形地貌

地形地貌是沙尘暴形成的加速器。我国北方由于地形自西向东呈台阶状降低，最西北部的帕米尔高原和天山山脉阻挡了强冷空气的进入，若冷空气较强，就会翻过山脉向东加速移动；若遇到次一级山脉，冷空气再次翻越山脉，运移速度再次增加，如此反复，速度增加，风力骤增，必然形成沙尘暴天气。

4．人为活动

人为活动是沙尘暴形成的助力器。沙尘暴的形成是由多种自然、人为原因造成的。沙尘暴的产生、形成与人类生产活动有着密切的关系。在人类进行生产活动的过程中，人为地破坏植被，大面积开荒、撂荒，上游堵截或不合理利用水资源，造成下游河道断流，地下水位持续下降，原有的植被得不到水分而逐渐枯萎死亡，引发植被退化、土地荒漠化、沙漠化等一系列环境地质问题。而植物死亡后的尘土又成为沙尘暴的新尘源。根据资料统计，我国新疆地区的胡杨林因水资源的匮乏而大面积死亡，形成的胡杨土有数亿立方米，其颗粒细小，直径小于流沙的 1/10，极易在空中漂浮，被风刮得很高很远。

（二）沙尘暴的危害特征

沙尘天气往往给人类社会的生产、生活和自然环境带来危害，主要体现在以下几个方面：

1. 危害交通

沙尘暴对铁路、公路、航空会产生一定的影响。沙尘暴对铁路造成的沙害形态有两种类型，一是风蚀，二是沙埋。风蚀指的是由于在戈壁沙漠区修建铁路，路基填料多为粗沙、细沙和粉沙，松散，劫持力差，在大风的作用下，路基被风化现象。沙埋指的是近地层沙尘暴遇铁路受阻，即沉积流沙，埋压铁轨的现象。沙尘暴对航空运输的影响主要是能见度下降，飞机场不得不关闭，停止飞行。

沙尘暴还会吹毁铁路桥梁建筑，折断电杆，吹断电线，造成停电或引起货场火灾，造成额外损失。尤其是电力机车路段断电停车，修复更加困难。

2006 年 4 月 11 日，从乌鲁木齐发往北京的 T70 列车，因沙尘暴晚点近 33 小时，该列车被困新疆“百里风区”，21 节车厢向风面的窗户，双层钢化玻璃几乎没有一片完好。

2. 危害工业生产

沙尘暴来势凶猛，狂风袭击输电高压线路，首先造成停电停水停产。1993 年 5 月 5 日发生的沙尘暴袭击甘肃省金川市，高压供电线路损坏，造成多家工厂停产，直接经济损失达 8 300 万元。另外，大气中沙尘含量过高，影响精密仪器和工业产品质量。此外，沙尘暴还对通信线路和输油（气）管线等起着严重的破坏作用。

3. 危害生态环境

沙尘暴降尘中至少有 38 种化学元素，它的发生大大增加了大气固态污染物的浓度，给策源地、周边地区以及下风地区的大气环境、土壤、农业生产等造成了长期的、潜在的危害。破坏了生态环境，威胁人类生存条件。

4. 危害人畜健康

沙尘暴夹杂着远方的沙土和尾矿粉尘遮天蔽日而来，对空气、水源造成严重污染，并对人体、动物、植物产生危害，增加了疾病的发生。有降尘的牧草牲畜采食后引发肚胀、腹泻；降尘还引起人们眼疾和呼吸道感染；降尘使植物叶面遮盖，影响光合作用等。1993 年 5 月 5 日沙尘暴横扫甘肃河西走廊、宁夏、阿拉善及河套地区。这次沙尘暴造成 85 人死亡，564 人伤残，31 人失踪，直接经济损失达 7 亿多元。

5. 影响无线电波的传播

随着对卫星及地面无线电系统使用的持续增长，所用频率也越来越高，沙尘暴对无线电波可能产生的影响已引起了国内外学者的重视。目前认为沙尘暴对无线电波可能有以下几个方面的影响：

（1）沙尘粒子的散射和吸收而导致信号能量的衰减。

（2）沙尘粒子形状的不规则与粒子空间取向有一定分布规律，而造成信号的交叉极化效应。

（3）由于沙尘暴对毫米波可能产生折射和绕射以及沙尘粒子纵向分布的不均匀性而引起信号的多径传播。

（4）沙尘在天线上的沉积而导致信号增益衰减、方向图畸变和交叉极化效应。

（5）强风吹毁天线和线路造成通信信号中断。

（三）沙尘暴的应急监测技术

1．沙尘暴监测的重点

（1）监测布点应选择在每年发生沙尘暴天气次数较多的地点。

（2）监测时间重点应放在每年的 1—6 月份，特别是 4 月份，日监测尤其注意每天午后 13 点至傍晚 18 点这段时间。

（3）在各气象要素中，风速及能见度是观测的重点。应随时注意气压、气温、湿度的变化情况，以便确定沙尘暴的天气强度。

2．沙尘粒子组成的分析方法

（1）质谱分析法。质谱可用来测定化合物的组成、结构及含量。在有机结构鉴定的四大工具（核磁、质谱、红外、紫外）中，质谱具有两大优点：一是灵敏度高，用的样品量可以极少，鉴定的最小用量为 10^{-10} g；二是质谱是唯一可以确定分子式的方法，而分子式以推测结构至关重要。

（2）核磁共振分析法。核磁共振诞生于半个多世纪前，它是确定有机化合物特别是新的有机化合物结构最有力的工具。它的弱点是灵敏度比质谱和红外低。

3．沙尘暴的监测方法

（1）卫星监测。沙尘暴天气是一种多尺度的灾害性天气，其发生发展都具有不同时空尺度和生命史，常规方法很难进行监测和追踪。由于条件限制，沙尘暴多发区内气象站点稀少，严重制约着沙尘暴的监测和预防，利用卫星监测跟踪和灾情评估是最好的方法。通过卫星监测，可以提取每次沙尘暴的信息以及定量分析沙尘暴有关参数，如面积、影响高度、浓度分布、输送距离、起止时间等，是目前应用较广泛的一种方法。

（2）沙尘气溶胶含量的监测。在常规气象观测项目中还没有沙尘气溶胶含量，因此沙尘气溶胶含量只能采用一些方法估计。国外学者应用沙尘粒子的谱分布模式以及β值（混浊系数）和α值（波长指数）来估算沙尘尘埃的含量。

（3）沙尘暴期间总悬浮颗粒物的监测方法。空气中总悬浮颗粒物的测定采用标准的测量方法（简称为国标法），但采样前、后的滤膜需要在实验室干燥器中平衡 24 h 后称重，所需时间长，报出结果慢，对应急监测要求有一定的距离。在实际中可以国标法为基础加以改进，唐书彦等学者采用应急法监测总悬浮颗粒物，所测结果与国标法误差不大，值得借鉴。他们的应急法与国标法的主要区别是应急法采样前、后不需要进行采样滤膜的称量；而国标法采样前、后的膜需在干燥器中平衡 24 h 后称量。

（4）沙尘暴期间降尘应急监测方法。沙尘暴期间降尘一般采用国标法。

（四）沙尘暴的防治措施

1．控制沙区人口的持续增长

人口持续增长是沙区自然资源破坏，生态环境恶化的第一压力，人口的增加，加重了社会负担，加剧了对自然资源掠夺式开发经营，造成了环境的恶化，形成了越垦越穷，越穷越垦的恶性循环。以毛乌素榆林沙区为例，新中国成立初期人口总数为 117.40 万，而到 1999 年人口总数已达 320.73 万，净增 203.3 万人，增长了 1.73 倍，人口密度达到了 38 人/km^2，远高于联合国规定的人口密度容量限值 20 人/km^2。而耕地面积却减少 36.61

万 hm^2，几乎减少了一半的耕地面积。

2．合理利用草场，防止草原、草地沙化

在大多数情况下，极限气候条件导致了沙漠化，而气候变化本身不是问题的根源，在生态平衡已经非常敏感的情况下仍过度使用土地（农业或牧业）以及对土地草场利用缺乏全面的规划才是沙漠化的根源。因此，应加强植被保护、草场管理和土地的合理使用。

合理利用草场的途径是要改革耕作及放养制度。在农业区有计划、有步骤地改革耕作制度，改变北方目前单一的种植方式，大力推广粮草混作技术，进行粮食作物与牧草的间作套种、混合播种和草田轮作。提高冬、春季农田覆被率，革新农业耕作机具，发展阳光大棚、温室等高科技农业，国家花费巨资实施的环保、退耕还林还草、防沙治沙等一系列工程就是减缓沙尘暴灾害的重大举措；在牧区大力提倡舍饲和棚圈牧业，围封草场和加快飞播治沙，限制牲畜数量，提高种群质量，使草原得到休养生息，并辅以抚育措施，恢复草原生态环境。

3．合理利用有限的水资源，维持生态平衡

“有水便成绿洲，无水便成沙漠”已成为人们的共识。针对补给量逐年减少的内陆河流域及上、中游因水资源利用不当而引起的下游生态环境恶化的地质问题，应充分利用经济杠杆，在该地区强制性的推行节水灌溉、超量抬高水价的诸多实施方案，提高水资源的利用率，科学合理的配置有限的水资源，保护和恢复流域下游的生态环境。

4．采取多种工程技术方法防风固沙

目前，我国在荒漠化防治实践中取得了100项成熟技术和治理模式，因此，在沙尘暴源区可采取植物固沙技术、工程固沙技术、化学固沙技术、旱地节水技术（渠道防渗技术、低压管道输水技术、喷灌微灌技术）、退化土地综合治理开发技术、防护林工程、生态保护工程等多种技术结合，有效地防风固沙。

（五）个人防范措施

（1）尽量少外出。沙尘暴天气，减少外出，及时关闭门窗。尤其是患有呼吸系统疾病的儿童及老年体弱者，沙尘暴天气时，尽量减少外出，避免沙尘暴天气诱发疾病，影响健康。

（2）外出做好自我防护。沙尘暴天气发生时，如果必须在室外时，最好使用防尘、滤尘口罩，以减少吸入人体的沙尘。可用湿毛巾、纱巾等保护眼、口、鼻。但这种简单的防护对粒径小的颗粒起不到阻挡作用。其他保护措施包括戴眼镜，穿戴防尘手套、鞋袜、衣服，保护眼睛和皮肤，勤洗手洗脸（尤其是在进餐前）。

（3）多饮水。沙尘暴多发季节，天气多干燥，加上扬尘，皮肤表层的水分极易丢失，造成皮肤粗糙。尘埃进入毛孔后易发生堵塞，若去除不及时，可能会引起痤疮，过敏体质的人还容易发生各种过敏性皮炎及皮疹。多饮水能补充丢失的水分，加快体内各种代谢废物的排出，对皮肤保健和全身健康非常有益。

（4）各级学校应暂时停止户外活动。在沙尘暴退去前，各级学校应暂时停止户外活动。

（5）及时就医。沙尘暴可能诱发过敏性疾病、流行病及传染病。因此，沙尘暴发生期间，一旦发生慢性咳嗽伴咳痰或气短、发作喘憋及胸痛时均需尽快去医院诊治。

第四章　固体废物环境污染事件应急处理技术

第一节　概述

一、固体废物类型

固体废物包括一般工业固体废物、危险废物、生活垃圾和电子电器废物等。

（1）工业固体废物。工业固体废物是指工业、交通等生产活动中产生的固体废物，包括冶炼废渣、粉煤灰、炉渣、煤矸石、化工废渣、尾矿、污水处理污泥及其他八大类。

（2）生活垃圾。生活垃圾是指城市日常生活中或为日常生活提供服务的活动中产生的固体废物以及法律法规规定视为生活垃圾的废物。

（3）危险废物。危险废物是指列入国家危险废物名录或者根据国家规定的危险废物鉴别标准和鉴别方法认定的具有危险特性的废物。

（4）废旧电子电器。废旧电子电器是指电子产品使用后，失去原有功能，必须进行销毁处理和回收有价值成分的废物。

二、固体废物污染事件类型

固体废物对环境的污染具有潜在性、持久性、生物蓄积性和迁移性。固体废物污染事件是指固体废物通过水、空气、土壤和食物链等介质对人体健康造成危害和对环境造成影响，以性质来分，包括急性毒性、燃烧或爆炸性、腐蚀性以及致畸、致癌、致突变性等环境污染事件。

三、主要影响对象和污染危害特点

由于固体废物造成环境污染事故主要是因为具有爆炸性、易燃性、毒害性或腐蚀性，通过化学反应或接触火种或与不相容废物接触产生反应，因此其主要影响对象是人体、生物体及其赖以生存的生态环境。

一般工业固体废物如粉煤灰、煤矸石、锅炉渣、化工废渣和冶炼废渣以及其他矿物形废渣，一直以来产生量大，排放也大，占固体废物的比重大。由于对其综合利用没有引起足够重视，一些堆积在水源地附近，一些用于填海，经过自然生态变化，对周围环境影响严重，危及水生生物，特别是鱼类生存；对陆地而言，影响土地使用功能。

危险废物，如化学品在生产过程中产生的危险废物，它是在化学工业品生产加工过程中产生，其物理性质和化学性质往往极其复杂，在许多情况下，其具体组成不得而知。它可能以液体、污泥或固体的形式出现，也可能含有诸如未反应的原料、副产品、焦油、滤饼、沉淀物、溶剂以及在洗涤过程中使用的酸或碱，还可能含有不合格的产物、废催化剂、各种溢出或泄漏物、被污染的助剂、无机吸收剂和被污染的包装物等，更有化学品在使用过程中产生的危险废物，这些化学物质具有典型的急性和慢性毒性或致畸、致癌和致突变性，对环境和人体健康造成持久而不可逆转的危害，因此，如何安全处理处置和全过程监控成为环境保护的一项重要工作。

第二节　一般固体废物污染事件应急处理技术

一、一般固体废物类型、来源及污染主要影响对象

一般固体废物主要指一般工业固体废物和生活垃圾，目前主要采取简单堆存和填埋处理，由于环境污染，特别是环境污染控制标准落后，历年来堆积如山的工业固体废物和生活垃圾产生的渗漏液和挥发性气体对周围环境造成了较大的影响。有关专家指出，简单填埋是将看得见的威胁变成了看不见的威胁。固体废物经过雨雪浸泡，可融成分渗入土壤，有害物质聚集，使土壤变质，失去利用价值。有毒物质通过土壤进入水体，可直接污染地下水和江河湖海，同时，通过植物吸收进入食物链，对人体健康构成威胁。简易填埋或堆存，不仅占用大量土地，降低土地利用价值，还会加剧建设用地后备资源的紧缺。固体废物处置危机已在我国发达地区开始显现，固体废物处置设施的选址越来越困难。

二、一般固体废物应急监测技术和防范措施

由于一般固体废物主要是通过水、空气、生物蓄积和迁移对人体健康和生态环境构成威胁，突发性环境污染事件发生概率远远少于危险废物，但在特别情况下，也会因化学反应产生挥发性气体引发环境污染事故。由于挥发性气体的复合性和不确定性，难以迅速测定其成分，只能对其主要成分进行监测和推断，并做出妥善处理（有关应急处理和监测系统详见危险废物污染事件部分），下面就单一挥发性气体列举部分一般固体废物产生危险化学品的应急监测和处置方法，见表 4-1。

表 4-1　常见固体废物产生污染物应急监测与处置方法

序号	名称	污染源	应急监测方法	处置方法
1	硫化氢	垃圾填埋场产生的沼气或化工厂和制革厂产生的污泥长期堆放产生	醋酸铅指示纸法、半定量法、醋酸铅检气管法、库仑检测法、气敏电极检测法	接触高浓度硫化氢场合要戴防毒面具，中毒者要尽快移至新鲜空气处，现场作业要加强通风，用醋酸铅指示纸放置现场 30 s，当硫化氢浓度为 12～20 mg/m^3 时为黄绿或棕色，20～60 mg/m^3 时为棕黄或棕褐色，60～150 mg/m^3 时为棕褐或黑色。当测定无毒时，方可进入现场

序号	名称	污染源	应急监测方法	处置方法
2	氰化氢	电镀、采矿以及化工企业产生的废渣或污泥遇酸性物质而产生	甲基橙检气管法：氰化氢气体与氯化汞、甲基橙处理过的硅胶作用生成粉红色，根据长度定量。 联苯胺检气管法：氰化氢气体与联苯胺、醋酸铜处理过的指示粉作用生成蓝色，根据长度定量	口服中毒，用 0.2%高锰酸钾或 5%硫代硫酸钠洗胃；皮肤或眼睛污染，用清水冲洗，灼伤用 0.01%高锰酸钾冲洗，初步急救后送医院治疗
3	一氧化碳	垃圾填埋的沼气中产生	固体热传导式、定电位电解式、红外线、五氧化二碘仪、检气管：一氧化碳与五氧化二碘和硫酸的硅胶反应，产生棕色物质，可采用比长度定量	进入中毒环境必须戴供氧式防毒面具，将中毒者移向新鲜空气处；呼吸衰竭者，立即进行人工呼吸等应急措施，并送医院
4	氨	生活垃圾或氮肥工业废弃物中产生	气敏电极法、溴酚蓝检气法：氨与溴酚蓝酒精指示剂反应由橘黄色变灰蓝色，以长度定量	将中毒者移至新鲜空气处，皮肤灼伤应用大量水冲洗，再用硼酸液洗涤

第三节　危险废物污染事件应急处理技术

一、危险废物分类、主要产生源

危险废物按其特性分为医院和医疗废物、化学品生产和使用过程中产生的危险废物（包括无机化学品和有机化学品危险废物）、制药、电镀、印染、电子电器、信息产品制造过程中产生的危险废物，还包括矿物油开采和使用过程中产生的危险废物，以及检测、实验和日常生活活动中产生的危险废物等。按现有国家的标准分为 47 类危险废物。

二、危险废物污染事件产生原因、污染主要影响对象

由于人们在对危险废物收集、储存、运输、利用以及处理处置过程中未严格按照有关规定或安全要求进行操作，安全防范意识不强，造成环境污染事故不断。更有甚者，一些危险废物产生和经营单位为了节省成本，故意或非法将危险废物偷排、倾倒到土壤或水体中，造成严重的环境污染事故。危险废物处理不当或非法处理直接危害人体健康或危及生态环境安全。

三、危险废物污染危害特征

由于危险废物具有急性或慢性毒性、易燃易爆性、反应性、腐蚀性、致癌、致畸、致突变性、传染性等特性，也决定了污染危害特征具有突发性、潜在性、持久性、生物蓄积性和迁移性。

四、危险废物污染防范措施

（一）危险废物处置（焚烧和填埋）过程中应急处理

1. 日常检查

为防止危险废物处置污染事故的发生，必须以预防为主，加强日常监督检查。由主管人员对危险废物焚烧或填埋设施进行的检查应用于检测渗漏、外溢、腐蚀及各种故障，检测将表明仪表、记录仪和监测器是否在起作用，焚烧或填埋设备是否有任何损害的迹象，是否需要修理。每次开停操作均需对用于处理危险废物的机械设备，包括泵、软管、接头及其他设备，进行彻底渗漏和磨损迹象检查，并且在设备每 8 小时连续运转期内至少检查一次，发现问题，及时停机检修。

2. 制订应急计划

为妥善处理焚烧设施现场发生的外溢或其他排放事件，必须制定事故应急计划，包括：

（1）对所有材料的可能溢出的监测和报告程序。

（2）查明工厂所有设备及其内含物。

（3）涉及可能溢出事故的各种物质的危险性说明。

（4）紧张情况停运程序。

（5）外溢事件期间一系列的代理授权。

（6）附有电话号码的紧急联系名单。

（7）可用于抑制和清除危险物的设备详细说明。

（8）可用于最终处置外溢事件中涉及各种材料的备选方案。

（9）所有应急处理装置，包括：灭火器、控制泄漏装置、联络警报系统和污染物清除系统，并简要说明放置的位置和功能等。

（10）一个撤离计划，注明撤离信号、撤离路线等。

3. 迅速反应

任何时候，每一个工作人员负起快速反应措施的责任。若危险一旦发生，联络员应立即启动内部警报和联络系统，并通知当地有关部门。若发生泄漏、火灾或爆炸，联络员立即查明其特点、事故源数量以及泄漏物质所占的面积范围，并评估事故对环境与人体健康所造成的影响。如果泄漏、火灾或爆炸已经发生，联络员要及时通知有关部门，停止运行操作、收集并包装泄漏废物以及移走包装容器。所有清理废物要妥善运往危险废物填埋场安全处置，并将事故有关情况报告有关主管部门。

（二）危险废物污染事件应急处理

1. 应急监测工作

环保局迅速成立环境应急监测组负责组织协调突发环境事件地区环境应急监测工作，并指导下级环境监测机构配合开展应急监测工作。

（1）根据突发环境事件污染物的扩散速度和事件发生地的气象和地域特点，确定污染物扩散范围。

（2）根据监测结果，综合分析突发环境事件污染变化趋势，并通过专家咨询和讨论的方式，预测并报告突发环境事件的发展情况和污染物的变化情况，作为突发环境事件应急决策的依据。

2. 应急保障

（1）资金保障。应急处置联席会议各成员单位根据突发环境事件应急需要，提出项目支出预算报财政部门审批后执行。具体情况按照《财政应急保障预案》执行。

（2）装备保障。各级环境应急相关专业部门及单位要充分发挥职能作用，在积极发挥现有检验、鉴定、监测力量的基础上，根据工作需要和职责要求，加强危险化学品检验、鉴定和监测设备建设。增加应急处置、快速机动和自身防护装备、物资的储备，不断提高应急监测和动态监控的能力，保证在发生环境事件时能有效防范对环境的污染和扩散。

（3）通信保障。各级环境应急相关专业部门要建立和完善环境安全应急指挥系统、环境应急处置联动系统和环境安全科学预警系统。配备必要的有线、无线通信器材，确保预案启动时环境应急指挥部和有关部门及现场各专业应急分队间的联络畅通。

（4）人力资源保障。有关类别环境应急专业主管部门要建立突发环境事件应急救援队伍。加强各级环境应急队伍的建设，提高其应对突发事件的素质和能力。环保部门培训一支常备不懈、熟悉环境应急知识、充分掌握各类突发环境事件处置措施的预备应急力量。对大中型化工等企业的消防、防化等应急分队进行组织和培训，形成由各级政府和相关企业组成的环境应急网络，保证在突发事件发生后，能迅速参与并完成抢救、排险、消毒、监测等现场处置工作。

（5）技术保障。建立环境安全预警系统，组建专家组，确保在启动预警前、事件发生后相关环境专家能迅速到位，为指挥决策提供服务。建立环境应急数据库，建立健全各专业环境应急队伍，地区专业技术机构随时投入应急的后续支援和提供技术支援。

五、危险废物污染事件的应急监测

应急监测是指环境应急情况下，为发现和查明环境污染情况和污染范围而进行的环境监测，包括定点监测和动态监测。

（一）应急监测系统

应急监测系统包括质量管理、组织保障、技术支持 3 个部分。

1. 质量管理

对突发性污染事故应急监测质量管理包括前期质量管理和运行中的质量管理。

（1）前期质量管理，即质量保障支持部分，它是应急监测质量管理的基础性工作，内容包括：

①建立应急监测工作手册、应急监测数据库和应急监测地理信息系统。

②组织应急监测人员技术培训。

③做好监测方法和监测仪器的筛选、计量检定，以及试剂、车辆的后勤保障。

（2）运行中的质量管理，包括注重污染事故现场勘察和监测方案制定中的质量管理。

（3）污染事故现场监测和采样中质量管理，包括实验室分析、监测数据处理的质量管理，以及编制报告的质量管理。

2. 组织保障

应急监测组织保障体系中，应建立整个地区的监测机构网络，实现监测资源的合理配置，制定切实可行的实施方案，根据污染隐患特征，有重点开展特征污染物的监测能力建设，配备相应的仪器设备，培养和锻炼一支技术优良的应急监测队伍。

3. 技术支持

建立主要危险废物要案库，包括危险特性及环境标准、健康危害，完善快速监测方法、安全防范措施和处置技术，制定应急监测预案，汇编应急监测实际案例，为应急监测的实施和事故处理提供技术支持。

（二）应急监测方法与处置方法

应急监测需要监测人员的经验、简易监测技术和实验室监测技术的有机配合，对事故的有效处置和减少损失十分重要。

下面列举部分危险废物的应急监测和处置方法。

表 4-2　常见危险废物产生污染物应急监测与处置方法

序号	名称	污染源	应急监测方法	处置方法
1	含汞废物	化学、化工、仪表、电镀等行业	常用的方法有检气管法和便携式阳极溶出法	先加入碱，再加硫化钠或硫化钾，鼓气搅拌，生成硫化汞沉淀；也可撒硫黄粉，生成硫化汞
2	含铬废物	电镀、皮革、印染、金属表面处理等	六价铬污染的水往往呈黄色，可根据颜色判断，可采取试纸法、比色法和检知管法	加硫化亚铁或石灰
3	含铅废物	矿山、冶炼、橡胶、染料、印刷等	可采取速测管法、分光光度法、阳极溶出伏安法	对四氯化铅、四乙基铅、四氧化三铅等，应戴好防毒面具
4	含氰废物	电镀、热处理、煤气、制革、农药生产等	空气和水中有苦杏仁味，可采用试纸法、检气管法、比色法和离子电极法	戴好防毒面具和手套，对被污染的物质加次氯酸钠和漂白粉放置 24 h，再稀释排放
5	含砷废物	矿渣、染料、制革、制药、农药等行业产生	空气中用检气管，水体中用分光光度法、阳极溶出伏安法	戴好防毒面具和手套，用湿沙土与泄漏物混合深埋，被污染的场地用碱水或肥皂水处理
6	染料、涂料废物	工业有机合成、油漆、涂料和合成纤维等行业	根据其特有芳香味，可初步判断，检气管法、气相色谱法	一旦泄漏，工作人员戴好防毒面具和手套，泄漏物用沙土覆盖，收集后交有资质的单位集中处置
7	含酚废物	化工厂、有机合成染料、涂料等汗液	有特殊气味，检气管法和气相色谱法	用沙土阻断其流向，用土壤覆盖、吸收收集后，送有资质单位集中焚烧，进入水体后尽可能隔断其流向
8	含有机卤化物废物	有机合成、医药、杀虫剂、合成纤维、石化、油漆行业	有强烈的 芳香味，检测管法、气相色谱法	用沙土覆盖，不要用铁器，防止生成光气，或由其自然挥发，必须疏散人群

序号	名称	污染源	应急监测方法	处置方法
9	废酸废碱	酸、碱生产企业线路板等生产企业	被污染的物质若是水，用 pH 试纸和便携式 pH 计直接测定；若被污染的是土壤等固体废物，则取适量固体废物于 250 mL 烧杯中，按固、液比为 1∶5 的比例（体积比），加入蒸馏水，用玻璃棒搅拌 2 min，再用 pH 试纸或便携式 pH 计测定：pH≤2 或 pH≥12.5 来判断其是否是酸性或碱性物质	事故一旦发生，采取的措施要求快捷、简单，选择处理剂。一般来说，处置酸性污染物最常用是消石灰，处置碱性污染物最常用是乙酸
10	废矿物油	石油勘探、开发、炼制以及储运过程中，由于意外事故或操作失误，造成原油或油品从作业现场或储存容器里外泄，造成环境污染	水样的前处理和测定：取水样 500 mL 置于萃取瓶中，加入 20 mL 四氯化碳，振动 2 min 静止分层，将四氯化碳通过吸附柱，置入石英比色皿，测定统计值，然后再从工作曲线中查处浓度值 现场测定一般采用红外分光测油仪 实验室法有：气相色谱法、紫外法、傅里叶红外分析法	采取处置的方法有：围油栏法、机械撇游器法、吸附剂法、消油剂发、沉降剂法、凝固法、燃烧法

第五章　电离辐射事故的处理

第一节　概述

一、辐射及其分类

辐射是指微粒（或能量）从一点出发向周围空间发射的现象。我们赖以生存的阳光是一种辐射（光子辐射），架起空中通信桥梁的电磁波也是一种辐射（电磁辐射），再有当核武器爆炸时不但会有强光辐射（光子辐射），而且还会伴随着大量的微粒辐射（核辐射）。

辐射粒子包括中子、α粒子、β粒子、γ粒子（高能光子）、χ射线（较低能光子）、可见光光子、电磁波（也是光子辐射的一种形式）。

辐射粒子有的带正电、有的带负电、有的不带电，其质量和能量也各不相同。当它们照射物质时，有的可以使这些物质的原子核外的电子电离（见图 5-1），有的则不具备这种能力。根据辐射粒子是否具有电离能力来分类，辐射可以分为电离辐射和非电离辐射。其中电离辐射包括中子、α粒子、β粒子、γ粒子、χ射线辐射等，由于早期人们将物质放出这些粒子或射线的性质称为放射性，因此电离辐射也称为放射性；非电离辐射包括可见光辐射、热辐射、电磁波辐射等，由于可见光、热、电磁波等从本质意义上来说都是电磁波，因此非电离辐射又称为电磁辐射。

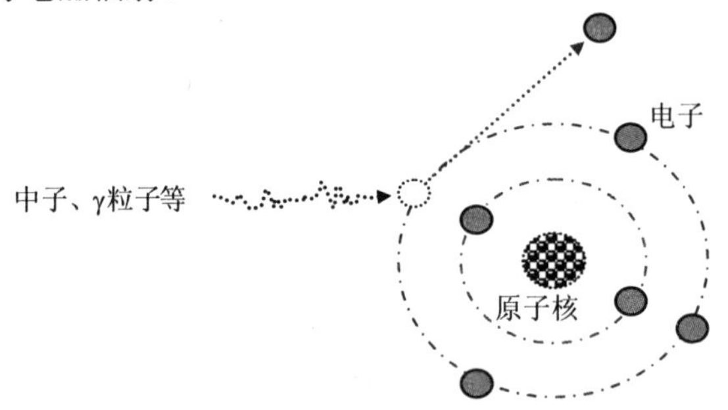

图 5-1　原子核外电子电离示意图

二、辐射的危害

无论是电离辐射还是电磁辐射，当其对人体进行照射时，都有一定的辐射能量在人体中沉积，当沉积的能量超过一定限值时，则对人体产生危害。

电离辐射的危害一般分两种情况。一是确定性效应，它指的是当受照人体吸收的电离辐射能量大于一定值（阈值）时，一定会发生的临床效应，如脱发、红斑、绝育等。二是随机效应，它是指当人体吸收的辐射能量小于阈值时，虽然不会产生临床效应，但它有诱发恶性疾病（如癌症）和遗传基因缺陷的可能，且可能性的大小与吸收的辐射能量的多少成正比。

电磁辐射的生物效应也有两种，即热效应与非热效应。热效应是指机体接受电磁辐射后其组织温度升高的现象。非热效应是指当人体接受电磁辐射时出现的一些生物效应，如头昏、头痛、疲劳、乏力、睡眠障碍（白天嗜睡、夜间失眠）和记忆力减退、低血压、内分泌紊乱等。

由于电磁辐射损伤事件的发生概率极低，因此本章只对电离辐射事件的相关问题进行介绍。

第二节 电离辐射事故的应急处理

一、电离辐射源分类与射线屏蔽

电离辐射源按其来源可分为天然辐射源和人工辐射源，其中，天然辐射源包括天然放射性核素（如 ^{238}U、^{232}Th、^{226}Ra、^{40}K 等）、宇生放射性核素（如 ^{7}Be 等）和宇宙射线等；人工辐射源包括人工放射性核素（如活化产物 ^{60}Co、^{241}Am 等，裂变产物 ^{137}Cs、^{90}Sr 等）和射线装置（如 ^{60}Co 辐照装置、χ射线机、电子直线加速器、回旋加速器等）。

辐射防护的主要方法是设法将辐射粒子和射线屏蔽。不同的粒子和射线穿透物质的能力有很大的差别，如α粒子只需薄薄的纸片就可以将其屏蔽；而对于χ射线和γ粒子来说，铅是比较好的屏蔽材料；对于中子，则需用原子序数小的含氢材料，如水、石蜡、聚乙烯、聚氯乙烯、混凝土等（图 5-2）。若放射性物质泄漏或电离辐射得不到屏蔽，则可能对周围环境造成污染或产生危险，即放射性事故。

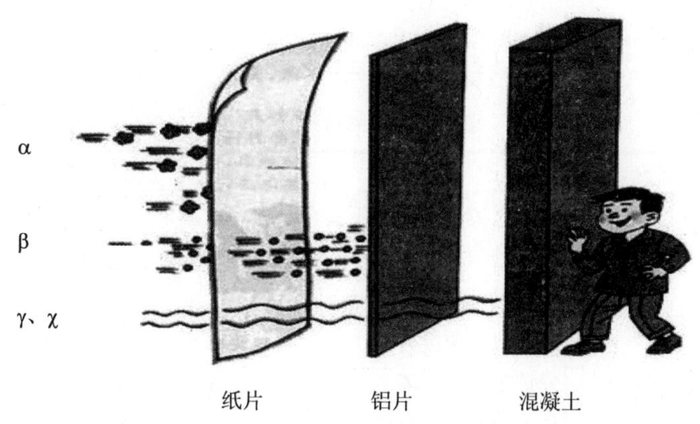

图 5-2 射线的穿透能力示意图

二、一般电离辐射事故的分级及其处理办法

（一）一般电离辐射事故的分级

一般放射性（电离辐射）事故是指放射性物质（包括密封放射源和非密封放射源）丢失、被盗、失控及其引起的放射性污染事故，或者射线装置、放射性物质失控而导致工作人员或者公众受到意外的、非自愿的异常照射事故。

电离辐射事故的处理职能部门包括环保部门、公安部门和卫生部门，其职责分工见表 5-1。

表 5-1 电离辐射事故的处理职能部门的职责分工

部 门	职 责
环保部门	负责放射性事故的应急准备及响应、调查处理和定性定级工作；协助公安部门追缴丢失、被盗的放射物质
公安部门	负责丢失和被盗放射物质的立案、侦查和追缴；参与放射性事故应急工作
卫生部门	负责放射性事故的医学应急；参与放射性事故应急工作

电离辐射事故按其潜在的危险性或危害程度分为 4 级，即一般事故、较大事故、重大事故和特大事故。具体的分级办法见表 5-2。

表 5-2 电离辐射事故的分类办法

事故级别	分类办法
一般事故	丢失、被盗、失控 4、5 类放射源，一般的放射性物质泄漏
较大事故	丢失、被盗、失控 3 类放射源或人员受超过年剂量限值的照射
重大事故	丢失、被盗、失控 2 类放射源或导致 1 人以上急性重度放射病或局部器官残疾（含截肢等）或 10 人以上急性轻度放射病
特大事故	丢失、被盗、失控 1 类放射源或导致 1 人以上急性死亡或 10 人以上急性重度放射病

密封放射源的分类办法见表 5-3。

表 5-3 密封放射源的分类

放射源类别	危险性	说 明
I	极度危险	如果这类源没有处于安全管理的状态下，很可能对操作或接触这类源超过几分钟的人员造成永久性损伤；对接近无屏蔽的这类源几分钟至 1 小时的人员，可能是致命的
II	非常危险	如果这类源没有处于安全管理的状态下，可能对操作或接触这类源超过几分钟至几小时的人员造成永久性损伤；对接近无屏蔽的这类源达几小时至几天的人员，可能是致命的
III	危险	如果这类源没有处于安全管理的状态下，可能对操作或接触这类源超过达数小时的人员造成永久性损伤；对接近无屏蔽的这类源达几天至几周的人员，或许可能是致命的

放射源类别	危险性	说　　明
Ⅳ	轻微危险	这类源几乎不可能对任何人造成永久性损伤。然而，如果这类源没有处于安全管理的状态下，或许可能对操作、接触或接近无屏蔽的这类源达几个星期的人员造成临时性损伤
Ⅴ	没有损伤危险	这类源不会对任何人造成永久性损伤

（二）一般电离辐射事故处理程序

当发生放射性事故时，有关单位和职能部门必须按照下列程序处理：

（1）发生或发现放射性事故的单位或个人必须尽快向当地环保、公安部门和人民政府报告，造成或可能造成人员超剂量照射的，还应向当地卫生部门报告，最迟不得超过2小时。

（2）设区的市级以下环保、公安部门接到放射性事故报告后，应当立即逐级上报到省级环保、公安部门。

（3）省级环保、公安部门接到较大事故、重大事故和特大事故报告后，应当在6小时内报告省级人民政府和国务院环保、公安部门。

（4）国务院环保部门接到重大事故、特大事故报告后，应当立即报告国务院。

（5）各级职能部门在接到事故报告后必须立即启动应急预案。对有放射性物质泄漏并可能造成环境污染的，应立即组织专业人员监测辐射污染严重程度和范围，划定控制区，并采取必要的措施防止污染的扩大。

三、核电厂核事故应急响应

（一）核电厂核事故应急状态的分级

核应急是指由于核电厂发生事故，使核电厂场内外的某些区域处于紧急状态之下。严格地讲，应急是一种要求立即采取行动的状态，以避免危害的发生或减轻事故的后果。

为了有效地实施应急响应，需要对每一种应急状态进行评估，以确定所采取的应急行动是仅仅限于核电厂厂房内、整个场区，还是需要扩大到场外，然后根据具体的状态级别，再采取相应的应急措施。目前，我国与国际原子能组织一样将核电厂应急状态分为4级，见表5-4。

表5-4　核电厂核事故应急状态的分级

级别	应急范围	应急行动
1	应急待命	电厂的有关人员得到通知，进入准备应急的状态
2	厂房应急	厂内的人员行动起来，并通知场区外的有关机构
3	场区应急	场区内的人员行动起来，并通知场外的有关机构，场外的一些机构也可以行动起来
4	场外应急	执行整个场内、外的应急响应计划

（二）我国的核事故应急体系

我国的核事故应急工作实行国家、地方和核电厂三级管理体系，即国务院设立国家核事故应急委员会，核电厂所在省（自治区、直辖市）人民政府设立地方核事故应急管理委员会，核电厂营运单位设立应急指挥部，分别负责全国、本地区和本单位的核事故应急管理工作，各级应急职能部门根据职能要求编制应急响应计划。

（三）宣布应急等级的程序

应急待命、厂房应急和场区应急状态是由核电厂营运单位的应急指挥负责确定和宣布。

当核电厂场外应急状态的初始条件显示并得到证实，电厂应急指挥向省核应急指挥建议，由省应急组织确定场外应急状态，报经国家核事故应急协调委批准后发布场外应急状态的命令和通告。在紧急情况下，可以先实施场外应急措施后报告。

（四）场外应急状态下的应急防护措施

核电站发生严重事故，进入场外应急状态时，省应急委员会将根据事故情况组织周围公众采取以下防护措施。

（1）隐蔽。隐蔽是对放射性烟羽照射有效的且极易采取的防护措施。

（2）服用稳定性碘片。服用稳定性碘可以阻止人体对放射性碘的吸收，其原理是让稳定性碘在甲状腺中呈饱和状态，使放射性碘就不能为甲状腺所吸收，从而排出体外。

碘片一般有碘化钾和碘酸钾，事先准备好每人一份，在核电站事故场外应急时会根据需要迅速发到需要服食的人群手中。服用碘片在放射性烟羽到达的 6 小时之前最为有效，服用量是成人每天服一片（含碘 100 mg），儿童减半，一般连续服用不超过 10 片，每次服用和连续服用都应该按命令执行，不要自主服用。

（3）食物和饮水控制。当食物和水受到放射性污染而超过允许标准时，就不能食用或饮用。

（4）撤离或避迁。当估计或测量到某区域范围内公众受到的外照剂量可能会超过应急控制标准，从而给公众带来严重危害时，应组织公众暂时撤离。当该地区可能已不适合长久居住时，需要避迁。撤离是临时措施，通常在事故的早、中期采取，避迁是永久措施，是在事故的中晚期采取的措施。

（5）交通管制。在核电站事故场外应急时控制无关车辆（非应急车辆）进入应急区域。

（6）去污。对污染的车辆、道路、房屋、设备、地面进行放射性去污，这样可以减少沉降到周围环境中的放射性物质对公众造成的照射。在必要情况下，可能要对撤离人员进行放射性污染监测，有污染时则要去污和更换衣服。

（五）场外应急状态下公众的正确防护行动

当核电站事故进入场外应急状态时，公众防护的正确行动如下：

（1）当听到核电站事故进入场外应急状态和进行隐蔽的命令时（通过广播、电视或其他途径），应立即入室隐蔽，并关闭好门窗，门窗的缝隙用纸或布条贴封起来；戴上口罩或用湿毛巾或干毛巾掩住口鼻；立即收看电视和收听广播；人要躲在不见光的角落里。

（2）当听到服用碘片的命令时，立即派人赴碘片发放点领取碘片并发到每位公众手中；领到碘片的公众要在医生指导下服用或按应急委员会的广播中传来的通知服用。

（3）当听到撤离的命令时，应立即收拾好自己的证件、现金、存折、换洗衣物、首饰等贵重物品以便随身携带，但家电、家畜、“三鸟”、家具等不准携带；在室内等候撤离车辆的到来，当车辆到达后，按通知到指定地点集合、点名、上车，要严守秩序，要让儿童和老弱者先上，严禁争先恐后；途中要听从带车人员指挥，不要乱说乱跑。

（4）注意收听官方发布的信息，保证应急工作有序进行，如要以省应急委员会发布的命令和信息为准，不听信任何其他小消息或谣言；绝对服从命令，不乱跑，不自动撤离；严守秩序，防止混乱。

第六章　其他环境污染事件应急处理技术

第一节　概述

一、其他环境污染事件类型

前面已经对水和空气等环境可能产生的环境污染事件及其应急处理作了介绍，本章主要就环境中的其他重要因素作补充论述，包括以下两个方面。

（1）海洋环境污染事件，主要以海洋石油污染、赤潮以及有毒污染物污染为主。

（2）土壤环境污染事件，主要以农药污染、重金属污染以及其他有机有毒污染物污染为主。土壤污染有可能因下渗引起地下水污染，造成二次污染。

二、污染源

环境中污染的来源包括自然污染源和人为污染源，而污染事故的发生包括自然灾害以及人为原因。海洋及土壤分属不同的环境要素，其污染的来源如下。

（一）海洋污染源

（1）石油污染。主要来源于海上石油运输船的漏油，海上石油管道的泄漏、海上石油开采平台的泄漏等。

（2）赤潮污染。主要来自于近岸河流或工厂营养物质的输入以及海洋洋流带来的丰富营养物引起海藻的大量繁殖。

（3）有毒有害污染物污染。主要来源于近岸海洋垃圾倾倒，有毒有害废物的海洋倾倒，海上化学品运输船只的沉没、翻侧、泄漏，以及近岸工厂企业的排污等。

（二）土壤污染源

（1）农药污染。主要来源包括农药储存仓库的泄漏、爆炸，农药生产厂家的泄漏或排污，农药运输车辆的翻侧、泄漏以及过量用药。

（2）重金属污染。主要来自于金属冶炼企业的污水排放、废矿填埋堆放以及相关金属制造企业的含重金属污水的排放。

（3）其他有机毒物污染。主要来自于工厂企业的违法排污、泄漏以及车辆的翻侧以及储存仓库的泄漏。

三、影响对象

海洋面积极广，海洋污染主要影响对象为海洋生物以及相关的海产品食用者；土壤主要为植物的生长场所，因此土壤污染主要影响对象为植物以及由受食物链传递影响的其他动物和人群。

第二节　海洋污染事件应急处理技术

海洋覆盖地球表面71%的面积，是地球上连续分布的咸水体的总称，是全球生命支持系统的一个重要组成部分。海洋是生命的发源地，是地球上生物多样性最丰富的地方，拥有丰富的生命资源，也是环境的重要调节器。

由于海洋环境的特殊性，海洋污染存在以下几个特点：①污染源多而复杂。海洋处于地球的最低端，陆地上的各种物质，包括污染物质，最终都将进入海洋。②污染持续性强，危害性大。污染物进入海洋后，很难再转移出去，不能溶解或难降解的污染物，如重金属和有机氯农药等，便在海洋中积累起来，数量逐年增多。③污染扩散范围广。世界海洋是相互连通的，海水也处于不停的运动中，污染物在海洋中可以扩散到任何角落。

一、海洋污染事件类型

由于海洋容量大，水流交换速度快，少量污染物的排放能被中和、稀释等作用净化去除。根据当今海洋承担的运输、开采、纳污等功能，当下列问题出现的时候，海洋比较容易发生污染事件。

（1）石油污染。石油污染是由于海洋蕴藏着丰富的石油资源，其开采利用过程中可能造成的海洋环境污染。同时，海洋还承担着世界石油管道运输和海上运输的功能，发生意外泄漏在所难免。

（2）赤潮。赤潮主要是由海洋的纳污功能决定的，当海水中的营养物质达到一定比例时，在其他环境因素的配合下将会促进藻类的过量繁殖，形成赤潮。部分赤潮产生的毒素将对生物和人类构成很大的威胁。

（3）有毒有害物质污染。有毒有害物质污染主要是由于海洋运输船只的沉没、泄漏或者近岸污染物的排放，导致有毒有害物质进入海洋而造成的污染。

二、石油污染

海洋石油污染发生频率高、影响面积大、生物受影响面广。一旦发生海洋石油恶性污染事件，石油本身的黏力能使浮游生物沉入大海，海鸟失去飞翔能力，鱼类、底栖动物受损。因此，石油污染成为人们对海洋环境污染事件关注的焦点。

（一）性质

石油又称原油，是从地下深处开采的棕黑色可燃黏稠液体。主要是各种烷烃、环烷烃、芳香烃的混合物。它是古代海洋或湖泊中的生物经过漫长的演化形成的混合物，与煤一样属于化石燃料。

1．原油的性质

中文名称：原油；

英文名称：crude oil；

分子构成：它由不同的碳氢化合物混合组成，组成石油的化学元素主要是碳（83%～87%）、氢（11%～14%），其余为硫（0.06%～0.8%）、氮（0.02%～1.7%）、氧（0.08%～1.82%）及微量金属元素（镍、钒、铁、锑等）。由碳和氢化合形成的烃类构成石油的主要组成部分，约占95%～99%，各种烃类按其结构分为：烷烃、环烷烃、芳香烃。一般天然石油不含烯烃而二次加工产物中常含有数量不等的烯烃和炔烃。

密度：原油相对密度一般在0.75～0.95，少数大于0.95或小于0.75，相对密度在0.9～1.0的称为重质原油，小于0.9的称为轻质原油。

黏度：原油黏度变化较大，一般在1～100 mPa・s。原油黏度大小取决于温度、压力、溶解气量及其化学组成。温度增高其黏度降低，压力增高其黏度增大，溶解气量增加其黏度降低，轻质油组分增加，黏度降低。

2．石油的毒性和生理诊断

石油可以通过吸入、食入、经皮吸收等途径进入生物体。急性中毒对中枢神经系统有麻醉作用，轻度中毒症状有头晕、头痛、恶心、呕吐、步态不稳、共济失调，高浓度吸入出现中毒性脑病，极高浓度吸入引起意识突然丧失、反射性呼吸停止。可伴有中毒性周围神经病及化学性肺炎。部分患者出现中毒性精神病。液体吸入呼吸道可引起吸入性肺炎。溅入眼内可致角膜溃疡、穿孔，甚至失明。皮肤接触致急性接触性皮炎，甚至灼伤。吞咽引起急性胃肠炎，重者出现类似急性吸入中毒症状，并可引起肝、肾损害。

3．海洋石油污染外观特征

石油比海水比重小，因此一旦进入海洋便漂浮在海面，形成油膜，在一般情况下，油膜起初较厚，呈茶色或褐色；进一步扩展成光亮的彩虹色薄膜，扩展更薄时呈银白色。每升石油的扩展面积可以达1 000～10 000 m^2。100～200 L石油形成的厚度为0.1 mm的油膜足以覆盖1 km^2的海面。再继续扩展，油膜周围便开始破裂。在油膜的扩散过程中，石油中的一部分轻组分迅速挥发到大气中。新鲜原油在2～3天内能挥发25%～30%甚至更多。与此同时，油膜发生氧化和光化学作用，在阳光作用下，每天氧化的石油每平方公里最高达2 t。由于风浪的击荡，浮油的一部分溶解于海水中，另一部分发生乳化作用，形成像巧克力、冰淇淋那样的乳化油。

浮油经过上面种种复杂的作用，最后形成黑色的沥青球（焦油球），长期在海上漂泊，有时可以被海流带到遥远的地方。

一般认为，海面有油膜存在表示新近的污染，有乳化油表示中期污染，而有沥青球则表示是远期污染的结果。

（二）海洋石油污染事故来源

由于人类活动，进入海洋环境中的石油来源于石油的开采、运输、装卸和使用过程中的许多环节，部分属于常规生产生活的少量排污，部分属于事故性排污。

（1）海上石油开发，包括海井生产过程中随原油一同采出的含油水部分，以及由油井井喷等溢油泄入的部分。

（2）海上运输活动，包括油船的作业排污，码头作业排污，修船作业排污，舱底污水以及船舶事故溢油以及海上运输管道的泄漏。

（3）沿海城市加油站、橡胶、制鞋、印刷、制革、颜料等行业污水非正常直接排海。

（4）城市含油污泥倾倒入海。

（三）石油污染应急监测技术

石油污染的应急监测系统目前发展已经比较完善。对海上石油污染的监测，可以根据监测方式和监测技术划分成不同的类型。

1. 根据监测方式划分

可分为海岸定点监测、巡逻船舶游动监测、飞机空中监测、卫星监测等技术。

（1）定点监测可以在钻井平台等污染事故多发地段设置监测设备，连续定点监测。

（2）船舶游动监测可随时监测航行船舶的溢油情况。

（3）飞机空中监测和卫星监测可以随时监测大面积区域的溢油事故发生情况。

2. 根据具体监测技术划分

可分为气体监测管法、水质检测管法、便携式 VOCs 检测仪法、便携式气相色谱法和便携式红外分光光度法。

（四）海洋石油类污染应急防护和恢复措施

海洋面积巨大，物质交换速度快，一旦发生污染将会随洋流输送到很远的地方，因此应急处理的关键在于及时确定污染物性质，随时跟踪污染物动态，并采取相应措施。

1. 人员应急防护

应急救援人员到达现场，需首先做好以下措施：

（1）呼吸系统防护：一般不需要特殊防护，高浓度接触时可佩戴自吸过滤式防毒面具（半面罩）。

（2）眼睛防护：一般不需要特殊防护，高浓度接触时可戴化学安全防护眼镜。

（3）身体防护：穿防静电工作服。

（4）手防护：戴防苯耐油手套。

（5）其他：工作现场严禁吸烟，避免长期反复接触。

2. 现场人员遇险急救措施

（1）皮肤接触：立即脱去被污染的衣着，用肥皂水和清水彻底冲洗皮肤，就医。

（2）眼睛接触：立即提起眼睑，用大量流动清水或生理盐水彻底冲洗至少 15 min，就医。

（3）吸入：迅速脱离现场至空气新鲜处，保持呼吸道通畅。如呼吸困难，给输氧，如呼吸停止，立即进行人工呼吸，就医。

（4）食入：给饮牛奶或用植物油洗胃和灌肠，就医。

3. 海洋石油污染恢复措施

（1）设置围油栏。污染事件发生时，首先应有效地设置围油栏以防止溢油的扩散，并有助于回收溢油，也可使用围油栏对环境敏感区域采取保护措施。

围油栏的作业方式主要有两种：一种是用船舶牵引围油栏，另一种是在浅水或近海，定点系泊围油栏，通过作业截留溢油或使溢油转向。

（2）使用溢油回收设备。溢油回收设备，俗称撇油器。

（3）使用溢油分散剂。溢油分散剂的作用是将水面溢油油层分散成细小油珠，随后油珠在水中分散稀释并被水中微生物所降解；溢油分散剂应使用安全且分散效率高的低毒性新配方，适用于海水温度高、海面风浪大、溢油尚未发生乳化的时候。溢油分散剂使用不当会引起海洋二次污染，需审慎评估后方可使用。

（4）用生物处理技术清除溢油。溢油生物降解是指通过外部添加营养剂的方式将溢油中的有害的有机油分通过微生物降解和体内新陈代谢成为无害的无机物（CO_2、H_2O 等）。

（5）利用吸附技术清除溢油。通常在溢油清除最后阶段，对于无法用撇油器回收的薄层油膜，可使用吸附材料将溢油吸附回收，常用的吸附材料有锯木屑、泥炭、鸡毛、稻草、聚乙烯泡沫等。

（6）用燃烧技术清除溢油。使溢油在现场进行燃烧，也是溢油处理的一种方法，但必须在确定溢油的风化程度达到燃烧条件及油层厚度不低于 2 mm 或 3 mm，保证不会产生大量的黑烟，避免对大气环境造成严重影响。

（7）当岸线被溢油污染时，通常使用机械设备或人工回收进行岸线清除，但对于敏感程度较高或进入非常困难的岸线，在最大程度上保障岸线功能的条件下，可选择自然恢复，但对采取自然恢复的岸线应进行定时监测。

三、赤潮

赤潮是在特定的环境条件下，海水中某些浮游植物、原生动物或细菌爆发性增殖或高度聚集而引起水体变色的一种有害生态现象。赤潮是一个历史沿用名，它并不一定都是红色。赤潮发生的原因、种类和数量的不同，水体会呈现不同的颜色，有红颜色或砖红颜色、绿色、黄色、棕色等；某些赤潮生物（如膝沟藻、裸甲藻、梨甲藻等）引起赤潮时并不引起海水呈现任何特别的颜色，这一点应引起注意。

（一）赤潮的危害

1. 赤潮对海洋生态平衡的破坏

海洋是一种生物与环境、生物与生物之间相互依存、相互制约的复杂生态系统。在植物性赤潮发生初期，由于植物的光合作用，水体会出现高叶绿素 a、高溶解氧、高化学需氧量；赤潮生物大量繁殖时，会集聚于鱼类的鳃部，使鱼类因缺氧而窒息死亡，且赤潮毒素的摄入能引起海洋生物中毒死亡；赤潮生物死亡后，尸骸分解造成水体缺氧，致使一些海洋生物不能正常生长、发育、繁殖，导致一些生物逃避甚至死亡，破坏了原有的生态平衡。

2. 赤潮对海洋渔业和水产资源的破坏

（1）赤潮生物的大量繁殖，会引起鱼、虾、贝等生物腮部堵塞；部分赤潮生物分泌黏液，也会粘在鱼、虾、贝等生物的鳃上，妨碍呼吸，造成这些生物窒息而死。

（2）赤潮后期，赤潮生物大量死亡，其尸骸在分解过程中大量消耗水中的溶解氧，可造成环境严重缺氧或者产生硫化氢等有害物质，使海洋生物缺氧或中毒死亡。

（3）有些赤潮生物体内或代谢产物中含有生物毒素，对鱼、虾、贝类等直接有毒害作用，且毒素还会随着生物链传递。

（4）海洋渔业养殖会因赤潮而严重受损；外海捕捞业也可能因为赤潮改变水体的物理、化学特征和破坏其饵料基础，导致鱼群受干扰或改变洄游路线，从而导致捕不到鱼。

3．赤潮对人类健康的危害

根据是否产生毒素，赤潮生物可分为两类，一类产生毒素，另一类不产生毒素。当鱼、贝类处于有毒赤潮区域内时，摄食这些有毒生物，虽不能被毒死，但生物毒素可在体内积累，其含量可大大超过人体食用时可接受的水平。这些鱼虾、贝类如果不慎被人食用，就会引起人体中毒，严重时可导致死亡。目前，在已知的赤潮生物中，已发现 78 种有毒，其中以甲藻居多。目前已知的赤潮毒素主要有：

（1）麻痹性贝毒（PSP）

麻痹性贝毒是一种神经性毒，主要由沟膝藻属（Gonyaulax）和原沟膝藻属（Protogonyaulax）的一些种类产生，再经过食物链的网络转换与流动，造成毒害。PSP 对热稳定，有很高的毒性。据测定，贻贝毒素（STX）对小白鼠腹腔注射的 LD_{50} 是 5～10 μg/kg，膝沟藻毒素（GTX1）是 10～12 μg/kg，其毒性与河豚毒大致相同。

（2）下痢性毒素（DSP）

下痢性毒素主要由甲藻 Dinophysis 属的藻类产生，因食用含 DSP 的贝类中毒者均患腹泻而得名。DSP 主要积累于紫贻贝、扇贝、牡蛎等双壳类动物的肠腺中，患者 100%腹泻，并伴有呕吐、恶心、腹痛。从小白鼠腹腔注射的 LD_{50} 是 160 μg/kg。

（3）除了上述两种毒素外，海洋藻类还可产生雪卡毒等毒素。

（二）赤潮的影响因素

1．海水富营养化

海水富营养化是赤潮发生的物质基础和首要条件。滨海城市工业废水和生活污水大量排入海中，使营养物质在水体中富集，造成海域富营养化。当水域中氮、磷等营养盐类以及铁、锰等微量元素以及有机化合物的含量大大增加并达到一定比例时，赤潮生物大量繁殖。

2．适宜的水文气象和海水理化因子

干旱少雨，天气闷热，水温偏高，风力较弱，或者潮流缓慢等水域环境比较容易发生赤潮。海水的化学因子如盐度变化也是促使赤潮生物大量繁殖的原因之一。

3．海水养殖诱发赤潮

近年来，我国沿海养殖业尤其是对虾养殖业大力发展，过量投饵以及虾池带有大量残饵、粪便的排换水中含有氨氮、尿素、尿酸及其他形式的含氮化合物，加快了海水的富营养化，为赤潮生物提供了适宜的生态环境。

除上述人为原因外，赤潮的发生还与纬度位置、季节、洋流、海域的封闭程度等自然因素有关。

（三）赤潮应急监测技术

1. 全海域赤潮监测

为了及时发现赤潮，可实行全海域赤潮监视，包括以下途径：

（1）近岸区域定点监测。对河口、海湾、城市近岸区域、污水直接入海口以及水产养殖区进行定点定期监测，使用快速监测方法对水温、pH、盐度、DO、BOD、COD、浮游生物数量、硝酸盐氮、亚硝酸盐氮、氨氮以及磷酸盐等指标进行检测，发现异常情况时应及时关闭水闸。

（2）航空遥感。海监飞机在巡航监视过程中，开展赤潮监视监测。在赤潮多发期，增加对各大河口外海等赤潮多发区的航空监视频率。发现赤潮，应及时向海洋分局报告赤潮发生区、可疑区、中心经纬度、边界坐标和赤潮面积等信息。

（3）船舶监测。各海洋分局海监船舶在执行调查、监测、监视任务过程中，开展赤潮的监视监测。发现赤潮，应及时向上级报告。

（4）海洋环境监测站监视。各级海洋环境监测站可设置自动浮标站进行连续自动在线监测，密切监视海域赤潮发生情况，发现异常时应立即进行现场监视监测，并采集水样进行初步分析，及时将有关情况报上一级海洋监测业务主管部门。

（5）志愿者监视。继续发挥赤潮志愿监视网络的作用，进一步完善本地赤潮志愿监视网络和信息通报渠道，广泛吸收渔民、养殖专业户及其他海上作业人员作为赤潮监视志愿者，组织基本技术培训并配备必要仪器设备，提高赤潮发现率和时效性。

2. 赤潮应急跟踪监测

发现赤潮时，应立即组织开展现场应急监测，获取赤潮发生地点、范围、赤潮生物种及密度、贝毒种类及含量、地物光谱等信息，直至赤潮消失。有条件时，海监飞机应参与赤潮应急跟踪监测，及时获取赤潮航空照片、录像资料和赤潮位置、面积等信息。

（四）赤潮应急防护和恢复措施

（1）赤潮以预防为主，红树林对减少赤潮的发生有一定的预防作用。目前提出的“赤潮防护带”也属于一种预防措施，即在养殖业集中区的外围，建立若干特种海带养殖区，吸收海水中富营养物质，并与多功能杀灭赤潮藻类的新型基因工程菌株结合，以此建立起一个养殖区赤潮防护带，该方法仍处于研究阶段。

（2）一旦发生应及时监测并发出预报，警告渔民不要进入赤潮区作业；若监测发现为无毒赤潮，可解除警报。

（3）回收预报发出前的赤潮区海产，防止人员中毒事件发生。

（4）对于养殖区在赤潮发生后的应急防护，可采用撒播黏土法、加入过氧化氢或除藻剂等化学药剂法等，这些方法存在成本高以及可能对底栖生物及海域造成二次污染的问题，仍需不断改进。

四、海洋其他有毒污染应急处理技术

把握海洋特点，重点关注近海特别是水流交换较缓慢的内海海域的污染情况，海洋其他有毒有害物质污染的处理可参照本书第二章有关内容。

第三节　土壤及作物污染事件应急处理技术

土壤污染是指人为因素有意或无意地将对人类本身和其他生命有害的物质施加到土壤中，使其某种成分含量明显高于原有含量并引起现存的或潜在的土壤环境质量恶化的现象。

土壤污染有着区别于其他环境因素污染的特点：

（1）隐蔽性和潜伏性。土壤污染很难通过人的感官发现，它往往需要通过农作物包括粮食、蔬菜、水果或牧草以及摄食的人或动物的健康状况才能反映出来，从遭受污染到产生恶果有一个逐步累积过程，具有隐蔽性和潜伏性。

（2）不可逆性和长期性。土壤一旦遭到污染后极难恢复，重金属元素对土壤的污染是一个不可逆过程，许多有机化学物质的污染也需要一个比较长的降解时间。

（3）后果的严重性。由于土壤污染的隐蔽性和潜伏性以及它的不可逆性和长期性，因而往往通过食物链危害动物和人体健康。由于土壤污染主要通过农作物的生长表现出来，因此本节将土壤及作物污染作为整体进行介绍。

一、土壤及作物污染类型

根据污染物的属性，土壤及作物污染事件主要分为以下类型：

（1）农药污染。目前使用的农药品种繁多，包括有机氯、有机磷、拟除虫菊酯等农药。主要来源于农药储存仓库的泄漏、爆炸，农药生产厂家的泄漏或排污，农药运输车辆的翻侧和泄漏以及农药的过量施用。

（2）重金属污染。包括铜、铅、锌、铬、镍、隔、砷、汞等金属。主要来自于金属冶炼企业的污水排放、废矿填埋堆放以及相关金属制造企业的含重金属污水的排放。

（3）其他有机毒物污染。主要来自于工厂企业的违法排污、泄漏以及车辆的翻侧以及储存仓库的泄漏。

土壤污染还有可能下渗造成地下水污染，本节仅就土壤和作物污染中最突出的农药污染进行详述，重金属污染及其他有机毒物污染请参照第二章的相关内容。

二、农药污染应急处理技术

农药种类繁多，根据其化学性质，可以分为有机氯农药、有机磷农药和拟除虫菊酯类农药。其中有机氯农药已基本停止使用，此处仅选取六六六这种曾经最常用且环境残留较大的作为代表进行介绍。有机磷农药急性毒性较大，而且属于目前使用量较大农药，因此，本书选取了甲胺磷、对硫磷、甲基对硫磷、敌敌畏、乐果、敌百虫六种最有代表性的作详细介绍。由于除虫菊酯类农药毒性较小，且研究不多，在最后作一总体介绍。

（一）六六六（包括林丹）（有机氯农药）

国标编号为61876；CAS号为58-89-9；中文名称六六六（包括林丹）；别名六氯环己烷、六氯化苯、BHC；六六六有7种异构体，分别为α-六六六、β-六六六、γ-六六六、δ-

六六六、ε-六六六、η-六六六、θ-六六六，另有一对旋光异构体，其中α-六六六、β-六六六、γ-六六六、δ-六六六又被称为甲体、乙体、丙体和丁体六六六，γ-六六六又称为林丹。

1．理化常数

（1）分子式：$C_6H_6Cl_6$；

（2）相对分子质量：290.82；

（3）熔点：α体：159～160℃，β体：309～310℃，γ体：112～113℃，δ体：138～139℃；

（4）相对密度：1.87（20.4℃）；

（5）蒸气压：α体 3.3×10^{-6}kPa、β体 3.7×10^{-7}kPa、γ体 2.1×10^{-5}kPa、δ体 2.3×10^{-6}kPa（20℃）；

（6）外观与性状：灰白色到褐色粉末，有难闻的霉臭味；

（7）溶解性：甲体（α）不溶于水，溶于苯和氯仿；乙体（β）的溶解性同甲体；丙体（γ）在室温水中的溶解度为10 mg/L，微溶于石油，溶于丙酮、芳烃和氯代烃；

（8）稳定性：六六六在高温和日光下不易分解，对酸稳定而极易被碱破坏；

（9）危险标记：13（有毒品）。

2．毒理毒性

六六六急性毒性较小，各异构体毒性比较，以γ-六六六最大。六六六进入机体后主要蓄积于中枢神经和脂肪组织中，刺激大脑运动及小脑，还能通过皮层影响植物神经系统及周围神经，在脏器中影响细胞氧化磷酸化作用，使脏器营养失调，发生变性坏死。能诱导肝细胞微粒体氧化酶，影响内分泌活动，抑制ATP酶。其急性毒性如下：

（1）LD_{50}180 mg/kg，1次，儿童经口，发现的最低致死剂量；

（2）50 mg/kg，1次，兔经皮；

（3）60 mg/kg，1次，兔经口；

（4）88 mg/kg，1次，大鼠经口；

（5）500 mg/kg，1次，大鼠经皮。

3．生理诊断

六六六可通过胃肠道、呼吸道和皮肤吸收而进入机体。人体中毒时，对神经系统主要表现为头痛、头晕、多汗、无力、震颤、上下肢呈癫痫状抽搐、站立不稳、运动失调、意识迟钝，甚至昏迷，并可因呼吸中枢抑制而导致呼吸衰竭。对消化系统会产生流涎、恶心、呕吐、上腹不适疼痛及腹泻等症状。呼吸及循环系统可以造成咽、喉、鼻黏膜因吸入农药而充血，喉部有异物感，吐出泡沫痰、带血丝、呼吸困难、肺部有水肿，脸色苍白，血压下降，体温上升，心律不齐，心动过速甚至心室颤动。对皮肤、眼部刺激症状，有皮肤潮红、产生丘疹、水疱、皮炎，甚至糜烂有渗出、发生过敏性皮炎；眼部有流泪，眼睑痉挛和剧烈疼痛。六六六的一般毒性作用为神经及实质脏器毒物，大剂量可造成中枢神经及某些实质脏器，特别是肝脏与肾脏的严重损害。

4．现场应急监测方法

直接进样气相色谱法。

5．应急防护

（1）泄漏应急处理。

隔离泄漏污染区，周围设警告标志，切断火源。应急处理人员戴好防护面具，穿一般消防防护服。用清洁的铲子收集于干燥洁净有盖的容器中，运至废物处理场所。如大量泄漏，收集回收或无害处理后废弃。

废弃物处置方法：用含 5%～10%的氯化铜、氯化铁、氯化锌的活性炭（或 5%～10%氯化铝的活性炭）作催化剂，400～500℃下使六六六破坏热分解。

（2）防护措施。

呼吸系统防护：可能接触其粉尘时，应该佩戴防毒口罩。紧急事态抢救或撤离时，建议佩戴自给式呼吸器。

眼睛防护：必要时戴化学安全防护眼镜。

防护服：穿工作服。

手防护：戴防化学品手套。

其他：工作现场禁止吸烟、进食和饮水，工作后，彻底清洗，及时换洗工作服。

（3）急救措施。

皮肤接触：应用肥皂水清洗，在患处涂敷氢化可的松软膏。

眼睛接触：用 2%盐酸普鲁卡因点滴。

吸入：呼吸困难者，要给氧气，注射苯甲酸钠咖啡因、尼可刹米、山梗茶碱等。有抽搐者，可肌注副醛，成人用量每次 3～5 mL，儿童 0.1 mg/kg 体重，注射 10%葡萄糖输液，以加速毒物排泄。

食入：误服六六六中毒，要立即催吐、先饮盐水，再用 1%硫酸铜或注射阿扑吗啡催吐，用 2%碳酸氢钠或生理盐水洗胃，再注入 20～30 g 硫酸镁导泻。注意禁止使用油类洗胃剂，以使促进农药吸收。

（二）甲胺磷（有机磷农药）

常用名甲胺磷，英文名 Mcthamidophos，学名 O,S-二甲基硫代磷酰胺，别名及商品名多灭磷、丸螨隆、Tamaron、Baycr-71628、Nitofal、Hamidop、Chcvron9006、Ortho9006、SRA-5712、Monitor 等，美国化学文摘号：CAS 10265-92-6。

1. 理化常数

（1）分子式：$C_2H_8NO_2PS$；

（2）相对分子质量：141.12；

（3）外观：纯品为白色针状结晶，工业品为黄色黏稠状液体，冷却或放置后能析出结晶固体，带有刺激性韭蒜样臭味；

（4）熔点：纯品 44.5℃，工业品 37～39℃；

（5）沸点：185～190℃（分解），工业品 130～150℃（分解）；

（6）相对密度：1.32；

（7）蒸气压：4×10^{-5} kPa（30℃）；

（8）溶解度：易溶于水和醇、酮、二氯甲烷、二氯乙烷。微溶于醚，不溶于石油醚；在苯、甲苯、二甲苯中溶解度小于 10%；

（9）稳定性：常温下甲胺磷稳定，能耐弱酸弱碱，在强碱性条件下不稳定，分解并放出甲硫基。在自然环境中经阳光和空气的作用缓慢分解。

2. 毒性毒理

甲胺磷是机体胆碱酯酶（ChE）的强烈抑制剂，但它对 ChE 的抑制作用比较缓慢。甲胺磷具有很强的内吸、触杀和胃毒作用，中毒后能使机体的 ChE 下降到小于 20%；出现严重的中毒症状；其急性毒性如下：

（1）18.9 mg/kg，1 次，雌性大鼠经口，LD_{50}；

（2）21 mg/kg，1 次，雄性大鼠经口，LD_{50}；

（3）13.6 mg/kg，1 次，雌性大鼠灌胃，LD_{50}；

（4）22.9 mg/kg，1 次，雄性大鼠灌胃，LD_{50}；

（5）25 mg/kg，1 次，雌性小鼠经口，LD_{50}；

（6）29.6 mg/kg，1 次，雄性小鼠经口，LD_{50}；

（7）10.5 mg/kg，1 次，雄性小鼠灌胃，LD_{50}；

（8）11.8 mg/kg，1 次，雌性小鼠灌胃，LD_{50}；

（9）118 mg/kg，兔经皮，LD_{50}；

（10）215～250 mg/m^3，2 h，小鼠吸入，LC_{50}；

（11）354 mg/kg，雄性大鼠经皮，LD_{50}；

（12）380 mg/kg，雌性小鼠经皮，LD_{50}；

（13）525 mg/m^3，2 h，大鼠吸入，LC_{50}；

（14）30 mg/kg，兔经口，LC_{50}。

3. 生理诊断

轻度中毒症状不明显，大剂量中毒时的呼吸道侵入毒作用较快，在 1 h 内即出现中毒症状，皮肤接触稍慢。一般中毒在发病后 4～12 h 内最为严重。甲胺磷农药中毒的主要症状是恶心，呕吐、食欲减退、腹痛、腹泻，多汗、颜面苍白、视力模糊、瞳孔缩小、呼吸困难、肺水肿、大小便失禁、昏迷、惊厥或呼吸麻痹直至死亡。少数人可能出现脑水肿。血液中胆碱酯酶活性一般下降为正常值的 30%以下或更低。由于急性中毒大部分发生在夏天。临床诊断是否甲胺磷中毒还是急性肠胃炎或者是中暑，其主要依据为有无密切接触或口服农药史。若伴有瞳孔缩小，中毒者肌肉不自主跳动，汗如雨下，且在凉爽场所仍大汗不止，体温并无明显变化（或稍有升高），血液胆碱酯酶活性明显抑制，阿托品与解磷定联合治疗有特效，并无异常反应者，即可确诊为甲胺磷农药中毒。

4. 急救措施

甲胺磷中毒的急救与防治方法和其他有机磷农药中毒基本相似。治疗效果阿托品优于解磷定，而以阿托品与解磷定合并治疗的效果更佳。

5. 应急监测

土壤和作物样品均需进行预处理，气相色谱法分析。

6. 应急防护

甲胺磷属剧毒农药，储存、运输和使用必须遵守剧毒农药的操作规程，主要包括：

（1）不得与粮食、蔬菜、瓜果、食品等混载、混放。要设专用柜和专人保管，门窗牢固，防晒、通风。

（2）玻璃瓶包装，注明农药品名、出厂日期、使用说明，并在醒目处张贴“剧毒”标签。

（3）配药人员要有防护装备，工具搅拌，哺乳期、孕期妇女，皮肤损伤未愈者不得从事施药，施药人员每天工作不得超过 6 h。

（4）作业人员如有头痛、恶心、呕吐等症状时应立即离开工作现场、脱去污染衣服、漱口洗手、洗脸和清洗皮肤等暴露部位，及时送医院治疗。

（5）甲胺磷残留期较长，有一定的内吸作用，粮食作物的安全间隔期不得少于 28 天，经济作物为 21 天，不许在蔬菜、烟草、茶叶及中草药材上使用，不准用于防治卫生害虫与人、畜皮肤病。其他生长期短的食用作物上也不得使用。使用量不得超过《农药安全使用标准》（GB 4285—1989）规定的最高用量。

（三）对硫磷（有机磷农药）

常用名对硫磷，英文名 Parathion，化学名称 O,O-二乙基-O-（对-硝基苯基）硫逐磷酸酯，其他名称乙基对硫磷、1605、E605、Folidol、Niran、Paraphos、Fosferno、Genithion、Alkron、Wofatox、Porthion、Ekatox、Plonthion、Vapophos、Penphos、Aphamitc 等，美国化学文摘编号：CAS 56-38-2。

1．理化性质

（1）分子式：$C_{10}H_{14}O_5NSP$；

（2）相对分子质量：291.26；

（3）外观：纯品为无色针状结晶（工业品含量 98.8%为无色或浅黄色油状液体，略具韭臭味）；

（4）熔点：6.1℃；

（5）沸点：0.133kPa（160℃），0.005kPa（115℃）；

（6）相对密度：1.265 6（25℃）；

（7）蒸气压：7.6×10^{-7}kPa（20℃）、3.02×10^{-6}kPa（30℃）、9.36×10^{-6}kPa（40℃）；

（8）溶解度：在水中的溶解度为 24 mg/L（25℃），石油醚中 11.9%（25℃），正庚烷 16.5%（30℃）；能溶于苯、甲苯、醇、酮、三氯甲烷、二氯乙烷、四氯化碳、乙醚、二氧六环等多种有机溶剂，与浓硫酸能完全混合；

（9）挥发度：0.09 mg/m^3（20℃），0.35 mg/m^3（30℃），1.05 mg/m^3（40℃）；

（10）稳定性：本品在常温下稳定，100℃开始逐渐分解并在日光或 360～400nm 波长的光源照射下，能变为黑色转黄色或红色物体，同时发生分解而褪色。

2．毒性毒理

对硫磷口服、经皮和经呼吸道都属高毒。对硫磷对人的毒理作用主要是抑制体内胆碱酯酶的活性，从而破坏了神经系统和血液系统的正常功能。特点是发病迅速，临床表现为急剧恶化，潜伏期按中毒途径和剂量而异，一般中毒往往在发病后 4～12 小时最严重，并有死亡的危险。其急性毒性如下：

（1）240 μg/kg，1 次，人经口，发现的最低致死剂量；

（2）9 mg/kg，1 次，大鼠经口，LD_{50}；

（3）23 mg/kg，1 次，小鼠经口，LD_{50}；

（4）67 mg/kg，1 次，大鼠经皮，LD_{50}；

（5）120 mg/m^3，4 h，大鼠吸入，LD_{50}；

（6）120 mg/m³，4 h，小鼠吸入，LD_{50}；

（7）300～400 mg/kg，兔经皮，LD_{50}。

3．生理诊断

中毒症状的发现，最快为内服后 2 min 左右，喷洒作业时，作业中或最后接触对硫磷 6 h 以内发病，发病越快，症状越重。中毒的程度与胆碱酯酶（ChE）活性的下降成正比，按中毒程度可分 4 类：

（1）潜在性中毒，有时呈现全身不适、头痛等，通常无明显症状。

（2）轻度中毒，最初出现全身倦怠、头痛、晕眩等非特异性症状，随后大量流汗、恶心、呕吐，并可见异常的流涎。有时也有瞳孔收缩、腹泻、腹痛但可独立步行，血清胆碱酯酶活性降低为正常值的 20%～50%。

（3）中度中毒，继轻度中毒所见症状，瞳孔高度缩小，但对光反应尚未消失，随即发生步行困难，可见特有的肌肉纤维质挛缩。并出现语言障碍，视力减退，最后意识模糊，体检血清胆碱酯酶活性降至正常值的 10%～20%。

（4）重症，意识障碍增强最后意识消失，支气管分泌物增加，从口鼻流出泡沫，直至呈现肺水肿症状。血压升高，病情发作后随时间推移而发烧。瞳孔高度缩小，对光反射消失。中毒症状继续进展时，全身痉挛，大小便失禁，如不及时治疗可因呼吸麻痹而死。体检血清胆碱酯酶活性低至 10%。

4．急救与防治

人若发生中毒时，应使其立即离开中毒现场，脱去污染的衣服，用肥皂水洗去皮肤上的毒物；若是经口中毒，应马上用 1%的苏打水或 1%的食盐水洗胃，消除毒物，并随即送医院救治。

治疗对硫磷中毒的特效解毒药有阿托品、解磷定、氯磷定和双复磷等。

5．应急监测

气相色谱法。

6．应急防护与恢复措施

对硫磷在生产、储运、供应时，包装上须有明显的“剧毒”字样和相应标志；搬运要避免破裂渗漏，如有发现，应改装再运，污染的运输工具及包装材料必须及时用热石灰水或碱水消毒处理，无用的要集中烧掉。严禁与粮食、瓜果、蔬菜等食品和日用品混合装载。

保管要有专人专库，绝对不允许与食品、饲料及日用品混放，也不准与食品、副食品在同一门市部出售，用过的空瓶应回收处理，严禁用于盛放油、酒、水等食物。放置时须避免受热，温度超过 50℃时易使容器内产生压力，使容器胀破。须与易氧化物和可燃物隔绝。遇着火时，可用喷水、干粉泡沫或二氧化碳灭火剂扑灭，并用水保持容器冷却，喷水驱散蒸汽，赶走逸出物料，防止再引火。消防人员须在相当远距离的防护掩蔽处操作，并用喷水保护前去堵漏的人员。

农田施用时，配制药液应远离饮用水源和居民点；施药操作人员须戴好胶皮手套、口罩、长衣裤、袜等防护用品。禁止吸烟、喝水、吃东西，发现有头痛、头昏、恶心、呕吐等不适感觉时，应立即离开施药现场，脱去衣服，漱口，清洗手、脸等暴露部位，去医院诊治。

对硫磷严禁用于防治城市树木害虫及蚊、蝇、臭虫等，严禁用于毒鱼、鸟、鼠等，并严禁用于涂治人、畜的疥、癣等各种皮肤疾病；粮食作物在收获前 15 天禁用。禁止在蔬菜上使用。

环境中小范围的污染，要尽可能地将药液收集于容器中，无法收集的可用溶液破坏，可用含有机溶剂和碱性混合物的强表面活性剂混合物（10 L 水中含 1 L），或用 3%～5%氢氧化钠溶液、碳酸钙或者漂白粉（4 L 水中含有 1 kg）和大量的洗涤水，也可撒些石灰等碱性物质，加快其水解，并同时采取措施阻止药液流向水源、居民区等，防止接触药液和吸入蒸气引起中毒。

（四）甲基对硫磷（有机磷农药）

常用名甲基对硫磷，甲基-1605，英文名 Mcthylparathion，化学名 O,O-二甲基-O-（对-硝基苯基）硫逐磷酸酯，别名与商品名甲基 E-605，Azofos、Bladan、Dypa、Mcpaton Mctafos、Mcthyl Niran、Mctron、Gcarfos、Tckwalsa、Toll、Wofatox、Folidol-M·Dalf、Mctacide. Nitrox 80，E601、VOFATOX 等，美国化学文摘号：CAS 298-00-0。

1. 理化常数

（1）分子式：$(CH_3O)_2P(S)OC_6H_4NO_2$；

（2）相对分子质量：263.21；

（3）外观：纯品为白色结晶性粉末，工业品为黄棕色结晶或油状液体，有臭味；

（4）熔点：35～36℃；

（5）沸点：158℃（0.27kPa）；

（6）相对密度：1.358 0；

（7）蒸气压：1.29×10^{-6}kPa（20℃），5.05×10^{-6}kPa（30℃）；

（8）溶解度：55～60 mg/L（25℃在水中的溶解度），溶于大多数有机溶剂，如苯、氯苯、二氯乙烷、丙酮、乙醇，微溶于烷烃；

（9）挥发度：0.14 mg/m^3（20℃）；

（10）稳定性：对光与空气的稳定性比对硫磷差。38℃以下不易挥发，在储存中不易分解。在碱性介质中很快水解，酸性条件下稳定。加热到 130℃开始异构化。140～160℃有 83%转化为异构体，在乙醇溶液中 100℃，4 h 就有 35%异构化。这种异构体很不稳定，当二甲基硫化物达到催化剂量时，反应加快，致使突然分解。甲基对硫磷对黑铁板、黄铜有腐蚀作用。

2. 毒性毒理

甲基对硫磷的毒性虽比对硫磷低，但仍属“剧毒”农药。能通过消化道、呼吸道及皮肤进入人体，在人体中主要作用是抑制神经系统的胆碱酯酶的活力，使乙酰胆碱堆积，导致一系列毒蕈碱样和烟碱样的临床表现，甲基对硫磷在机体肝脏中会发生生化氧化反应，转化成甲基对氧磷而使毒性增强。甲基对硫磷进入人体后，一部分会逐步分解，分解产物有对硝基酚和各种磷酸酯，并很快从尿道排出。其急性毒性如下：

（1）5 mg/kg，1 次，人经口，发现的最低致死剂量；

（2）9 mg/kg，1 次，大鼠经口，LD_{50}；

（3）23 mg/kg，1 次，小鼠经口，LD_{50}；

（4）67 mg/kg，1 次，大鼠经皮，LD_{50}；

（5）120 mg/m^3，4 h，大鼠吸入，LD_{50}；

（6）120 mg/m^3，4 h，小鼠吸入，LD_{50}；

（7）300～400 mg/kg，兔经皮，LD_{50}。

3．生理诊断

参照对硫磷相关部分。

4．急救与防治

参照对硫磷相关部分。

5．应急监测

气相色谱法。

6．应急防护与恢复措施

甲基对硫磷在生产、贮运、销售时，包装上须有明显的“剧毒”字样和相应的标志，搬运要严防破裂渗漏。如有发现，应改装再运。被污染的运输工具及包装材料必须及时用热石灰或碱水消毒处理，无用的要集中焚烧。严禁与粮食，瓜果、蔬菜等食品和日用品混合装载。

要专人专库保管，绝对不许与食品，饲料及日用品混放，也不准与食品、副食品在同一门市部出售，用过的容器应回收处理，严禁用于盛放油、酒、水等。存放仓库应阴凉避光，并有通风装置，如仓库温度超过 50℃时容器内产生压力能使容器胀破。须与氧化物和可燃物隔绝。遇着火时，可用水喷，也而用干粉、泡沫或二氧化碳灭火剂扑灭，并用水保持容器冷却，喷水驱散蒸气，赶走逸出物料，防止再次引火。消防人员要在相当距离的防护掩蔽处操作，并喷水保护抢救人员。

在农田施药时，配制药液要远离饮用水水源和居民点，施药操作人员须戴胶皮手套、口罩、长衣裤、袜等防护用品，严禁吸烟、喝水、进食。发现有头痛、头昏、恶心、呕吐等不适感觉时，应立即离开施药现场，脱去衣服、漱口，清洗手和脸等暴露部位，送医院治疗。

甲基对硫磷不得用于城市绿化除虫及消灭蚊、蝇、臭虫等。严禁用于毒鱼、鸟、鼠等，也不得用于涂治人畜的疥、癣等各种皮肤病，在蔬菜上禁用。

（五）敌敌畏（有机磷农药）

常用名 DDVP，敌敌畏，英文名 Dichlorpphos，化学名 O,O-二甲基-O-（2,2-二氯乙烯基）磷酸酯，别名 Atgard、Baycr19149、Cckusan、DCdcvap、Dichlorvos、Dcs、Krccalvin、Mafu、Nuvan、Nopcst、Vapona、Hcrkol、Vaponitc 等，美国化学文摘编号：CAS 62-73-7。

1．理化常数

（1）分子式：$C_4H_7O_4C_{l2}P$；

（2）相对分子质量：220.98；

（3）外观：无色液体，具有芳香的气味，工业品为浅黄色至棕黄色油状液体；

（4）沸点：74℃（0.133kPa）；

（5）相对密度：1.415（25℃）；

（6）蒸气压：0.02 kPa（20℃）；

（7）溶解度：水中为 1%（20℃），与芳烃、氯代烃、醇、醚等大多数溶剂混溶，煤油中溶解度为 2%～3%；

（8）挥发度：56.5 mg/m^3（10℃），145 mg/m^3（20℃），350 mg/m^3（30℃），800 mg/m^3（40℃）；

（9）稳定性：在酸和水溶液中缓慢分解，转化成磷酸氢二甲酯和二氯乙醛。在饱和水溶液中每天的水解速度为 3%，碱性条件下水解速度很快，高温亦能促使水解。对铁、中碳钢有腐蚀作用，对不锈钢、铝、镍稳定，有很强的挥发性。

2. 毒性毒理

敌敌畏属高毒农药，对人、畜的急性胃毒毒性很大。由于它具有较强的挥发性，还具有比较明显的皮肤吸收毒性，故毒性作用迅速。但在环境中敌敌畏又能相当快地分解成对人、畜和植物均没有危害的简单产物（磷酸、二氧化碳和水），因此只要抢救及时，危害不算大。敌敌畏对鱼类高毒，对蜜蜂等剧毒，但残效期短，影响尚不大。其急性毒性如下：

（1）50 mg/kg，1 次，人经口，发现的最低致死剂量；

（2）13.2 mg/m^3，4 h，小鼠吸入，LC_{50}；

（3）14.8 mg/m^3，4 h，大鼠吸入，LC_{50}；

（4）56 mg/kg，1 次，雌性大鼠经口，LD_{50}；

（5）80 mg/kg，1 次，雄性大鼠经口，LD_{50}；

（6）75 mg/kg，1 次，雌性大鼠经皮，LD_{50}；

（7）107 mg/kg，1 次，雄性大鼠经皮，LD_{50}；

（8）75 mg/kg，1 次，兔经皮，LD_{50}；

（9）135 mg/kg，1 次，小鼠经口，LD_{50}。

3. 生理诊断

敌敌畏中毒的诊断不难，根据接触史和临床特征以及患者体表、呼出气或呕吐物中所具有的特殊气味，基本可以确诊。如能进行血液胆碱酯酶活性及尿中有机磷代谢产物的测定或胃内容物的定性分析，则对诊断和鉴别诊断有很大帮助。若病情危急时，还可以在严密观察下采用阿托品或胆碱酯酶复能剂试验治疗加以鉴别。

敌敌畏的中毒症状与其他有机磷农药基本相似。但由于敌敌畏进入人体后直接与胆碱酯酶结合，对胆碱酯酶的作用快（称为直接抑制剂），所以毒性发作很快。少数患者在急性中毒后，可出现迟发性神经损害，表现为进行性轻瘫及肌肉萎缩，主要见于下肢。

肌纤维震颤、瞳孔缩小，这些症状可以认为是轻度急性或亚急性敌敌畏中毒症状。

敌敌畏引起的皮肤损害在有机磷农药中比较突出，通常接触后往往出现局部瘙痒或灼痛、皮肤潮红、肿胀继而发生大小不等的水泡，并可能形成糜烂，长期反复接触，可引起湿疹样变化。

机体内的谷胱甘肽-S-转移酶能使敌敌畏发生脱烷基解毒反应而产生解毒作用，其代谢产物的存在也是敌敌畏中毒的确诊表现。

敌敌畏的生产性中毒多发生在夏季大量使用农药时间，应与中暑、急性肠胃炎等相区别，重度中毒要与药物中毒，毒蕈碱中毒引起的昏迷相区别。

4. 急救与防治

（1）清除毒物。

立即使患者脱离现场，脱去污染衣服。全身污染部位（包括皮肤、头发、指甲等处）用肥皂水彻底洗净，以防止继续吸收。忌用热水或酒精之类擦洗。眼部污染时，应立即用2%碳酸氢钠溶液、生理盐水或清水反复冲洗。如系经口中毒，应先彻底洗胃。神志清醒而能合作的患者，亦可先服大量盐水或2%碳酸氢钠溶液或稀肥皂水，然后催吐。

（2）解毒药物。

有机磷中毒的解毒药物有抗胆碱酯酶复能剂，最常用的抗胆碱药为阿托品。

（3）对症治疗。

在治疗过程中，必须特别注意及时清除呼吸道分泌物，保持呼吸道畅通，注射呼吸中枢兴奋剂；必要时，作气管切开或插管，进行人工呼吸，给氧。如有肺水肿，应及时处理。抽搐时，可用水合氯醛灌肠。

急性中毒有时出现反复，这可能是由于毒物清除不彻底，或由于体位改变而引起分泌物堵塞气管，或发生肺水肿所致。抢救时，应分析原因，有针对性地采取相应的措施。在整个治疗过程中，必须随时密切观察病情，症状消失后，仍应继续观察一两天。

5．应急监测

可使用2,4-二硝基苯肼比色法和气相色谱法。

6．应急防护与恢复措施

敌敌畏储存应密封、干燥，用后必须将药瓶盖拧紧，使用时必须严格遵守使用规定。

敌敌畏的包装可用小口铁桶装，桶壁厚度不小于1.2 mm，净重不超过200 kg，或使用陶瓷坛、塑料桶严密封口后再装入坚固木箱包装，每箱净重不超过 30 kg。桶、坛装不超过 50 kg，在各种容器的外层都应贴“有毒品”与“易燃物品”两种标志。小包装也可使用玻璃瓶。

入库后应保持库内阴凉通风、干燥。避免淋雨，不可与酸、碱、氧化剂及食用化工产品共存和混运，搬运时要小心轻放，避免损坏包装而引起逸漏。操作时必须穿戴可靠的劳动防护用品，避免吸入或皮肤直接接触。

发生着火时，可用沙土、泡沫灭火剂，水等灭火，由于本品在燃烧温度下大量挥发，加上其他溶剂的蒸气，在灭火时一定要注意防止中毒。

由于敌敌畏对人与水生生物均属高毒，所以工业废水一定要处理后再排放，特别不许排入渔业水域和鱼塘。

（六）乐果（有机磷农药）

常用名乐果，英文名Rogor，化学名O,O-二甲基-S-（N-甲基氨基甲酰甲基）二硫代磷酸酯，别名ACC12880、Asthoatc、Cygon267、Dantox、Dimethoate、Daphene、Diostop、Perfekthion（B.A.S.F）、Roxion（Cela）、L395、Fosfamid、FostionMM（Montecatini）、NC262、Trimeton，美国化学文摘编号：CAS 60-51-5。

1．理化常数

（1）分子式：$C_5H_{12}NO_3PS_2$；

（2）相对分子质量：229.27；

（3）外观：纯晶为白色结晶固体，略带愉快香味；工业品为白色结晶固体，或黄棕色油状液体，略带硫醇臭味；

（4）熔点：纯品为 52～53℃；工业品为 43.5～45.8℃；

（5）沸点：0.0013kPa（86℃），0.067kPa（107℃）；

（6）闪点：工业品为 130～132℃；

（7）相对密度：纯品为 1.277（65℃）；工业品为 1.280（20℃）；

（8）蒸气压：纯晶：6×10^{-3}kPa（30℃）；工业品：4×10^{-6}kPa（30℃）；

（9）溶解度：水中：25g/L（20℃）；39g/L（25℃），能溶于醇、酮、醚、酯、苯甲苯等，在石油醚及石蜡油、二硫化碳、四氯化碳中较难溶解；

（10）挥发度：0.364 mg/m^3（30℃）；

（11）稳定性：对日光稳定，湿气引起分解，能被氧化剂氧化。在酸性溶液中稳定；在中性介质中 3 年分解 10%（20℃）；在碱性溶液中迅速水解，生成甲胺及二硫基醋酸；加热下可转化为—SCH_3（甲硫基）异构体。

2．毒性毒理

乐果可经消化道、呼吸道和皮肤进入机体内。动物经口进入体内后，在胆碱酯酶活性受抑制之前中毒症状尚未出现时，能出现深度麻醉，而在胆碱酯酶出现抑制时，麻醉状态便恢复。有人认为麻醉作用可能是由于大剂量乐果本身所致，而胆碱酯酶的抑制和死亡可能是氧化乐果所致。其急性毒性如下：

（1）30 mg/kg，1 次，人经口，LD_{50}；

（2）140 mg/kg，1 次，小鼠经口，LD_{50}；

（3）152 mg/kg，1 次，大鼠经口，LD_{50}；

（4）353 mg/kg，1 次，大鼠经皮，LD_{50}；

（5）650 mg/kg，1 次，兔经皮，LD_{50}。

3．生理诊断

乐果中毒的临床表现与大部分有机磷中毒有其相似性与特殊性两个方面。所谓相似性，是乐果与其他有机磷农药一样，它主要的毒性作用是抑制胆碱酯酶（CHE），使其失去分解乙酰胆酸（Acb）的能力，造成乙酰胆碱积聚，引起神经功能紊乱。中毒的临床表现主要有 3 种：

（1）早期出现毒蕈碱样症状，主要表现是食欲减退、恶心、呕吐、腹痛、腹泻、多汗、流涎、视力模糊、瞳孔缩小、呼吸道分泌物增多，严重时可出现肺水肿。

（2）烟碱样症状，较大剂量或病情进一步发展时，除上述症状加重外，出现全身紧束感、动作不灵活、发音含糊、肌纤维震颇（多见于胸部、上肢及后颈部等）。

（3）中枢神经系统症状，一般表现为头昏、头痛、乏力、失眠或嗜睡多梦；重症病例出现昏迷，往往因呼吸中枢或呼吸肌瘫痪而危及生命。

乐果中毒的特殊性主要是侵入机体后，在体内需经活化后才能发挥对胆碱酯酶的抑制作用（一般称为间接抑制剂）。间接抑制剂对胆碱酯酶的抑制作用较慢，持续时间较长，因为乐果在肝脏内转化为抑制作用更强的氧化乐果的速度很缓慢，所以一般情况下，乐果中毒时，在临床上的表现为潜伏期长和持续时间较长。

乐果经口的中毒患者，有时经治疗后初步好转或已基本恢复正常，而在数日后，又重新出现症状，甚至突然死亡，所以对乐果的治疗要多观察几天。

4．急救与防治

急救与防治的方法也和其他有机磷农药基本相似，但以下几个方面必须密切注意：

（1）乐果中毒所用的胆碱酯酶复能剂和抗胆碱药以阿托品效果较好，氯磷啶等复能剂效果较差。阿托品能消除和减轻毒蕈菌样症状和呼吸中枢抑制，而且乐果中毒患者对阿托品的耐受性较高，用药量可以超过一般剂量。而其他复能剂的疗效较差，病情恢复不明显。

（2）乐果中毒患者的恢复期比较长，潜伏期有时长达 10 天左右。所以对乐果患者中毒治疗的观察期要比其他有机磷农药长，即使康复以后，还要细心护理 6～7 天，随时注意病情以免重新出现症状，甚至引起抢救不及而死亡。

5．应急监测

使用盐酸萘乙二胺比色法和气相色谱法。

6．应急防护和恢复措施

乐果的急性毒性不太高（属中等毒性）。如前所述，进入机体的乐果，在 48 h 内 90%以上被排出体外，但是该农药的一些杂质（如三甲基二硫代磷酸酯）可以急剧提高它对温血动物的毒性，因此，应尽可能利用乐果的纯品。

乐果应按规定用铁、陶瓷或瓶装，在包装外面贴“有毒品”、“易燃物品”两个标志。储存在阴凉、通风、干燥的库房内，不可与酸碱及食用化工产品混运，操作时佩戴可靠的劳动防护用品，避免吸入或皮肤接触。

散落在车间的乐果应用稀碱液冲洗，促使其分解，经处理合格后与废水一同排放。

轻度乐果中毒者治愈后，应暂停接触 3～4 周，重症患者至少 3 个月内不得从事接触该农药的工作，病情严重或屡次发生中毒者，应予调换工作。

乐果对牛、羊的胃毒毒性较大，喷过药的牧草 1 个月内不许喂食，施过药的田边 7～10 天内不能放牧。桑树施用乐果乳剂 3～4 天后才能喂蚕，茶叶 7～10 天后才能采摘，果树 10～14 天后才能采食。

（七）敌百虫（有机磷农药）

常用名敌百虫，英文名 Dipterex，学名 O,O-二甲基（2,2,2-三氯-1-羟基乙基）磷酸酯，别名与商品名：Anthon、Bayer15922、Bovinox、Cekufon Chlorofos、Danex、Dylox、Dyrex、Dyvon、Fosehlor、Kilsect、Klorfon、L13/59、Lipidex、Neguvon、Notox、Proxol、Trinex、Tugon、DEPTrichlorophon，美国化学文摘号：CAS 52-68-6。

1．理化常数

（1）分子式：$C_4H_8C_{13}O_4P$；

（2）相对分子质量：257.44；

（3）外观：纯品为白色晶体，具有令人愉快的芳香气味。工业品为白色块状固体，含少量油状杂质。纯度低时呈膏状或蜂蜜状；

（4）熔点：纯品为 83～84℃，工业品为 70℃左右；

（5）沸点：100℃（0.013 3 kPa）；

（6）相对密度：1.73（20℃）；

（7）蒸气压：1.04×10^{-6}kPa（20℃）；

（8）溶解度：水中溶解度 20℃时为 12%，25℃为 15.4%（*m*/*V*），温度增高溶解度增大。

可溶于苯、乙醇和大多数氯化烃，不溶于石油，微溶于乙醚和四氯化碳；

（9）挥发度：0.11 mg/m^3（20℃）；

（10）稳定性：吸湿性强，其粉剂更甚。吸湿受潮后水解，例如 2.5%粉剂敌百虫存放一年后下降为 1.6%～2.0%。在中性和酸性溶液中比较稳定，在碱性溶液中进行分子重排，变成毒性增大近 10 倍的敌敌畏，并随着碱性增强和温度升高而加速其分子重排，随后迅速水解。对金属有腐蚀作用，180℃时开始分解。

2. 毒性毒理

敌百虫是一种高效、低毒的有机磷杀虫剂，对人、畜的急性毒性较小，但它和杀螟松、马拉松一样对人具有迟发性神经毒性，因为敌百虫具有水溶性和挥发性，容易在水体和空气中造成短期的、局部的污染，因此必须防止误食和经呼吸道及皮肤吸收引起慢性中毒。在弱酸性至弱碱性的生理条件下，敌百虫能转化变成敌敌畏，其急性毒性比敌百虫大很多。但由于在环境对象中敌百虫和敌敌畏都不稳定，能很快分解成对人、畜和植物无毒的简单化合物，所以其危害性不算大。敌百虫对鱼类和蜜蜂等益虫都比较安全。其急性毒性如下：

（1）对体重 70 kg 的人，其最低致死剂量为 25 g；

（2）100 mg/kg，1 次，猫经口，LD_{50}；

（3）400 mg/kg，1 次，小鼠经口，LD_{50}；

（4）560 mg/kg，1 次，雌性大鼠经口，LD_{50}；

（5）630 mg/kg，1 次，雄性大鼠经口，LD_{50}；

（6）2000 mg/kg，大鼠经皮，LD_{50}；

（7）51.2 mg/m^3，人吸入，最低致死质量浓度。

3. 生理诊断

根据接触史和患者体表散发气体或呕吐物中具有的特殊气味，基本可以确诊。

敌百虫的中毒症状与敌敌畏基本相似，但略有不同。比较而言，敌百虫的毒性作用比敌敌畏慢，持续时间较长。少数敌百虫患者在急性中毒后，可出现迟发性神经损害。敌百虫对皮肤的损害较小而敌敌畏乳剂所致的皮肤损害较严重，通常敌敌畏接触后不久出现局部瘙痒与灼痛，有水泡并可形成糜烂而敌百虫无此症状。

其他临床表现可参见敌敌畏部分。

4. 应急监测

气相色谱法。

5. 应急防护与恢复措施

敌百虫中毒治疗应以阿托品为主（轻症口服片剂，重症静脉滴注，或阿托品与复能剂合用则效果更佳）。敌百虫具有明显的迟发性神经毒作用，即引起试验动物（一般采用鸡）或人类急性中毒症状之后 8～14 天，又重复出现神经中毒症状。主要表现为下肢共济失调、肌肉无力和食欲丧失，严重者症状继续发展，出现下肢麻痹，约经 3 周后症状达到极限，未死亡者可以缓慢转入恢复期。这一情况应引起注意，所以一般敌百虫轻度中毒治愈后应至少继续观察 2 周，暂停接触敌百虫农药 1 个月，重症患者至少 3 个月内不宜接触。病情严重或屡次发生中毒者，应予调换工作。

一般的急救与防治措施，可参看敌敌畏部分。但必须特别注意不能用碱性溶液清洗皮肤，更禁止使用碱性溶液洗胃，而应用 0.05%高锰酸钾溶液、1%食盐水或清水洗胃，也可以用 0.1%～0.2%硫酸铜洗胃。

一般来说，农药在水中的溶解度越大，它在土壤和水体中的移动性也越大。敌百虫在水中的溶解相当大，25℃时为 15.4%。但由于在温度、pH 及微生物的影响下，很快分解成最简单的化合物 CO_2、H_2O 和 H_3PO_4 等。

施用在作物上的敌百虫要严格掌握用药量和安全间隔期。在储存和运输过程中敌百虫一般比较安全，仓库要注意防潮、防晒并注意通风。可用玻璃瓶或双层塑料袋包装，一般不用金属容器。

（八）拟除虫菊酯

拟除虫菊酯杀虫剂包括溴氰菊酯、氰戊菊酯、氯氰菊酯等，最初是对天然植物中除虫菊素的杀虫作用及化学结构进行研究，然后开始人工模拟合成的一类杀虫剂。其毒性要比有机磷农药小很多。目前对其毒理毒性研究不多。下面参考《职业性急性拟除虫菊酯中毒诊断标准》（GBZ 43—2002）来进行判断。

1．生理诊断

接触后出现面部异常感觉（烧灼感、针刺感或紧麻感），皮肤、黏膜刺激症状，而无明显全身症状者；轻度中毒者出现明显的全身症状包括头痛、头晕、乏力、食欲不振及恶心、呕吐并有精神委靡、口腔分泌物增多，或肌束震颤；重度中毒可能发生阵发性抽搐、重度意识障碍或肺水肿。

2．急救与防治

（1）立即脱离事故现场，有皮肤污染者立即用肥皂水等碱性液体或清水彻底清洗。

（2）急性中毒以对症治疗为主，重度中毒者应加强支持疗法。

（3）拟除虫菊酯与有机磷混配的杀虫剂急性中毒者，应先根据急性有机磷杀虫剂中毒的治疗原则进行处理，而后给予相应的对症治疗。

三、应急监测

（一）应急监测技术

发生土壤污染必须首先确定以下几项：①污染物的种类；②污染物的浓度；③污染的程度和范围；④污染所造成的危害。

1．现场监测

土壤和作物样品的实验室检测都需经预处理后才能检测，因此在现场可取土壤浸出液或作物汁液采用相应的水体或气体应急监测技术进行处理。采样频次主要根据现场污染状况采取先密后疏的方法，事故刚发生时可适当增加采样频次，待摸清污染物变化规律后，可减少采样频次。依据不同的环境区域功能和事故发生地的污染实际情况，力求以最低的采样频次，取得最有代表性的样品。

2．土壤污染应急监测

参照《土壤环境监测技术规范》（HJ/T 166—2004）以及《突发环境事件应急监测技术规范》（HJ 589—2010）进行。

（1）土壤污染事故一旦发生，应以事故地点为中心，在事故发生地及其周围一定距离内的区域按照一定间隔圆形布点，并根据污染物的特性在不同深度采样，同时采集未受污染区域的样品作为对照，必要时在事故地附近采集作物样品。

（2）将多点采集的土壤样品除去石块、草根等杂物，现场混合后取1～2 kg样品装在塑料袋密封带回实验室监测。

3．农作物污染应急监测

把植物分为乔木、灌木和草本植物，根据不同作物类型，分别采集根、茎、叶带回实验室进行分析。

4．地下水污染监测

参照《地下水环境监测技术规范》（HJ/T 164—2004），以事故地点为中心，找水井或打井取地下水进行监测。

（二）样品分析方法

1．样品前处理

土壤和作物样品必须进行预处理后才能采用水和空气分析方法进行分析，其前处理方法如下：

（1）土样：取有代表性的样品1 000 g分散在搪瓷盘中，将大片压碎，去除杂草、石块、避光风干，粉碎过20目筛（必要时可用四分法缩小其量）。取100 g风干样品测量水分含量，其余供分析用。

（2）粮食加工：取有代表性的样品500 g，脱壳、磨碎、过20目筛。取100 g测水分含量，其余供分析用。

（3）水果、蔬菜样品：取有代表性的可食部分1 000 g，切碎，取200 g测水分含量，其余供分析用。

2．农药类分析方法

（1）气体检测管法；

（2）便携式气相色谱法；

（3）便携式气相色谱-质谱联用法；

（4）实验室快速气相色谱法；

（5）便携式红外分光光度法。

3．重金属及其他有毒污染分析方法

参照第二章相关内容。

四、应急防护和恢复措施

土壤和作物的污染事故防护主要包括人员、作物和土壤3个方面。

（一）人员应急防护和急救

土壤和作物的农药污染、重金属污染和其他有机毒物污染都有可能伴随着空气和水体的二次污染，因此进入污染区的人群必须做好相应的防护措施。

1．防护措施

呼吸系统防护：空气中浓度超标时，应该佩戴防毒口罩。紧急事态抢救或逃生时，建议佩戴自给式呼吸器。

眼睛防护：戴化学安全防护眼镜。

防护服：穿相应的防护服。

手防护：戴防化学品手套。

其他：工作现场禁止吸烟、进食和饮水，工作后，淋浴更衣。

2. 急救措施

参见各污染物。

（二）植物应急防护

（1）污染现场的一切食用作物需进行收割，取可食部分进行监测，若发现有毒则进行焚烧或填埋处理。

（2）非食用作物已受灾的进行收割，生长状况正常的需进行跟踪监测。

（3）灾区外的食用作物应及时收割，并停止使用来自污染区的上游水源，未成熟作物上市前需进行严格检查。

（三）土壤应急防护和恢复措施

土壤应急防护与恢复的重点在于防止污染扩散进入食物链或者下渗、冲刷造成水体二次污染，其主要的应急防护措施为：

1. 物理修复

（1）采用客土、翻土、去表土的方法移去污染土壤并存放于防渗设施良好的填埋场或其他安全的地方。客土指把污染土层挖去，换为其他干净土壤；翻土指把下层土壤翻到上层；去表土指去除表层污染土壤，把未受污染的下层外露作为表土。其中翻土没有彻底去除污染，需进一步处理。

（2）固化法，加入玻璃熔融剂等，通过通电等方式使污染物以玻璃态固结在土壤中，适用于放射性或剧毒污染物。

2. 化学修复

（1）化学固定法，主要针对重金属污染，通过加入石灰或有机肥等物质改变土壤的化学性质或成分，形成难溶化合物，使重金属沉淀下来。

（2）化学淋洗法，主要针对有机物污染，采用相似相溶的方法将之淋洗到水中，再采用水污染修复方法进行处理。

（3）挥发法，主要针对有机污染物，加入相应化学剂使污染物从土壤中挥发出来，再使用大气污染修复方法进行处理。

3. 生物修复

包括微生物修复和植物修复，主要针对土壤污染的后期恢复。微生物修复主要针对有机物污染，使用菌种分解对应污染物；植物修复包括植物淋洗、植物挥发、植物富集等技术，同时适用于有机物污染和重金属污染。其优点是分解彻底且不会造成二次污染，但修复时间较长。

第七章　常用环境污染事件应急处理仪器设备

第一节　环境污染事件应急监测的作用及其特殊要求

环境污染事件应急监测要求应急监测人员快速赶赴现场，根据事故现场的具体情况布点采样，利用快速监测手段判断污染物的种类，给出定性、半定量和定量监测结果，确认污染事故的危害程度和污染范围等。但是，环境污染事件的突发性、持续性和累积性决定了环境污染事件应急监测任务的困难程度，尤其是事故发生时的监测对象具有瞬时变化的特性，更增加了其困难程度。应急监测在污染事件应急响应系统中的特殊地位直接关系到应急反应行动的成功概率。在环境污染事件发生时，简便快速、准确可靠的监测方法，可以及时报告污染物的种类、污染面积、弄清事件发生的原因以采取正确的处理处置措施，把事故的影响降至最低限度。

一、应急监测的作用

针对突发环境污染事件的特殊性，现场应急监测的作用与要求包括以下几方面：

（1）对事件特征予以表征。迅速提供污染事件的初步分析结果，如污染物的释放量、形态及浓度，估计向环境扩散的速率、受污染的区域和范围、有无叠加作用、降解速率以及污染物的特点（包括毒性、挥发性、残留性）等。

（2）为制定处置措施快速提供必要的信息。鉴于突发性环境污染事件所造成的严重后果，根据初步分析结果，能迅速提出适当的应急处理处置措施，或者能为决策者及有关方面提供充分的信息，以确保对事件做出迅速有效的应急反应，将事件的有害影响降至最低限度。为此，必须保证所提供的监测数据及其他信息的高度准确和可靠。有关鉴定和判断污染事件严重程度的数据质量尤为重要。

（3）连续、实时地监测事件的发展态势。这对于评估事件对公众和环境卫生的影响以及整个受影响地区产生的后果随时间的变化，对于污染事件的有效处理是非常重要的。这是因为在特定形势下的情况变化，必须对原拟定要采取的措施进行实时的修正。

（4）为实验室分析提供第一信息源。有时要确切地弄清楚事件所涉及的是何种化学物质是很困难的，此时现场监测设备往往是不够用的，但根据现场测试结果，可为进一步的实验室分析提供许多有用的第一信息，如正确的采样地点、采样范围、采样方法、采样数量及分析方法等。

（5）为环境污染事件后的恢复计划提供充分的信息和数据。鉴于污染事件的类型、规模、污染物的性质等千差万别，所以试图预先建立一种确定的环境恢复计划意义不大。而现场监测系统可为特定的环境化学污染事故后的恢复计划及其修改和调整不断提供充分的信息和数据。

（6）为事件的评价提供必需的资料。对一切环境污染事件，包括十分重要的相近事件，进行事件后的报告、分析和评价，对于将来预防类似事件的发生或发生后的处理处置措施提供极为重要的参考资料。可提供的信息包括污染物的名称、性质（有害性、易燃性、爆炸性等）、处理处置方法、急救措施及解毒剂等。

二、应急监测的特殊要求

由于突发环境污染事件的污染程度和范围具有很强的时空性，所以必须从静态到动态、从地区性到区域性乃至更大范围对污染物进行实时现场快速监测，以了解当时当地的环境污染状况与程度并快速提供有关的监测报告和应急处理处置措施。为了达到这一目的，必须提供最一般的监测技术，更快地动用各种仪器设备，以便迅速有效地进行较全面的现场应急监测。但是，应急监测往往要分析各类样品，但浓度分布非常不均匀；在采样、分离、测定方面的快速确定方案，有时受到限制，影响大范围迅速监测；有时没有完全适用的分析方法来测定某些事件污染物；需要快速、连续监测；在事件的不同阶段，应急监测的任务和作用各异。因此，一个好的现场快速监测方案或器材必须在“时间尺度的把握”（事故中的快速、恢复阶段的分析与研究）和“空间尺度把握”（不同源强、不同气象条件下，如非定常风场、准静风等条件下的危害区域）方面，具备以下特殊要求：

（1）现场监测要求立刻回答“是否安全”这样的问题，长时间不能获得分析结果就意味着灾难。所以分析方法应快速、分析结果直观、易判断，必须是最一般性的监测技术，以便达到更快地动用各种仪器设备，迅速有效地进行较全面的现场应急监测的目的。

（2）能迅速判断污染物种类、浓度、污染范围，所以分析方法最好具有快速扫描功能，并具有较好的灵敏度、准确度和再现性。

（3）当发生污染事件时，环境样品可能很复杂且浓度分布极不均匀。因此，分析方法的选择性及抗干扰能力要好。

（4）由于污染事件时空变化大，所以要求监测器材要轻便、易于携带，采样与分析方法应满足随时随地均可测试的现场监测要求。分析方法的操作步骤要简便，不需专业知识和人才，甚至不经训练就能掌握。

（5）试剂用量少、稳定性要好。

（6）不需采用特殊的取样和分析测量仪器，不需电源或可用电池供电。

（7）测量器具最好是一次性使用，避免用后进行刷洗、晾干、收存等处理工作。

（8）简易检测器材的成本要低、价格要便宜，以利于推广。

第二节　应急监测方法与仪器

一、现场应急监测方法概况

现场应急监测仪器与设备是随着环境污染事件监测的需要而逐渐发展起来的新的环

保产业领域，并且，每次硬件方面的进步均为现场监测技术与方法的进步提供了可靠的物质保障。目前在全世界，从事简易、现场用仪器设备研制开发的厂商，具有较完整规模的有数家，主要集中在几个发达国家，如美国的 HNU 公司和 HACH 公司、德国的 Drager 公司和 Merck 公司、日本的共立公司和北川公司等。

（一）感官检测法

这是最简易的监测方法。即用鼻、眼、口、皮肤等人体器官（也可称作人体生物传感器）感触被检物质的存在，如氰化物具有杏仁味，二氧化硫具有特殊的刺鼻味，含硫基的有机磷农药具有恶臭味，硝基化合物在燃烧时冒黄烟；一些化学物质，如 HCl 能刺激眼睛流泪，酸性物质有酸味，碱性物质有苦涩味，酸碱还能刺激皮肤等。但这种方法可直接伤害监测人员，并且由于许多化学物质是无法通过感观检测的，如 CO 就是无色无味气体，还有许多化学物质的形态、颜色相同，无法区别，所以单靠感官检测是绝对不够的，并且对于剧毒物质绝不能用感官方法检测。

（二）动物检测法

利用动物的嗅觉或敏感性来检测有毒有害化学物质，如狗的嗅觉特别灵敏，国外利用狗侦查毒品已很普遍。美军曾训练狗来侦检化学毒剂，使其嗅觉可检出 6 种化学毒剂，当狗闻到微量化学毒剂时即反映出不同的吠声，其检出最低质量浓度为 0.5～1.0 mg/L。还有一些鸟类对有毒有害气体特别敏感，如在农药厂的生产车间里养一种金丝鸟或雏鸡，当有微量化学物质泄漏时，动物就会立即有不安的表现，甚至挣扎死亡。

（三）植物检测法

检测植物表皮的损伤也是一种简易的监测方法，现已逐渐被人们所重视。有些植物对某些大气污染很敏感，如人能闻到二氧化硫气味的质量浓度为 1～5 mg/m^3，在感到明显刺激，如引起咳嗽、流泪等时，其质量浓度约为 10～20 mg/m^3；而有些敏感植物在二氧化碳质量浓度为 0.3～0.5 mg/m^3 时，叶片上就会出现肉眼能见的伤斑。HF 污染叶片后其伤斑呈环带状，分布于叶片的尖端和边缘，并逐渐向内发展。光化学烟雾使叶片背面变成银白色或古铜色，叶片正面出现一道横贯全叶的坏死带。利用植物这种特有的“症状”，可为环境化学污染的监测和管理提供旁证。

（四）化学产味法

美军化学检测工作者曾设想用一种试剂与无臭味的有毒化学物质迅速反应，产生出有气味的、无毒的挥发性化合物，然后用感官来检测。如曾有人研究用 N-烃基甲酰胺与各种亲电试剂，如芳基磺酸氯反应时，使其脱水形成烃基异氧化物，这种化合物具有辛辣及腐烂臭味，非常难闻，但对哺乳动物无毒且臭味检测灵敏度很高，最低检出浓度可达 10^{-9}～10^{-8} g/L。其主要缺点是有些化学反应较复杂、反应速度缓慢；有些反应要在有机溶剂中进行，有些要进行脱水反应。

（五）试纸法

（1）试纸法。试纸法可给出某化合物是否存在的信息，以及是否超过某一浓度的信息，被认为是一种前导性的测试，它的测量范围为 1～10 000 mg/L。把滤纸浸泡在化学试剂后，晾干，裁成长条、方块等形状，装在密封的塑料袋或容器中，如 pH 试纸。使用时，取试纸一条，浸入被测溶液中，过一定时间后取出，与标准比色板比较即可得到测试结果。如测定砷化物用的溴化汞试纸，是用普通滤纸在溴化汞溶液中浸泡后，晾干，在玻璃瓶中密封保存，可稳定 3 年以上，使用时，把样品溶液置于检砷瓶中，加入产生剂与砷化物反应生成砷化氢，砷化氢立即随气体逸出与溴化汞试纸接触反应，试纸呈黄褐色砷斑为阳性，检出灵敏度可达 0.2 mg/L。试纸的缺点是有些化学试剂在纸上的稳定性较差，且测定范围及间隔较粗，适于高浓度污染物的测定。

（2）测试条/棒。用于半定量测定离子及其他化合物，实际应用时遵循“浸入—停片刻—读数”程序，试纸的显色依赖于待测物的浓度，与色阶比较即可得到待测物的浓度值。半定量测试条/棒的测量范围为 0.6～3 000 mg/L。

（六）侦检粉或侦检粉笔法

侦检粉的优点是使用简便、经济、可大面积使用，缺点是专一性不强、灵敏度差、不能用于大气中有害物质的检测。侦检粉主要是一些染料，如用石英粉为载体，加入德国汗撒黄、永久红 B 和苏丹红等染料混匀，遇芥子气泄漏时显蓝红色。侦检粉笔是一种将试剂和填充料混合、压成粉笔状便于携带的侦检器材，它可以直接涂在物质表面或削成粉末撒在物质表面进行检测。如用氯胺 T 和硫酸钡为主要试剂制成的侦检粉笔，可检测氯化氰，划痕处由白色变红、再变蓝，灵敏度达 5×10^{-6}。侦检粉笔在室温下可保存 3 年。侦检粉笔由于其表面积较小，减少了和外界物质作用的机会，通常比试纸稳定性好，也便于携带，其缺点是反应不专一，灵敏度较差。

（七）检测管法

包括检测试管法、直接检测管法（速测管法）和吸附检测管法。

（1）检测试管法。该法是将试剂封在毛细玻璃管中，再将其组装在一支聚乙烯软塑料试管中，试管口用一带微孔的塞子塞住。使用时先将试管用手指捏扁，排出管中的空气，插入水样中，放开手指便自动吸入水样，再将试管中的毛细试剂管捏碎，数分钟内显色，与标准色板比较以确定污染物的浓度。

（2）直接检测管法（速测管法）。该法是将检测试剂置于一支细玻璃管中，两端用脱脂棉或玻璃棉等堵塞，再将两端熔封。使用前将检测管两端割断，浸入一定体积的被测水样中，利用毛细作用将水样吸入，也可连接唧筒抽入污染的水样或空气样，观察颜色的变化或比较颜色的深浅和长度，以确定污染物的类别和含量。

（3）吸附检测管法。该法是将一支细玻璃管的前端置吸附剂，后端放置用玻璃安瓿封装的试剂，中间用玻璃棉等惰性物质隔开，两端用脱脂棉或玻璃棉等堵塞，再将两端熔封。使用前将检测管两端割开，用唧筒抽入污染水样或空气样使其吸附在吸附剂上，再将试剂安瓿破碎，让试剂与吸附剂上的污染物作用，观察吸附剂的颜色变化，与标准色板比较以确定污染物的浓度。

（八）滴定或返滴定法

该法除了采用以粉枕、安瓿或其他包装方式制成的试剂外，监测方法与实验室滴定或返滴定法一致。

（九）化学比色法

该法是简易监测分析中常用方法之一。比色法利用化学反应显色原理进行分析，其优点是操作简便、反应较迅速、反应结果都能产生颜色或颜色变化、便于目视或利用便携式分光光度计进行定量测定。由于器材简单、监测成本低，所以易于推广使用。但比色法的选择性较差，灵敏度有一定的限制。

测试组件分显色比色法和滴定法。比色法基于待测物与某特定试剂可进行显色反应的特性，通过目视比色（与标准色阶对比） 即可获得待测物的浓度值。而那些难以或不可能发生显色反应的待测物，则可采用滴定法分析。测试组件的测量范围分别为 0.2～70 mg/L（比色柱）、0.02～100 mg/L（比色卡）和 0.002～1 mg/L（比色盘）。

采用该法制作的测试组件，其特点为：

（1）整体包装，携带方便，操作简单，适于现场快速测定；

（2）可根据监测项目灵活搭配，经济实用；

（3）仪器性能稳定，精度高，微电脑处理并具有防水功能；

（4）主机可与电极或探头分离，确保使用中费用最低；

（5）各种性能指标均优于一机组合式仪器的性能指标；

（6）各种仪器配件齐全，售后服务有保障。

（十）便携式仪器分析法

这是近年来发展最快的领域，不仅包括用于专项测定的袖珍式检测器，而且也发展了具有多组分监测能力的综合测试仪器。通过针对常规光度计、光谱分析仪器、电化学分析仪器、色谱分析仪器等的小型化，已出现了多种多样的适于现场快速监测分析的便携式仪器。

（1）单项简易快速监测仪器法。如气体污染监测方面有固定式的报警器，也有移动式的污染气体检测器。

（2）光度分析方法。这是发展最快的快速测定方法之一，且能满足水质分析的高要求，在德国，它甚至已成为法定的替代方法。光度分析法的原理基于待测物显色反应后，在特定波长下测量吸光度而测定待测物的浓度。

（3）野外水质检测箱。在一个水质检测箱中配有多种试剂包，加上光电比色计，可检测数十种甚至上百种化学成分。

（4）便携式气相色谱仪器法。便携式气相色谱仪很适合突发性环境化学污染事件的应急监测，这种仪器常备有 2～3 种检测器，如 PID（光离子化检测器）、ECD（电子捕获检测器）、紫外检测器或热导检测器等。这类仪器可配有充电电源，可用于现场空气、水体、固体废物和土壤的快速监测。因此，这类仪器是一种比较理想的应急监测技术设备，在国外已得到广泛使用。

（十一）免疫分析法

这是一种较新的现场快速分析方法。其特点是选择性好、灵敏度高，目前已用于农药残留而引起的环境化学污染事件的现场分析。

（十二）应急监测车（组合式流动实验室）

应急监测车的整体和基本性能要求具有：

（1）可靠的生命保障系统，如车辆机动性能、个人防护性能、应急急救性能等；

（2）独立的实验室工作保障系统，如通风、用水、供气、双路供电等以及合理的空间布局和良好的实验操作平台，耐磨、防腐蚀、密封性良好的表面材料；

（3）现场快速分析样品能力，配备相关检测仪器（如便携式固体、液体应急检测仪器，便携式气体应急检测仪，化学污染物应急检测箱，车载式气相色谱仪，便携式色谱-质谱联用仪，便携式放射性分析仪，袖珍式射线分析仪等），以及检测仪器能正常工作的基本条件；

（4）便携式数据处理系统，以及双路通信传输系统，另外，应具有 GPS 定位系统，气象系统（包括风向、风速、温度、湿度、气压、伸缩气象杆）。

（十三）实验室仪器法

对于一些特大的环境污染事件，污染物质成分复杂，污染的范围大，影响的持续时间长，因此有时需要用实验室的仪器手段进行全面的监测分析。实验室分析可以在以下几方面发挥重要作用：

（1）对所发生的污染事故进行认真的分析评价，对于将来预防及处理类似的事故是极为重要的；

（2）能为决策需要进行准确可靠的复杂分析和试验；

（3）能对事故后的态势进行不断的监测，以帮助决策者采取相应的决定和处理措施；

（4）可对应急反应行动的正确与否进行事故后的分析和评价，并可为恢复措施的制定提供依据；

（5）能够更准确地确定污染区的范围和污染程度。

对于无机污染物，可用原子吸收光度法、等离子体发射光谱法、ICP-MS 法、离子色谱法、离子选择电极法、紫外-可见分光光度法等来进行测定；对于有机污染物，可用气相色谱法、液相色谱法、红外光谱法、色谱-质谱联用法来做定性和定量分析，以全面了解和掌握污染事故发生后对空气、地表水、地下水、饮用水、生物体、食品、土壤等的污染情况（污染物的种类、浓度和污染范围等），以及可能产生的影响。

二、应急监测方法和仪器的选择

（一）方法选择的基本思路

为迅速查明突发性环境污染事件污染物的种类、污染程度和范围以及污染发展趋势，在已有调查资料的基础上，应充分利用现场快速监测方法和实验室现有的分析方法进行鉴别、确认，通常的思路有以下几点。

（1）对于环境空气污染事故，应优先考虑采用气体检测管法、便携式气体检测仪法、便携式气相色谱法、便携式红外光谱法和便携式气相色谱-质谱联用仪法等。同时，还可从现有的环境空气自动监测站和污染源排气在线连续自动监测系统获得相关监测信息。

（2）对于地表水、地下水、海水和土壤环境污染事故，应优先考虑选用检测试纸法、水质检测管法、化学比色法、便携式分光光度计法、便携式综合水质检测仪器法、便携式电化学检测仪器法、便携式气相色谱法、便携式红外光谱法和便携式气相色谱-质谱联用仪器法等。同时，还可从现有的地表水水质自动监测站和污染源排水在线连续自动监测系统获得相关监测信息。

（3）对于无机污染物，应优先考虑选用检测试纸法、气体或水质检测管法、便携式气体检测仪、化学比色法、便携式分光光度计法、便携式综合检测仪器法、便携式离子选择电极法及便携式离子色谱法等。

（4）对于有机污染物，应优先考虑选用气体或水质检测管法、便携式气相色谱法、便携式红外光谱仪法、便携式质谱仪和便携式色谱-质谱联用仪法等。

（5）对于现场不能分析的污染物，应快速采集样品，尽快送至实验室采用国家标准方法、统一方法或推荐方法进行分析。必要时，可采用生物监测方法对样品的毒性进行综合测试。

为了保证现场监测数据的准确，分析人员应充分了解所选用的分析技术方法，还应注意所用分析器材的有效使用期限，绝不能误用过期的检测器材。

（二）方法选择的基本原则

进行简易分析技术方法的研究，其难度不亚于一些实验室的分析测定方法或仪器分析方法的研究。因为，简易分析方法要求操作简便、快速、灵敏、结果可靠、干扰小。在选择具体的监测方法和器材时，主要遵循以下筛选原则：

（1）分析方法的操作步骤要简便，具有易实施性和可操作性，无须特殊的专门知识，一般人不经训练或稍经训练就能掌握（在任何时间、任何地点、任何人均能使用）；

（2）分析方法要快速，分析结果直观、易判断；

（3）检测器材要轻便，易于携带，采样与分析方法均应满足现场监测要求，体积小、重量轻，如泵吸式传感器，具有反应快，可实时监测的特点；

（4）分析方法的灵敏度、准确度和再现性要好，检测范围宽，尽量结合我国的现状与水平，力求做到在国内应用的普遍适用性，分析仪具有数据采集、存储和传输等功能；

（5）有害物质和杂质对分析方法的干扰要小；

（6）试剂用量少，稳定性好；

（7）采样的方法要简便，采样器具要简单；

（8）不采用特殊的取样和分析测量仪器，最好不使用电源；

（9）检测器具最好是一次性使用，避免用后进行洗刷、晾干、收存等处理工作；

（10）投入要最小化，方法具有较好的性能价格比，简易检测器材的价格要便宜，易于推广；

（11）对于不得不采用实验室方法分析的项目，应选择现有最简单快速的分析方法。

三、常见应急监测仪器设备

现场监测仪器设备的确定原则是：应能快速鉴定、鉴别污染物的种类，并能给出定性或半定量直至定量的检测结果，直接读数、使用方便、易于携带，对样品的前处理要求低。

（一）快速定性、半定量分析试纸

（1）快速定性分析试纸（可判定多种离子成分），如德国 MN 公司的产品。

（2）快速半定量分析试纸（可快速半定量地测定水中多种离子的大约含量），如德国 MN 公司的产品。

（二）快速检测管类

（1）水质检测管，监测项目如 pH、六价铬、铜离子等，如解放军环境保护研究监测中心的产品。

（2）比长式水质检测管，监测项目如铜离子、铅离子、锌离子、氟化物等，如北京理化分析测试中心的产品。

（3）水质检毒箱，监测项目如 pH、六价铬、氰化物、铵离子、亚硝酸盐、硫酸盐、氯化物、氟化物、酚类、总余氯、游离氯、结合氯、总铁、砷、汞等，如军事医学科学院的产品。

（4）比长式气体检测管，监测项目如 CO、CO_2、SO_2、Cl_2、NH_3、H_2S、HCl、PH_3、NO_x、苯、甲苯、二甲苯、氯乙烯、苯乙烯、甲醛等，如河南鹤壁市检测管厂的产品。

（5）比长式气体检测管，监测项目如 CO、CO_2、SO_2、Cl_2、NH_3、H_2S、HCl、PH_3、NO_x、苯、甲苯、二甲苯、氯乙烯等，如北京市劳动保护研究所的产品。

（6）检气管，监测项目如 CO、CO_2、SO_2、Cl_2、NH_3、H_2S、HCl、PH_3、NO_x、光气、CS_2 等，如防化研究院的产品。

（7）比长式气体检测管，可测近 300 种无机和有机气态污染物，如德国 Drager 公司的产品。

（8）比长式气体检测管，可测 180 种无机和有机气态污染物，如美国 GAS TEC 公司的产品。

（三）便携式现场测试仪

（1）袖珍式爆炸和有毒有害气体检测仪。

①美国气体技术公司（GAS TEC）生产的系列袖珍式爆炸和有毒有害气体检测仪可检测 EX（可燃气体和有机蒸汽）、CH_4、CO、H_2S、NO、NO_2、SO_2、O_2、O_3、H_2、CO_2、NH_3、HCN、Cl_2、Br_2、F_2、HCl、AsH_3、PH_3、硅烷和氟利昂。

②美国 RAE Systems Inc 生产的袖珍式 PID 气体检测仪可检测 VOCs；袖珍式智能型气体检测仪可检测 CH_4、可燃气（PGM-37 型，0%～100%LEL）、O_2、CO（PGM-35 型，$0\sim500\times10^{-6}$）、H_2S（PGM-36 型，$0\sim100\times10^{-6}$）、SO_2（PGM 型，$0\sim20\times10^{-6}$）。

③加拿大 BW 公司生产的袖珍式单一气体检测仪有 GA-X 型 O_2 检测仪、GA-H 型 H_2S 检测仪、GA-M 型 CO 检测仪、GA-S 型 SO_2 检测仪、MX- N 型 NO 检测仪、MX-C 型 Cl_2

检测仪、MX-Z 型 HCN 检测仪。

④加拿大 BW 公司生产的便携式多参数气体检测仪有 GAMAX-4 型（可测 O_2、H_2S 和 CO）、M4-HC 型（可测 H_2S 和 Cl_2）、M4-VS 型（可测 ClO_2 和 SO_2）、M4-MD 型（可测 CO 和 NO_2）、M4-HZ 型（可测 H_2S 和 HCN）。

⑤美国 Bacharach 公司生产的 Leakator10 型气体检漏仪。

⑥德国 MRU 公司生产的 DELTA 1600-S 型便携式尾气分析仪，两组分（CO+HC）、三组分（CO+HC+NO）、五组分（CO+HC+NO+O_2+CO_2+空燃比）。

⑦国产各种便携式安全卫生检测仪，如 HL-201 型、SP-101 型和 SP-111 型（O_2，扩散式或泵吸式，0%～25%体积分数）；HL-202 型、SP-102 型和 SP-112 型（可燃气，扩散式或泵吸式，0%～100%LEL 体积分数）；HL-203 型、SP-103B 型和 SP-113 型（CO，扩散式或泵吸式，$0\sim2\,000\times10^{-6}$）；HL-204 型、SP-104B 型和 SP-114 型（H_2S，扩散式或泵吸式，$0\sim200\times10^{-6}$）等。

⑧国产 BDEF-01 型便携式 NO_x 测定仪，$0\sim5\,000\times10^{-6}$，误差小于 2%。

⑨手持式化学战剂检测仪，最低检测限分别为：0.004 mg/m^3（二甲氨基氰膦酸乙酯，GA）、0.003 mg/m^3（甲氟膦酸异丙酯，GB）、0.005 mg/m^3（甲氟膦酸异乙酯，GD）、0.005 mg/m^3（S-（2-二异丙基氨乙基）-甲基硫代膦酸乙酯，VX）、0.2 mg/m^3（ββ′-二氯二乙硫醚，HD）、0.01 mg/m^3（α-二乙基二氯胂，L）、20.0 mg/m^3（氢氰酸，HCN）、0.005 mg/m^3（甲氟膦酸环己酯，GF）。该仪器基于开放式离子移动能谱探测技术（IMS），专门检测分析化学战剂（CWAs） 及有毒的工业化合物，检测灵敏度达 1×10^{-9} 级。

（2）配备 PID、ECD 等检测器的便携式 GC 仪。具有 1×10^{-9} 级灵敏度，除可测定有机污染物外，还可测定无机物，如 NH_3、H_2S、PH_3、I_2、NO、$Pb(C_2H_5)_4$ 和 AsH_3。典型仪器如 Scentograph 系列便携式 GC 仪（美国 Senter Sensing Technology 公司）、HNU-311 型便携式 GC 仪（美国 HNU 公司）、10S-Plus 型便携式 GC 仪（美国 Perkin Elmer 公司）等。

（3）便携式 GC-MS 联用仪，典型仪器如 HAPSITE 型便携式 GC-MS 联用仪（美国 IN-FICON 公司）、SpectraTrak 型便携式 GC-MS 联用仪（美国 Viking Instrument Corportion 公司）等。

（4）便携式红外分光光谱仪，典型仪器如 GasMet 多组分便携式红外分光光谱仪（荷兰 Temet Instrument 公司）、MIRAN SapphIRe 系列便携式红外分光光谱仪（美国 Foxboro 公司，现已合并入美国 TE 公司）、HazMalt ID 型便携式红外分光光谱仪（美国 Sens IR 公司）等。

（5）便携式分光光度计。

①DR2000 型便携式分光光度计，可测定几十种污染物（美国 HACH 公司）。

②PF－1 型便携式分光光度计，可测定 70 多种参数（德国 MN 公司）。

③NOVA30 型、NOVA60 型便携式多参数分光光度计，配套多种测试试剂包（德国 Merck 公司）。

④UV-1200 型便携式分光光度计，可测定 28 个项目，分别为 AI、Ba、Co、Cr、Cu、Fe、K、Mn、Ni、Pb、Sn、Zn、pH、DO、氯化物、余氯、氟化物、氰化物、磷酸盐、硅酸盐、氨氮、亚硝酸盐、硝酸盐、亚硫酸盐、硫酸盐、阴离子洗涤剂、酚、过氧化氢、色

度、浊度；50 种测定方法；双光束型，波长范围 200～1 100 nm，每次可设定 0.1 nm；谱带宽度 5 nm，波长精度+1 nm，波长再现性±0.3 nm，波长扫描速率 6000nm/min；杂散光 0.05%；测量范围 0～200%，－0.3～＋3Abs；自动选择波长，RS-232C 接口，LCD 显示；内置分析程序，可存储 30 个测定结果；6 联比色池；电源 AC110V 或 AC220V，可选配 DC12V 电源；重 11kg（日本岛津制作所）。

（6） 便携式 IC 仪，可测定 16 种阴阳离子，典型仪器如 PIA100 型便携式 IC 仪（日本岛津制作所）等。

（7）其他便携式水质测定仪。

①便携式多功能水质测定仪，YS130 型（可测定电导率、盐度和温度）、YS163 型（可测定 pH、电导率、盐度和温度）、YS185 型（可测定 DO、电导率和温度）、YS16 系列多参数水质分析仪（美国 YSI 公司出品）；Multiline P3 pH/Oxi 型（可测定 pH、DO）、Multiline P3 pH/LF 型（可测定 pH、电导率）、Multiline P4F 型（可测定 pH、电导率和 DO）（德国 WTW 公司出品）。

②便携式溶解氧测定仪，YS152 型（可带 BOD 探头测定 BOD 值）、YS155 型、YS157 型、YS158 型、YS159 型、YS195 型（阵列式探头可测范围 0～50 mg/L）（美国 YSI 公司出品）；Oxi330 型（德国 WTW 公司出品）。

③便携式 pH 测定仪，YS160 型（美国 YSI 公司出品）；pH330 型（德国 WTW 公司出品）；206 型精密酸度计（国产，0.0l pH）。

④便携式电导率分析仪 LF330 型（德国 WTW 公司出品）。

⑤便携式离子计。

⑥便携式比色计。

⑦便携式浊度计。

⑧便携式 BOD 测定仪 OxiTop-CIS6 型（气压法），德国 WTW 公司出品；System6 型（呼吸式、无汞法，可配 FTC-90 型 BOD 培养箱），意大利 VELP 公司出品；Model II 型差压式 BOD 测定装置（0～1 000 mg/L，9 个量程，可同时测 8 个样品）。

⑨便携式 COD 测定仪 TL-lA 型（国产）等。

（8）便携式快速环境水质分析箱。

①便携式快速环境水质分析箱，含 PF-11 型便携式分光光度计、R-8 型 COD 反应器、手提箱、野外实验必需的用具以及选配的测试试剂包等（德国 MN 公司出品）。

②化学测试组件箱，可灵活配置，如应急检测箱可包括高氯酸盐、氯化物、氟化物、氰化物、硝酸盐、亚硝酸盐、氨氮、总氮、总磷、硫化物、硫酸盐、亚硫酸盐、COD、洗涤剂、过氧化物、铜、铅、铁、铬、六价铬、钴、铊、汞、砷、钡、镉、硒、锌、甲醛、酚类、苯胺、油类以及毒性试验等。

（9）便携式采样器。

①大气采样器（袋），如气体样品采样袋，TMP-1500 型袖珍式电子定时大气采样器（0～1.5 L/min）；SP-710 型防爆大气采样器；苏码罐等。

②粉尘采样器，如 DS-11T 型粉尘采样器（单流量，全粉尘 20～60 L/min）；BFC-35R 型粉尘采样器（单流量，全粉尘 5～30 L/min）；DS-2OT 型粉尘采样器（双流量，全粉尘 5～0 L/min）；QC-1/SHCD-B 型尘毒两用粉尘采样器（流量 5～30 L/min、0.1～1 L/min）；

SHH-A 型呼吸性粉尘采样器（粒径小于 7.07 μm，30 L/min）；P5-L2 型数字式粉尘测定仪（进口）（采用光散射原理，0～100 mg/m^3）等。

③地表水、污水、地下水采样器，如 PB13 型系列水质采样器（德国 WTW 公司出品）；ZSC1008 型自动水质采样器（最大垂直吸程高度 6 m，采样容器 8 个，1 000 mL）；等比例水质采样器；MP1 型深井采样器（流量 2.4 m^3/h，扬程 95 m，液体温度 0～35℃，可采集井口直径为 50 mm 的井水样，系统配置包括 MP1 型深井潜水泵（泵速 23 000 r/min）、BMI 变压器和变压器支架、钢索、软管和接口法兰等。

④土壤采样器，在现场分析时，经常需要进行土壤采样，对不同直径的土壤颗粒要使用不同的专用工具。通过使用土壤采样器，就可以在合理的深度和区域进行样品的采集和分类。包括土壤和碎石钻头、延长杆和手动工具、采样管等在内的工具箱可灵活配置，以适应不同的应用需要（黏土、砂石、淤泥、土壤水分等采集）。

（10）便携式放射性分析仪。

①935 型便携式放射性分析仪，内置电池操作，质量为 2kg，实时的多种同位素检测能力、实时的同位素及剂量等级检测能力；高灵敏度和精确度标准内置和外置γ射线、中子检测器可在高背景值下搜寻、鉴别移动物体的放射性，可以剂量计模式操作，保护使用者安全。具有同位素检测、射线分析、剂量等级计算、总剂量显示、源的发现功能；能量范围 18keV～3MeV，报警方式有声光报警、LED 根据剂量不同分为红色警报和黄色警报，软件包括 148 种同位素谱库。

②袖珍式射线分析仪，用于测量α、β、γ、X 射线，采用 4 位液晶数字显示，测量范围 0.001～50.00 m r/h（^{137}Cs），CPM 0～1 000，总计数 0～60 000，准确度±10%～±15%，采用 ^{137}Cs（γ射线） 校正，采用 9V 碱性电池供电。

（11）便携式气象仪，测量气象条件，便于利用计算模型预测污染物的转移趋势。

（四）实验室仪器与器材

常规紫外可见分光光度计（UV-Vis）、原子吸收分光光度计（AAS）、气相色谱仪（GC）、高效液相色谱仪（HPLC）、离子色谱仪（IC）、红外光谱仪（IR）、等离子发射光谱仪（ICP-AES）、等离子发射光谱-质谱联用仪（ICP-MS）、气相色谱-质谱联用仪（GC-MS）等，以及采样袋、标准物质、标准气体、各种试剂。

四、常见污染物应急监测方法

以下介绍一些常见污染物（监测对象）现场快速应急分析方法的选择方案，对于实验室标准分析方法可参见有关内容。

（1）氯气（环境空气）：检测试纸法，气体检测管法，便携式电化学传感器法，便携式分光光度法。

（2）CO（环境空气）：检测试纸法，气体检测管法，便携式电化学传感器法，便携光学式（非分散红外吸收）检测器法。

（3）HCl（环境空气）：检测试纸法，气体检测管法，便携式传感器法，便携式分光光度法。

（4）HF 和氟化物（环境空气）：检测试纸法，气体检测管法，化学测试组件法（茜素磺酸锆指示液）。

（5）NH_3（环境空气）：检测试纸法，气体检测管法，便携光学式检测器法。

（6）NO_x（环境空气）：检测试纸法，气体检测管法，便携式电化学传感器法，便携光学式检测器法。

（7）H_2S（环境空气）：检测试纸法，气体检测管法，便携式电化学传感器法，便携光学式检测器法，便携式分光光度法，便携式离子色谱法。

（8）SO_2（环境空气）：检测试纸法，气体检测管法，便携式电化学传感器法，便携光学式检测器法。

（9）O_3（环境空气）：气体检测管法，便携式电化学传感器法，便携光学式检测器法。

（10）AsH_3（环境空气）：检测试纸法（氯化汞指示剂），气体检测管法，便携式电化学传感器法。

（11）PH_3（环境空气）：检测试纸法，气体检测管法，便携式电化学传感器法，便携式气相色谱法。

（12）HCN（环境空气）：检测试纸法，气体检测管法，便携式电化学传感器法，便携式分光光度法。

（13）光气（环境空气）：检测试纸法（二甲苯胺指示剂），气体检测管法，便携式仪器法，便携式分光光度法。

（14）总烃（环境空气）：气体检测管法，目视比色法，便携式 VOC 检测仪法。

（15）可燃气（环境空气）：气体检测管法，便携式 LEL 传感器法，便携式 VOC 检测仪法。

（16）沥青烟（环境空气）：气体检测管法，便携式 VOC 检测仪法，便携式气相色谱法。

（17）硫酸雾/硝酸雾（环境空气）：检测试纸法（pH 试纸），气体检测管法，便携式仪器法（酸度计）。

（18）铅（气态）（环境空气）：气体检测管法，便携式离子计法，便携式比色计/光度计法。

（19）酸度（水、土壤）：检测试纸法，化学测试组件法。

（20）碱度（水、土壤）：检测试纸法，化学测试组件法。

（21）色度（水）：简易器具法，便携式比色计/光度计法，便携式分光光度计法。

（22）硬度（水）：检测试纸法，化学测试组件法。

（23）浊度（水）：便携式比色计法，便携式浊度计法。

（24）透光率（水）：简易器具法。

（25）pH（水、土壤）：检测试纸法，水质检测管法，化学测试组件法，便携式 pH 计法，便携式分光光度计法。

（26）电导率（水）：便携式电导率仪法。

（27）DO（水）：水质检测管法，目视比色法，化学测试组件法，便携式比色计/光度计法，便携式分光光度计法，便携式 DO 仪法。

（28） O_3（水）：检测试纸法，检测管法，便携式比色计/光度计法，便携式分光光度计法。

（29）AOX（水）：化学测试组件法，便携式比色计/光度计法。

（30）COD（水）：水质检测管法，快速回流法，化学测试组件法，便携式比色计/光度计法，便携式分光光度计法。

（31）碳氢化合物（油）（水、土壤）：检测试纸法，水质检测管法（目视比色法），便携式比色计/光度计法，便携式红外光谱仪器法，现场萃取-实验室分析法。

（32）阴离子洗涤剂（水）：水质检测管法，化学测试组件法，比色计/光度计法，便携式分光光度计法。

（33）阳离子洗涤剂（水）：化学测试组件法，便携式比色计/光度计法，便携式分光光度计法。

（34）有机络合剂（水）：化学测试组件法，便携式比色计/光度计法，便携式分光光度计法。

（35）Ag（水、土壤）：检测试纸法，化学测试组件法，便携式分光光度计法，便携式X射线荧光光谱仪法。

（36）Al（Ⅲ）（水、土壤）：检测试纸法，化学测试组件法，便携式比色计/光度计法，便携式分光光度计法，便携式X射线荧光光谱仪法。

（37）As（AsH_3）（环境空气、水、土壤）：检测试纸法，砷检测管法，便携式分光光度计法，便携式X射线荧光光谱仪法。

（38）Ba（水、土壤）：水质检测管法，便携式比色计/光度计法，便携式分光光度计法，便携式X射线荧光光谱仪法。

（39）Be（环境空气、水、土壤）：化学测试组件法，便携式分光光度计法，便携式X射线荧光光谱仪法。

（40）Bi（水、土壤）：检测试纸法，便携式分光光度计法，便携式X射线荧光光谱仪法。

（41）Ca（水、土壤）：检测试纸法，化学测试组件法，便携式分光光度计法。

（42）Cd（水、土壤）：水质检测管法，便携式比色计/光度计法，便携式分光光度计法，便携式X射线荧光光谱仪法。

（43）Co（水、土壤）：检测试纸法，便携式比色计/光度计法，便携式分光光度计法，便携式X射线荧光光谱仪法。

（44）Cr（水、土壤）：检测试纸法，水质检测管法，便携式比色计/光度计法，便携式分光光度计法，便携式X射线荧光光谱仪法。

（45）CrO_4^{2-}（水、土壤）：检测试纸法，水质检测管法，化学测试组件法，便携式比色计/光度计法，便携式分光光度计法。

（46）Cu（水、土壤）：检测试纸法，水质检测管法，化学测试组件法，便携式比色计/光度计法，便携式分光光度计法，便携式X射线荧光光谱仪法。

（47）Hg（环境空气、水、土壤）：气体检测管法，水质检测管法，便携式分光光度计法。

（48）Fe（水、土壤）：检测试纸法，水质检测管法，化学测试组件法，便携式比色计/光度计法，便携式分光光度计法。

（49）K（水、土壤）：检测试纸法，化学测试组件法，便携式比色计/光度计法，便携式分光光度计法，便携式离子计法，便携式离子色谱法。

（50）Mg（水、土壤）：化学测试组件法，便携式离子计法，便携式离子色谱法。

（51）Mn（水、土壤）：水质检测管法，化学测试组件法，便携式比色计/光度计法，便携式分光光度计法。

（52）Na（水、土壤）：便携式离子计法，便携式离子色谱法。

（53）Ni（水、土壤）：检测试纸法，水质检测管法，便携式比色计/光度计法，便携式分光光度计法，便携式 X 射线荧光光谱仪法。

（54）Pb（环境空气、水、土壤）：检测试纸法，水质检测管法，便携式比色计/光度计法，便携式分光光度计法，便携式 X 射线荧光光谱仪法。

（55）Sb（Ⅲ）（水、土壤）：检测试纸法，便携式分光光度计法，便携式 X 射线荧光光谱仪法。

（56）Se（环境空气、水、土壤）：水质检测管法，便携式 X 射线荧光光谱仪法。

（57）Sn（水、土壤）：检测试纸法，便携式比色计/光度计法，便携式分光光度计法，便携式 X 射线荧光光谱仪法。

（58）Tl（水、土壤）：便携式分光光度计法，便携式阳极溶出伏安仪法，便携式 X 射线荧光光谱仪法。

（59）Zn（水、土壤）：检测试纸法，水质检测管法，化学测试组件法，便携式比色计/光度计法，便携式分光光度计法，便携式 X 射线荧光光谱仪法。

（60）Zr（IV）（水、土壤）：检测试纸法，便携式分光光度计法，便携式 X 射线荧光光谱仪法。

（61）B（水、土壤）：检测试纸法，化学测试组件法，便携式分光光度计法。

（62）余氯（水）：检测试纸法，水质检测管法，化学测试组件法，便携式比色计/光度计法，便携式分光光度计法，便携式电化学传感器法。

（63）ClO_2（水）：水质检测管法，化学测试组件法，便携式比色计法，便携式分光光度计法，便携式电化学传感器法。

（64）氯化物（水、土壤）：检测试纸法，水质检测管法，化学测试组件法，便携式比色计/光度计法，便携式离子计法，便携式分光光度计法，便携式离子色谱法。

（65）氟化物（环境空气、水、土壤）：检测试纸法，水质检测管法，化学测试组件法，便携式比色计/光度计法，便携式离子计法，便携式分光光度计法，便携式离子色谱法。

（66）碘化物（环境空气、水、土壤）：检测试纸法，水质检测管法，化学测试组件法，便携式离子计法，便携式分光光度计法，便携式离子色谱法。

（67）卤化物（环境空气、水、土壤）：检测试纸法，便携式离子计法，便携式分光光度计法，便携式离子色谱法。

（68）氰化物（水、土壤）：检测试纸法，水质检测管法，化学测试组件法，便携式比色计/光度计法，便携式离子计法，便携式分光光度计法，便携式离子色谱法。

（69）铵离子（水、土壤）：检测试纸法，水质检测管法，化学测试组件法，便携式比色计/光度计法，便携式离子计法，便携式分光光度计法，便携式离子色谱法。

（70）硝酸盐（水、土壤）：检测试纸法，水质检测管法，化学测试组件法，便携式比色计/光度计法，便携式离子计法，便携式分光光度计法，便携式离子色谱法。

（71）亚硝酸盐（水、土壤）：检测试纸法，淀粉-KI 试纸法，水质检测管法，化学测试组件法，便携式比色计/光度计法，便携式离子计法，便携式分光光度计法，便携式离子色谱法。

（72）总氮（水、土壤）：水质检测管法，便携式比色计/光度计法，便携式分光光度计法。

（73）磷酸盐（水、土壤）：检测试纸法，水质检测管法，化学测试组件法，便携式比色计/光度计法，便携式离子计法，便携式分光光度计法，便携式离子色谱法。

（74）元素磷（水、土壤）：萃取-比色法，实验室快速气相色谱法。

（75）总磷（水、土壤）：水质检测管法，化学测试组件法，便携式分光光度计法。

（76）硫化物（水、土壤）：醋酸铅试纸法，水质检测管法，化学测试组件法，便携式比色计/光度计法，便携式离子计法，便携式分光光度计法，便携式离子色谱法。

（77）硫酸盐（水、土壤）：检测试纸法，水质检测管法，化学测试组件法，便携式比色计/光度计法，便携式离子计法，便携式分光光度计法，便携式离子色谱法。

（78）亚硫酸盐（水、土壤）：检测试纸法，淀粉-KI 试纸法，化学测试组件法，便携式比色计/光度计法，便携式离子计法，便携式分光光度计法，便携式离子色谱法。

（79）硫氰酸盐（水、土壤）：便携式比色计/光度计法，便携式离子计法，便携式分光光度计法，便携式离子色谱法。

（80）SiO_2（水、土壤）：化学测试组件法，便携式比色计/光度计法，便携式分光光度计法。

（81）过氧化物（水、土壤）：检测试纸法，化学测试组件法，便携式比色计/光度计法，便携式分光光度计法。

（82）N_3H_4（水）：化学测试组件法，便携式比色计/光度计法。

（83）DEHA（diethyl hydroxyl amine）（水、土壤）：化学测试组件法，便携式比色计/光度计法。

（84）CS_2（环境空气、水、土壤）：现场吹脱捕集-检测管法，化学测试组件法（醋酸铜指示液），便携式气相色谱法。

（85）烷烃类（环境空气、水、土壤）：气体检测管法，便携式 VOC 检测仪法，便携式气相色谱法，便携式气相色谱-质谱联用法，实验室快速气相色谱法，便携式红外分光光度法。

（86）石油类（环境空气、水、土壤）：气体检测管法，水质检测管法，便携式 VOC 检测仪法，便携式气相色谱法，便携式红外分光光度法。

（87）烯炔烃类（环境空气、水、土壤）：气体检测管法，便携式 VOC 检测仪法，便携式气相色谱法，便携式气相色谱-质谱联用法，便携式红外分光光度法。

（88）醇类（环境空气、水、土壤）：气体检测管法，便携式气相色谱法，便携式气相色谱-质谱联用法，实验室快速气相色谱法，便携式红外分光光度法。

（89）甲醛（环境空气、水、土壤）：检测试纸法，气体检测管法，水质检测管法，化学测试组件法，便携式检测仪法。

（90）醛酮类（环境空气、水、土壤）：气体检测管法，便携式气相色谱法，实验室快速气相色谱法，便携式气相色谱-质谱联用法，实验室快速液相色谱法，便携式红外分光光度法。

（91）卤代烃类（环境空气、水、土壤）：气体检测管法，便携式 VOC 检测仪法，现场吹脱捕集-检测管法，便携式气相色谱法，便携式气相色谱-质谱联用法，实验室快速气相色谱法，便携式红外分光光度法。

（92）氰/腈类（环境空气、水、土壤）：气体检测管法，便携式气相色谱法，便携式气相色谱-质谱联用法，实验室快速气相色谱法，便携式红外分光光度法。

（93）苯系物（芳香烃类）（环境空气、水、土壤）：气体检测管法，现场吹脱捕集-检测管法，便携式 VOC 检测仪法，便携式气相色谱法，便携式气相色谱-质谱联用法，实验室快速气相色谱法，便携式红外分光光度法。

（94）酚类及其衍生物（环境空气、水、土壤）：气体检测管法，水质检测管法，化学测试组件法，便携式比色计/光度计法，便携式分光光度计法，便携式气相色谱法，便携式气相色谱-质谱联用法，实验室快速气相色谱法，便携式红外分光光度法。

（95）氯苯类（环境空气、水、土壤）：气体检测管法，便携式气相色谱法，便携式气相色谱-质谱联用法，实验室快速气相色谱法，便携式红外分光光度法。

（96）苯胺类（环境空气、水、土壤）：气体检测管法，便携式气相色谱法，便携式气相色谱-质谱法，实验室快速气相色谱法，便携式红外分光光度法。

（97）硝基苯类（环境空气、水、土壤）：气体检测管法，便携式气相色谱法，便携式气相色谱-质谱联用法，实验室快速气相色谱法，便携式红外分光光度法。

（98）醚醛类（环境空气、水、土壤）：气体检测管法，便携式气相色谱法，便携式气相色谱-质谱联用法，实验室快速气相色谱法，便携式红外分光光度法。

（99）有机磷农药（环境空气、水、土壤）：残留农药测试组件法，便携式气相色谱法，便携式气相色谱-质谱联用法，实验室快速气相色谱法，便携式红外分光光度法。

（100）一般细菌（水、土壤）：检测试纸法。

（101）大肠菌群（水、土壤）：检测试纸法。

（102）肠炎痢疾菌（水、土壤）：检测试纸法。

（103）葡萄球菌（水、土壤）：检测试纸法。

（104）γ放射性核素（环境空气、水、土壤、生物体）：γ辐射应急检测仪，便携式巡测γ谱仪，高灵敏度大面积测量仪器实施空中快速测量γ辐射。

（105）α、β放射性核素（环境空气、水、土壤、生物体）：液体闪烁谱仪，α、β测量仪，X 剂量率应急检测仪和α、β测表面污染检测仪。

第三节 应急防护设备

一、防护要求

现场应急监测工作是由应急监测人员完成的，而每一突发污染事件都可能危及应急监测人员的人身安全。为了保护监测人员并有效地实施现场快速分析，在实施应急监测方案之前，还应该配备必要的防护器材，如隔绝式防化服、防火防化服、防毒工作服、酸碱工作服、防毒呼吸器、面部防护罩、靴套、防毒手套、头盔、头罩、口罩、气密防护眼镜以及应急灯等。气体类化学危险品泄漏、爆炸、燃烧事故防护参考标准见表 7-1。

表 7-1　气体类化学危险品泄漏、爆炸、燃烧事故防护参考标准

级别	形式	防化服	防护服	防护面具
一级	全身	内置式重型防化服	全棉防静电内外衣	正压式空气呼吸器或全防型滤毒罐
二级	全身	封闭式防化服、隔热服	全棉防静电内外衣	正压式空气呼吸器或全防型滤毒罐
三级	呼吸	简易防化服、战斗服	战斗服	简易滤毒罐、面罩或口罩、毛巾等防护器材

二、防护器材选择

（一）选择原则

一般情况下，选择防护器材时应考虑以下几方面的因素：

（1）在事故中泄漏有毒化学品的性质和数量（尤其要注意其毒性、腐蚀性、挥发性等）；

（2）可使用的化学防护材料（防毒、防腐蚀、防火性能等）；

（3）防化服的防毒种类和有效防护时间；

（4）防化服是否可以重复使用；

（5）应用的呼吸器种类（过滤式或隔绝式）；

（6）全套防护器材的质量和大小等；

（7）隔绝式防化服在使用中是否需冷却降温等。

（二）防护器材分类

人员防护用品一般包括以下几种。

1．呼吸道防护器材

呼吸道防护器材按其使用环境可分为过滤式和供气式两大类。

（1）过滤式呼吸器是靠过滤原理清除空气中的有毒物，也称净化呼吸器。这类器材只有当空气中含氧量不低于 18% 或有害气体体积分数不大于 2%时方可使用。目前有军用和民用两种过滤式呼吸器供选择。军用过滤式呼吸器有 64 型、65 型、69 型、87 型和 08 型；民用过滤式呼吸器的主要防护对象是常见的工业有毒物，用于防护时要依据过滤器所装吸收剂的种类来选择，如 FF-1 型及 FF-2 型。还有专用防飞溅面具等。

（2）供气式呼吸器的工作原理是，使人的呼吸器官与有毒空气隔绝，由器材本身供给人呼吸用的空气或氧气，也称隔绝式呼吸器。目前有正压自给式供气呼吸器和非自给式供气呼吸器两大类，含全面罩、碳纤维空气瓶、背板、导气管、供气阀等，供气时间一般为 60 min，如 PA-94 型（德国产）、HIK 系列（国产）。

除此之外，还有一些简易呼吸防护器材，如防毒口罩（用于综合防护），专用口罩（如除臭及粉尘保健口罩、防酸气及粉尘口罩等）。

2．皮肤防护器材

供化学品泄漏应急用的皮肤防护器材包括隔绝式防化服、透气式防化服、防火防化服、防尘服、耐酸碱工作服、防化靴套、防护手套、防护镜、头盔和围裙等。

防护服通常分 5 类：

（1）一般工作服，可防止普通化学品、粉尘等污染皮肤，常用防水布、帆布或涂层织物制成。

（2）耐酸碱工作服，可防止强酸、强碱腐蚀皮肤，通常用耐腐蚀织物制成。

（3）隔绝式防护服，可防各类有毒有害物质，多用橡胶布制成，军品主要是用优质的丁基橡胶制成。

（4）透气式防化服，具有良好的防毒性能和生理舒适性，并有较好的阻燃性能。

（5）防火防化服，主要是在执行伴有火灾的化学事故监测任务时使用，这类防化服是在服装表层上均匀喷涂有耐火材料或镀上铝保护层，能在短时间内抵御高温对人体的袭击。

目前，可选取的主要防护服有以下几种。

（1）国产的有军用 66 型隔绝式防化服、82 型防毒服、FFF02 型透气式防化服等。还有中美合资无锡梅思安安全设备有限公司生产的 MSA Responder 隔绝式防化服、MSA Reflector 防火防化服；杜邦中国集团有限公司生产的 Tyvek 1422A 型、C 型、F 型化学防护服等。

（2）法国研制生产的 TLD 型隔绝式防化服、TOM 型军用防化服、PROFAC 型防火防化服。

（3）由德国 Drager 公司出品的防化服有带靴式防毒衣，用不同的颜色区分。

在这些防护服中，普通防化服防护液态化学物质的时间大多在 8 h 以上；防火防化服既能对化学物质有效阻挡 8 h 以上，又可对火花等飞溅物进行短时间的抵御；军用防化服不仅可防军用化学战剂 6 h 以上，而且对普通化学物质的防护时间大多在 12 h 以上。

3．其他防护器材

（1）电子式个人剂量计、热释光计量计，用于检测并预防可能的放射性危害。

（2）其他，如可调式醒目安全帽，防噪声耳塞、耳罩，防毒背篼，中毒急救药箱，照明用具等；测爆仪、一氧化碳、硫化氢、氯化氢、氯气、氨等现场测定仪等（同时也用作现场测定仪器设备）；防爆应急灯、带有明显标志的小背心（色彩鲜艳且有荧光反射物）、救生衣、防护安全带（绳）、呼救器等。

第八章　应急预案的编制

第一节　应急预案的编制方法

一、应急预案的分类

应急预案，是针对可能发生的突发事件，为迅速、有效、有序地开展应急行动而预先制订的方案，用于规范事前事故预防、事发应急响应、事中应急处置、抢险救援、应急保障及事后恢复与重建等各个流程的应对程序和策略，明确“谁来做、怎样做、何时做”以及合理利用相应资源等方面的行动指南。应急预案是应急救援系统的重要组成部分，制定应急预案不仅可以指导应急人员的日常培训，保证各种应急资源处于良好的备战状态；而且可以指导应急行动按计划有序进行，保障在发生事故时，能以最快的速度发挥最大的效能，有序地实施救援，达到尽快控制事态发展、降低事件造成的危害、减少事件损失的目的。应急预案是应急救援系统的重要组成部分，其管理遵循“统一规划、分类指导、归口管理、分级实施、逐级监督”的原则。

突发公共事件应急预案体系包括以下6种：

（1）总体应急预案。明确应急管理和处置的组织指挥体系、处置原则、标准及程序，是应急管理和处置的纲领性预案。

（2）专项应急预案。按照突发事件分类，分别编制自然灾害、事故灾难、公共卫生和社会安全事件专项应急预案，是部门协作配合、应急联动的主要依据。

（3）政府部门应急预案。政府有关部门根据总体应急预案、专项应急预案和部门职责为应对突发公共事件制定的预案，是部门应急管理和处置的直接依据。

（4）企事业单位应急预案。企事业单位结合生产、经营和工作实际编制的应急预案，是企事业单位应急管理和处置的直接依据。

（5）重大活动应急预案。重大活动（大型会展、文化、体育活动等）主办或承办单位根据活动内容和特点编制的应急预案。

（6）现场应急预案。是应急处置中针对突发事件现场情况编制的应急预案。

二、应急预案的基本要求

应急预案包括以下几方面基本要求：

（1）科学性。事件应急救援是一项科学性很强的工作，制定预案也必须以科学的态度，在全面调查研究的基础上，开展科学分析和论证，制订出严密、统一、完整的应急反应方案，使预案真正具有科学性。

（2）实用性。应急预案应符合各种事件发生现场的客观情况，具有适用性和实用性，便于操作。

（3）权威性。应急工作是一项紧急状态下的工作，所制定的预案应明确应急工作的管理体系、应急行动的组织权限和各级应急组织的职责和任务等一系列的行政管理规定，保证救援工作的统一指挥。应急预案还应经上级部门批准后才能实施，保证预案具有一定的权威性和法律保障。

应急预案的编制应满足以下要求：

（1）符合国家相关法律、法规、规章、标准及方针政策规定，满足应急管理工作要求；

（2）体现“党委领导、政府主导，专业处置、部门联动，条块结合、军地协同，全社会共同参与”的应急管理工作指导方针；

（3）保持与上级和同级应急预案的紧密衔接，保持与相邻行政区域相关应急预案的衔接；

（4）充分考虑管理机制、风险状况和应急能力；

（5）分工明确，措施具体，责任落实；

（6）内容完整，简洁规范，通俗易懂；

（7）具有实效性、科学性、可操作性。

三、应急预案编制的要求

国务院办公厅 2004 年 4 月 6 日印发的《国务院有关部门和单位制定和修订突发公共事件应急预案框架指南》（国办函[2004]33 号）对应急预案的编制提出了明确要求。

1. 总则

应急预案应有总则，说明编制的目的、工作原则、编制依据和适用范围。

2. 组织指挥体系及职责

（1）应急组织机构与职责。明确各组织机构的职责、权力和义务。

（2）组织体系框架描述。以突发公共事件应急响应全过程为主线，明确突发公共事件发生、报警、响应、结束、善后处置等环节的主管部门与协作部门；以应急准备及保障机构为支线，明确各参与部门的职责。要体现应急联动机制要求，最好附图表说明。

3. 预警和预防机制

（1）信息监测与报告。确定信息监测方法与程序，建立信息来源与分析、常规数据监测、风险分析与分级等制度。按照早发现、早报告、早处置的原则，明确影响范围，信息渠道、时限要求、审批程序、监督管理、责任制等。应包括发生在境外、有可能对我国造成重大影响的事件的信息收集与传报。

（2）预警预防行动。明确预警预防方式方法、渠道以及监督检查措施，信息交流与通报，新闻和公众信息发布程序。

（3）预警支持系统。预警服务系统要建立相关技术支持平台，做到信息传递及反馈高效、快捷，应急指挥信息系统要保证资源共享、运转正常、指挥有力。

（4）预警级别及发布。明确预警级别的确定原则、信息的确认与发布程序等。按照突发公共事件严重性和紧急程度，建议分为一般（Ⅳ级）、较重（Ⅲ级）、严重（Ⅱ级）和特别严重（Ⅰ级）四级预警，颜色依次为蓝色、黄色、橙色和红色。

4．应急响应

（1）分级响应程序。制定科学的事件等级标准，明确预案启动级别和条件，以及相应级别指挥机构的工作职责和权限。按突发公共事件可控性、严重程度和影响范围，原则上按一般（Ⅳ级）、较大（Ⅲ级）、重大（Ⅱ级）、特别重大（Ⅰ级）4级启动相应预案。突发公共事件的实际级别与预警级别密切相关，但可能有所不同，应根据实际情况确定。阐明突发公共事件发生后通报的组织、顺序、时间要求、主要联络人及备用联络人、应急响应及处置过程等。对于跨国（境）、跨区域、跨部门的重大或特别重大突发公共事件，可针对实际情况列举不同措施。要避免突发公共事件可能造成的次生、衍生和耦合事件。

（2）信息共享和处理。建立突发公共事件快速应急信息系统。明确常规信息、现场信息采集的范围、内容、方式、传输渠道和要求，以及信息分析和共享的方式、方法、报送及反馈程序。要求符合有关政府信息公开的规定。如果突发公共事件中的伤亡、失踪、被困人员有港澳台人员或外国人，或者突发公共事件可能影响到境外，需要向香港、澳门、台湾地区有关机构或有关国家进行通报时，明确通报的程序和部门。突发公共事件如果需要国际社会的援助时，需要说明援助形式、内容、时机等，明确向国际社会发出呼吁的程序和部门。

（3）通信。明确参与应急活动所有部门的通信方式，分级联系方式及备用方案。提供确保应急期间党政军领导机关及事件现场指挥的通信畅通的方案。

（4）指挥和协调。现场指挥遵循属地化为主的原则，建立政府统一领导下的以突发事件主管部门为主、各部门参与的应急救援协调机制。要明确指挥机构的职能和任务，建立决策机制，报告、请示制度，信息分析、专家咨询、损失评估等程序。

（5）紧急处置。制订详细、科学的应对突发公共事件处置技术方案。明确各级指挥机构调派处置队伍的权限和数量，处置措施，队伍集中、部署的方式，专用设备、器械、物资、药品的调用程序，不同处置队伍间的分工协作程序。如果是国际行动，必须符合国际机构行动要求。

（6）应急人员的安全防护。提供不同类型突发公共事件救援人员的装备及发放与使用要求。说明进入和离开事件现场的程序，包括人员安全、预防措施以及医学监测、人员和设备去污程序等。

（7）群众的安全防护。根据突发公共事件特点，明确保护群众安全的必要防护措施和基本生活保障措施，应急情况下的群众医疗救助、疾病控制、生活救助，以及疏散撤离方式、程序，组织、指挥，疏散撤离的范围、路线、紧急避难场所。

（8）社会力量动员与参与。明确动员的范围、组织程序、决策程序等。

（9）突发公共事件的调查分析、检测与后果评估。明确机构、职责与程序等。

（10）新闻报道。明确新闻发布原则、内容、规范性格式和结构，以及审查、发布等程序。

（11）应急结束。明确应急状态解除的程序、机构或人员，并注意区别于现场抢救活动的结束。明确应急结束信息发布机构。

5．后期处置

（1）善后处置。明确人员安置、补偿，物资和劳务的征用补偿，灾后重建、污染物收集、清理与处理程序等。

（2）社会救助。明确社会、个人或国外机构的组织协调、捐赠资金和物资的管理与监督等事项。

（3）保险。明确保险机构的工作程序和内容，包括应急救援人员保险和受灾人员保险。

（4）突发公共事件调查报告和经验教训总结及改进建议。明确主办机构，审议机构和程序。

6．保障措施

（1）通信与信息保障。

建立通信系统维护以及信息采集等制度，确保应急期间信息通畅。明确参与应急活动的所有部门通信方式，分级联系方式，并提供备用方案和通信录。要求有确保应急期间党政军领导机关及现场指挥的通信畅通方案。

（2）应急支援与装备保障。

①现场救援和工程抢险保障。包括突发公共事件现场可供应急响应单位使用的应急设备类型、数量、性能和存放位置，备用措施，相应的制度等内容。

②应急队伍保障。要求列出各类应急响应的人力资源，包括政府、军队、武警、机关团体、企事业单位、公益团体和志愿者队伍等。先期处置队伍、第二处置队伍、增援队伍的组织与保障方案，以及应急能力保持方案等。

③交通运输保障。包括各类交通运输工具数量、分布、功能、使用状态等信息，驾驶员的应急准备措施，征用单位的启用方案，交通管制方案和线路规划。

④医疗卫生保障。包括医疗救治资源分布，救治能力与专长，卫生疾控机构能力与分布，及其各单位的应急准备保障措施，被调用方案等。

⑤治安保障。包括应急状态下治安秩序的各项准备方案，包括警力培训、布局、调度和工作方案等。

⑥物资保障。包括物资调拨和组织生产方案。根据具体情况和需要，明确具体的物资储备、生产及加工能力储备、生产流程的技术方案储备。

⑦经费保障。明确应急经费来源、使用范围、数量和管理监督措施，提供应急状态时政府经费的保障措施。

⑧社会动员保障。明确社会动员条件、范围、程序和必要的保障制度。

⑨紧急避难场所保障。规划和建立基本满足特别重大突发公共事件的人员避难场所。可以与公园、广场等空旷场所的建设或改造相结合。

（3）技术储备与保障。成立相应的专家组，提供多种联系方式，并依托相应的科研机构，建立相应的技术信息系统。组织有关机构和单位开展突发公共事件预警、预测、预防和应急处置技术研究，加强技术储备。

（4）宣传、培训和演习。

①公众信息交流。最大限度地公布突发公共事件应急预案信息，接警电话和部门，宣传应急法律法规和预防、避险、避灾、自救、互救的常识等。

②培训。包括各级领导、应急管理和救援人员的上岗前培训、常规性培训。可以将有关突发事件应急管理的课程列为行政干部培训内容。

③演习。包括演习的场所、频次、范围、内容要求、组织等。

（5）监督检查。明确监督主体和罚则，对预案实施的全过程进行监督检查，保障应急措施到位。

7．附则

（1）名词术语、缩写语和编码的定义与说明。突发公共事件类别、等级以及对应的指标定义，统一信息技术、行动方案和相关术语等编码标准。

（2）预案管理与更新。明确定期评审与更新制度、备案制度、评审与更新方式方法和主办机构等。

（3）国际沟通与协作。国际机构的联系方式、协作内容与协议，参加国际活动的程序等，确保应急期间信息通畅。明确参与应急活动的所有部门通信方式，分级联系方式，并提供备用方案和通信录。要求有确保应急期间党政军领导机关及现场指挥的通信畅通方案。

（4）奖励与责任。应参照相关规定，提出明确规定，如追认烈士，表彰奖励及依法追究有关责任人责任等。

（5）制定与解释部门。注明联系人和电话。

（6）预案实施或生效时间。

8．附录

（1）与本部门突发公共事件相关的应急预案。包括可能导致本类突发公共事件发生的次生、衍生和耦合突发公共事件预案。

（2）预案总体目录、分预案目录。

（3）各种规范化格式文本。新闻发布、预案启动、应急结束及各种通报的格式等。

（4）相关机构和人员通信录。要求及时更新并通报相关机构、人员。

第二节　国家与某省环保厅的应急预案

国务院于2006年1月24日颁布了《国家突发环境事件应急预案》，内容如下。

一、国家突发环境事件应急预案

1　总则

1.1　编制目的

建立健全突发环境事件应急机制，提高政府应对涉及公共危机的突发环境事件的能力，维护社会稳定，保障公众生命健康和财产安全，保护环境，促进社会全面、协调、可持续发展。

1.2　编制依据

依据《中华人民共和国环境保护法》、《中华人民共和国海洋环境保护法》、《中华人民共和国安全生产法》和《国家突发公共事件总体应急预案》及相关的法律、行政法规，制定本预案。

1.3　事件分级

按照突发事件严重性和紧急程度，突发环境事件分为特别重大环境事件（Ⅰ级）、重大环境事件（Ⅱ级）、较大环境事件（Ⅲ级）和一般环境事件（Ⅳ级）4级。

1.3.1　特别重大环境事件（Ⅰ级）。

凡符合下列情形之一的，为特别重大环境事件：

（1）发生30人以上死亡，或中毒（重伤）100人以上；

（2）因环境事件需疏散、转移群众5万人以上，或直接经济损失1 000万元以上；

（3）区域生态功能严重丧失或濒危物种生存环境遭到严重污染；

（4）因环境污染使当地正常的经济、社会活动受到严重影响；

（5）利用放射性物质进行人为破坏事件，或1、2类放射源失控造成大范围严重辐射污染后果；

（6）因环境污染造成重要城市主要水源地取水中断的污染事故；

（7）因危险化学品（含剧毒品）生产和贮运中发生泄漏，严重影响人民群众生产、生活的污染事故。

1.3.2　重大环境事件（Ⅱ级）。

凡符合下列情形之一的，为重大环境事件：

（1）发生10人以上、30人以下死亡，或中毒（重伤）50人以上、100人以下；

（2）区域生态功能部分丧失或濒危物种生存环境受到污染；

（3）因环境污染使当地经济、社会活动受到较大影响，疏散转移群众1万人以上、5万人以下的；

（4）1、2类放射源丢失、被盗或失控；

（5）因环境污染造成重要河流、湖泊、水库及沿海水域大面积污染，或县级以上城镇水源地取水中断的污染事件。

1.3.3　较大环境事件（Ⅲ级）。

凡符合下列情形之一的，为较大环境事件：

（1）发生3人以上、10人以下死亡，或中毒（重伤）50人以下；

（2）因环境污染造成跨地级行政区域纠纷，使当地经济、社会活动受到影响；

（3）3类放射源丢失、被盗或失控。

1.3.4　一般环境事件（Ⅳ级）。

凡符合下列情形之一的，为一般环境事件：

（1）发生3人以下死亡；

（2）因环境污染造成跨县级行政区域纠纷，引起一般群体性影响的；

（3）4、5类放射源丢失、被盗或失控。

1.4　适用范围

本预案适用于应对以下各类事件应急响应，核事故的应急响应遵照国家核应急协调委有关规定执行：

1.4.1　超出事件发生地省（区、市）人民政府突发环境事件处置能力的应对工作；

1.4.2　跨省（区、市）突发环境事件应对工作；

1.4.3　国务院或者全国环境保护部际联席会议需要协调、指导的突发环境事件或者其他突发事件次生、衍生的环境事件。

1.5 工作原则

以邓小平理论和“三个代表”重要思想为指导，坚持以人为本，树立全面、协调、可持续的科学发展观，提高政府社会管理水平和应对突发事件的能力。

（1）坚持以人为本，预防为主。加强对环境事件危险源的监测、监控并实施监督管理，建立环境事件风险防范体系，积极预防、及时控制、消除隐患，提高环境事件防范和处理能力，尽可能地避免或减少突发环境事件的发生，消除或减轻环境事件造成的中长期影响，最大限度地保障公众健康，保护人民群众生命财产安全。

（2）坚持统一领导，分类管理，属地为主，分级响应。在国务院的统一领导下，加强部门之间协同与合作，提高快速反应能力。针对不同污染源所造成的环境污染、生态污染、放射性污染的特点，实行分类管理，充分发挥部门专业优势，使采取的措施与突发环境事件造成的危害范围和社会影响相适应。充分发挥地方人民政府职能作用，坚持属地为主，实行分级响应。

（3）坚持平战结合，专兼结合，充分利用现有资源。积极做好应对突发环境事件的思想准备、物资准备、技术准备、工作准备，加强培训演练，充分利用现有专业环境应急救援力量，整合环境监测网络，引导、鼓励实现一专多能，发挥经过专门培训的环境应急救援力量的作用。

2 组织指挥与职责

2.1 组织体系

国家突发环境事件应急组织体系由应急领导机构、综合协调机构、有关类别环境事件专业指挥机构、应急支持保障部门、专家咨询机构、地方各级人民政府突发环境事件应急领导机构和应急救援队伍组成。

在国务院的统一领导下，全国环境保护部际联席会议负责统一协调突发环境事件的应对工作，各专业部门按照各自职责做好相关专业领域突发环境事件应对工作，各应急支持保障部门按照各自职责做好突发环境事件应急保障工作。

专家咨询机构为突发环境事件专家组。

地方各级人民政府的突发环境事件应急机构由地方人民政府确定。

突发环境事件国家应急救援队伍由各相关专业的应急救援队伍组成。环保部应急救援队伍由环境应急与事故调查中心、中国环境监测总站、核安全中心组成。

2.2 综合协调机构

全国环境保护部际联席会议负责协调国家突发环境事件应对工作。贯彻执行党中央、国务院有关应急工作的方针、政策，认真落实国务院有关环境应急工作指示和要求；建立和完善环境应急预警机制，组织制定（修订）国家突发环境事件应急预案；统一协调重大、特别重大环境事件的应急救援工作；指导地方政府有关部门做好突发环境事件应急工作；部署国家环境应急工作的公众宣传和教育，统一发布环境污染应急信息；完成国务院下达的其他应急救援任务。

各有关成员部门负责各自专业领域的应急协调保障工作。

2.3 有关类别环境事件专业指挥机构

全国环境保护部际联席会议有关成员单位之间建立应急联系工作机制，保证信息通畅，做到信息共享；按照各自职责制定本部门的环境应急救援和保障方面的应急预案，并负责管理和实施；需要其他部门增援时，有关部门向全国环境保护部际联席会议提出增援请求。必要时，国务院组织协调特别重大突发环境事件应急工作。

2.4 地方人民政府突发环境事件应急领导机构

环境应急救援指挥坚持属地为主的原则，特别重大环境事件发生地的省（区、市）人民政府成立现场应急救援指挥部。所有参与应急救援的队伍和人员必须服从现场应急救援指挥部的指挥。现场应急救援指挥部为参与应急救援的队伍和人员提供工作条件。

2.5 专家组

全国环境保护部际联席会议设立突发环境事件专家组，聘请科研单位和军队有关专家组成。

主要工作为：参与突发环境事件应急工作；指导突发环境事件应急处置工作；为国务院或部际联席会议的决策提供科学依据。

3 预防和预警

3.1 信息监测

3.1.1 全国环境保护部际联席会议有关成员单位按照早发现、早报告、早处置的原则，开展对国内（外）环境信息、自然灾害预警信息、常规环境监测数据、辐射环境监测数据的综合分析、风险评估工作。

3.1.2 国务院有关部门和地方各级人民政府及其相关部门，负责突发环境事件信息接收、报告、处理、统计分析，以及预警信息监控。

（1）环境污染事件、生物物种安全事件、辐射事件信息接收、报告、处理、统计分析由环保部门负责；

（2）海上石油勘探开发溢油事件信息接收、报告、处理、统计分析由海洋部门负责；

（3）海上船舶、港口污染事件信息接收、报告、处理、统计分析由交通部门负责。

3.1.3 环境污染事件和生物物种安全预警信息监控由环保部负责；海上石油勘探开发溢油事件预警信息监控由海洋局负责；海上船舶、港口污染事件信息监控由交通部负责；辐射环境污染事件预警信息监控由环保部（核安全局）负责。特别重大环境事件预警信息经核实后，及时上报国务院。

3.2 预防工作

（1）开展污染源、放射源和生物物种资源调查。开展对产生、储存、运输、销毁废弃化学品、放射源的普查，掌握全国环境污染源的产生、种类及地区分布情况。了解国内外的有关技术信息、进展情况和形势动态，提出相应的对策和意见。

（2）开展突发环境事件的假设、分析和风险评估工作，完善各类突发环境事件应急预案。

（3）加强环境应急科研和软件开发工作。研究开发并建立环境污染扩散数字模型，开发研制环境应急管理系统软件。

3.3 预警及措施

按照突发事件严重性、紧急程度和可能波及的范围，突发环境事件的预警分为四级，预警级别由低到高，颜色依次为蓝色、黄色、橙色、红色。根据事态的发展情况和采取措施的效果，预警颜色可以升级、降级或解除。

收集到的有关信息证明突发环境事件即将发生或者发生的可能性增大时，按照相关应急预案执行。

进入预警状态后，当地县级以上人民政府和政府有关部门应当采取以下措施：

（1）立即启动相关应急预案。

（2）发布预警公告。蓝色预警由县级人民政府负责发布。黄色预警由市（地）级人民政府负责发布。橙色预警由省级人民政府负责发布。红色预警由事件发生地省级人民政府根据国务院授权负责发布。

（3）转移、撤离或者疏散可能受到危害的人员，并进行妥善安置。

（4）指令各环境应急救援队伍进入应急状态，环境监测部门立即开展应急监测，随时掌握并报告事态进展情况。

（5）针对突发事件可能造成的危害，封闭、隔离或者限制使用有关场所，中止可能导致危害扩大的行为和活动。

（6）调集环境应急所需物资和设备，确保应急保障工作。

3.4　预警支持系统

3.4.1　建立环境安全预警系统。建立重点污染源排污状况实时监控信息系统、突发事件预警系统、区域环境安全评价科学预警系统、辐射事件预警信息系统；建设重大船舶污染事件应急设备库和海空一体化船舶污染快速反应系统；建立海洋环境监测系统。

3.4.2　建立环境应急资料库。建立突发环境事件应急处置数据库系统、生态安全数据库系统、突发事件专家决策支持系统、环境恢复周期检测反馈评估系统、辐射事件数据库系统。

3.4.3　建立应急指挥技术平台系统。根据需要，结合实际情况，建立有关类别环境事件专业协调指挥中心及通信技术保障系统。

4　应急响应

4.1　分级响应机制

突发环境事件应急响应坚持属地为主的原则，地方各级人民政府按照有关规定全面负责突发环境事件应急处置工作，环保部及国务院相关部门根据情况给予协调支援。

按突发环境事件的可控性、严重程度和影响范围，突发环境事件的应急响应分为特别重大（Ⅰ级响应）、重大（Ⅱ级响应）、较大（Ⅲ级响应）、一般（Ⅳ级响应）四级。超出本级应急处置能力时，应及时请求上一级应急救援指挥机构启动上一级应急预案。Ⅰ级应急响应由环保部和国务院有关部门组织实施。

4.2　应急响应程序

4.2.1　Ⅰ级响应时，环保部按下列程序和内容响应：

（1）开通与突发环境事件所在地省级环境应急指挥机构、现场应急指挥部、相关专业应急指挥机构的通信联系，随时掌握事件进展情况；

（2）立即向环保部领导报告，必要时成立环境应急指挥部；

（3）及时向国务院报告突发环境事件基本情况和应急救援的进展情况；

（4）通知有关专家组成专家组，分析情况。根据专家的建议，通知相关应急救援力量随时待命，为地方或相关专业应急指挥机构提供技术支持；

（5）派出相关应急救援力量和专家赶赴现场参加、指导现场应急救援，必要时调集事发地周边地区专业应急力量实施增援。

4.2.2　有关类别环境事件专业指挥机构接到特别重大环境事件信息后，主要采取下列

行动:

（1）启动并实施本部门应急预案，及时向国务院报告并通报环保部;

（2）启动本部门应急指挥机构;

（3）协调组织应急救援力量开展应急救援工作;

（4）需要其他应急救援力量支援时，向国务院提出请求。

4.2.3 省级地方人民政府突发环境事件应急响应，可以参照Ⅰ级响应程序，结合本地区实际，自行确定应急响应行动。需要有关应急力量支援时，及时向环保部及国务院有关部门提出请求。

4.3 信息报送与处理

4.3.1 突发环境事件报告时限和程序

突发环境事件责任单位和责任人以及负有监管责任的单位发现突发环境事件后，应在1小时内向所在地县级以上人民政府报告，同时向上一级相关专业主管部门报告，并立即组织进行现场调查。紧急情况下，可以越级上报。

负责确认环境事件的单位，在确认重大（Ⅱ级）环境事件后，1小时内报告省级相关专业主管部门，特别重大（Ⅰ级）环境事件立即报告国务院相关专业主管部门，并通报其他相关部门。

地方各级人民政府应当在接到报告后1小时内向上一级人民政府报告。省级人民政府在接到报告后1小时内，向国务院及国务院有关部门报告。

重大（Ⅱ级）、特别重大（Ⅰ级）突发环境事件，国务院有关部门应立即向国务院报告。

4.3.2 突发环境事件报告方式与内容

突发环境事件的报告分为初报、续报和处理结果报告3类。初报从发现事件后起1小时内上报；续报在查清有关基本情况后随时上报；处理结果报告在事件处理完毕后立即上报。

初报可用电话直接报告，主要内容包括：环境事件的类型、发生时间、地点、污染源、主要污染物质、人员受害情况、捕杀或砍伐国家重点保护的野生动植物的名称和数量、自然保护区受害面积及程度、事件潜在的危害程度、转化方式趋向等初步情况。

续报可通过网络或书面报告，在初报的基础上报告有关确切数据，事件发生的原因、过程、进展情况及采取的应急措施等基本情况。

处理结果报告采用书面报告，处理结果报告在初报和续报的基础上，报告处理事件的措施、过程和结果，事件潜在或间接的危害、社会影响、处理后的遗留问题，参加处理工作的有关部门和工作内容，出具有关危害与损失的证明文件等详细情况。

4.4 指挥和协调

4.4.1 指挥和协调机制

根据需要，国务院有关部门和部际联席会议成立环境应急指挥部，负责指导、协调突发环境事件的应对工作。

环境应急指挥部根据突发环境事件的情况通知有关部门及其应急机构、救援队伍和事件所在地毗邻省（区、市）人民政府应急救援指挥机构。各应急机构接到事件信息通报后，应立即派出有关人员和队伍赶赴事发现场，在现场救援指挥部统一指挥下，按照各自的预案和处置规程，相互协同，密切配合，共同实施环境应急和紧急处置行动。现场应急救援指挥部成立前，各应急救援专业队伍必须在当地政府和事发单位的协调指挥下坚决、迅速地实施先期处置，果断控制或切断污染源，全力控制事件态势，严防二次污染和次生、衍生事件发生。

应急状态时，专家组组织有关专家迅速对事件信息进行分析、评估，提出应急处置方案和建议，供指挥部领导决策参考。根据事件进展情况和形势动态，提出相应的对策和意见；对突发环境事件的危害范围、发展趋势作出科学预测，为环境应急领导机构的决策和指挥提供科学依据；参与污染程度、危害范围、事件等级的判定，对污染区域的隔离与解禁、人员撤离与返回等重大防护措施的决策提供技术依据；指导各应急分队进行应急处理与处置；指导环境应急工作的评价，进行事件的中长期环境影响评估。

发生环境事件的有关部门、单位要及时、主动向环境应急指挥部提供应急救援有关的基础资料，环保、海洋、交通、水利等有关部门提供事件发生前的有关监管检查资料，供环境应急指挥部研究救援和处置方案时参考。

4.4.2 指挥协调主要内容

环境应急指挥部指挥协调的主要内容包括：

（1）提出现场应急行动原则要求；

（2）派出有关专家和人员参与现场应急救援指挥部的应急指挥工作；

（3）协调各级、各专业应急力量实施应急支援行动；

（4）协调受威胁的周边地区危险源的监控工作；

（5）协调建立现场警戒区和交通管制区域，确定重点防护区域；

（6）根据现场监测结果，确定被转移、疏散群众返回时间；

（7）及时向国务院报告应急行动的进展情况。

4.5 应急监测

环保部环境应急监测分队负责组织协调突发环境事件地区环境应急监测工作，并负责指导海洋环境监测机构、地方环境监测机构进行应急监测工作。

（1）根据突发环境事件污染物的扩散速度和事件发生地的气象和地域特点，确定污染物扩散范围。

（2）根据监测结果，综合分析突发环境事件污染变化趋势，并通过专家咨询和讨论的方式，预测并报告突发环境事件的发展情况和污染物的变化情况，作为突发环境事件应急决策的依据。

4.6 信息发布

全国环境保护部际联席会议负责突发环境事件信息对外统一发布工作。突发环境事件发生后，要及时发布准确、权威的信息，正确引导社会舆论。

4.7 安全防护

4.7.1 应急人员的安全防护

现场处置人员应根据不同类型环境事件的特点，配备相应的专业防护装备，采取安全防护措施，严格执行应急人员出入事发现场程序。

4.7.2 受灾群众的安全防护

现场应急救援指挥部负责组织群众的安全防护工作，主要工作内容如下：

（1）根据突发环境事件的性质、特点，告知群众应采取的安全防护措施；

（2）根据事发时当地的气象、地理环境、人员密集度等，确定群众疏散的方式，指定有关部门组织群众安全疏散撤离；

（3）在事发地安全边界以外，设立紧急避难场所。

4.8 应急终止

4.8.1 应急终止的条件

符合下列条件之一的，即满足应急终止条件：

（1）事件现场得到控制，事件条件已经消除；

（2）污染源的泄漏或释放已降至规定限值以内；

（3）事件所造成的危害已经被彻底消除，无继发可能；

（4）事件现场的各种专业应急处置行动已无继续的必要；

（5）采取了必要的防护措施以保护公众免受再次危害，并使事件可能引起的中长期影响趋于合理且尽量低的水平。

4.8.2 应急终止的程序

（1）现场救援指挥部确认终止时机，或事件责任单位提出，经现场救援指挥部批准；

（2）现场救援指挥部向所属各专业应急救援队伍下达应急终止命令；

（3）应急状态终止后，相关类别环境事件专业应急指挥部应根据国务院有关指示和实际情况，继续进行环境监测和评价工作，直至其他补救措施无须继续进行为止。

4.8.3 应急终止后的行动

（1）环境应急指挥部指导有关部门及突发环境事件单位查找事件原因，防止类似问题的重复出现。

（2）有关类别环境事件专业主管部门负责编制特别重大、重大环境事件总结报告，于应急终止后上报。

（3）应急过程评价。由环保部组织有关专家，会同事发地省级人民政府组织实施。

（4）根据实践经验，有关类别环境事件专业主管部门负责组织对应急预案进行评估，并及时修订环境应急预案。

（5）参加应急行动的部门负责组织、指导环境应急队伍维护、保养应急仪器设备，使之始终保持良好的技术状态。

5 应急保障

5.1 资金保障

部际联席会议各成员单位根据突发环境事件应急需要，提出项目支出预算报财政部审批后执行。具体情况按照《财政应急保障预案》执行。

5.2 装备保障

各级环境应急相关专业部门及单位要充分发挥职能作用，在积极发挥现有检验、鉴定、监测力量的基础上，根据工作需要和职责要求，加强危险化学品检验、鉴定和监测设备建设。增加应急处置、快速机动和自身防护装备、物资的储备，不断提高应急监测，动态监控的能力，保证在发生环境事件时能有效防范对环境的污染和扩散。

5.3 通信保障

各级环境应急相关专业部门要建立和完善环境安全应急指挥系统、环境应急处置全国联动系统和环境安全科学预警系统。配备必要的有线、无线通信器材，确保本预案启动时环境应急指挥部和有关部门及现场各专业应急分队间的联络畅通。

5.4 人力资源保障

有关类别环境应急专业主管部门要建立突发环境事件应急救援队伍；各省（区、市）加强各级环境应急队伍的建设，提高其应对突发事件的素质和能力；在计划单列市、省会城市和环境保护重点城市培训一支常备不懈，熟悉环境应急知识，充分掌握各类突发环境事件处置措施的预备应急力量；对各地所属大中型化工等企业的消防、防化等应急分队进行组织和培训，形成由国家、省、市和相关企业组成的环境应急网络。保证在突发事件发生后，能迅速参与并完成抢救、排险、消毒、监测等现场处置工作。

5.5 技术保障

建立环境安全预警系统，组建专家组，确保在启动预警前、事件发生后相关环境专家能迅速到位，为指挥决策提供服务。建立环境应急数据库，建立健全各专业环境应急队伍，地区核安全监督站和地区专业技术机构随时投入应急的后续支援和提供技术支援。

5.6 宣传、培训与演练

5.6.1 各级环保部门应加强环境保护科普宣传教育工作，普及环境污染事件预防常识，编印、发放有毒有害物质污染公众防护“明白卡”，增强公众的防范意识和相关心理准备，提高公众的防范能力。

5.6.2 各级环保部门以及有关类别环境事件专业主管部门应加强环境事件专业技术人员日常培训和重要目标工作人员的培训和管理，培养一批训练有素的环境应急处置、检验、监测等专门人才。

5.6.3 各级环保部门以及有关类别环境事件专业主管部门，按照环境应急预案及相关单项预案，定期组织不同类型的环境应急实战演练，提高防范和处置突发环境事件的技能，增强实战能力。

5.7 应急能力评价

为保障环境应急体系始终处于良好的战备状态，并实现持续改进，对各级环境应急机构的设置情况、制度和工作程序的建立与执行情况、队伍的建设和人员培训与考核情况、应急装备和经费管理与使用情况等，在环境应急能力评价体系中实行自上而下的监督、检查和考核工作机制。

6 后期处置

6.1 善后处置

地方各级人民政府做好受灾人员的安置工作，组织有关专家对受灾范围进行科学评估，提出补偿和对遭受污染的生态环境进行恢复的建议。

6.2 保险

应建立突发环境事件社会保险机制。对环境应急工作人员办理意外伤害保险。可能引起环境污染的企业事业单位，要依法办理相关责任险或其他险种。

7 附则

7.1 名词术语定义

环境事件：是指由于违反环境保护法律法规的经济、社会活动与行为，以及意外因素的影响或不可抗拒的自然灾害等原因致使环境受到污染，人体健康受到危害，社会经济与人民群众财产受到损失，造成不良社会影响的突发性事件。

突发环境事件：指突然发生，造成或者可能造成重大人员伤亡、重大财产损失和对全国或者某一地区的经济社会稳定、政治安定构成重大威胁和损害，有重大社会影响的涉及公共安全的环境事件。

环境应急：针对可能或已发生的突发环境事件需要立即采取某些超出正常工作程序的行动，以避免事件发生或减轻事件后果的状态，也称为紧急状态；同时也泛指立即采取超出正常工作程序的行动。

预案分类：根据突发环境事件的发生过程、性质和机理，突发环境事件主要分为三类：突发环境污染事件、生物物种安全环境事件和辐射环境污染事件。突发环境污染事件包括重点流域、敏感水域水环境污染事件；重点城市光化学烟雾污染事件；危险化学品、废弃化学品污染事件；海上石油勘探开发溢油事件；突发船舶污染事件等。生物物种安全环境事件主要是指生物物种受到不当采集、猎杀、走私、非法携带出入境或合作交换、工程建设危害以及外来入侵物种对生物多样性造成损失和对生态环境造成威胁和危害事件；辐射环境污染事件包括放射性同位素、放射源、辐射装置、放射性废物辐射污染事件。

泄漏处理：泄漏处理是指对危险化学品、危险废物、放射性物质、有毒气体等污染源因事件发生泄漏时的所采取的应急处置措施。泄漏处理要及时、得当，避免重大事件的发生。泄漏处理一般分为泄漏源控制和泄漏物处置两部分。

应急监测：环境应急情况下，为发现和查明环境污染情况和污染范围而进行的环境监测。包括定点监测和动态监测。

应急演习：为检验应急计划的有效性、应急准备的完善性、应急响应能力的适应性和应急人员的协同性而进行的一种模拟应急响应的实践活动，根据所涉及的内容和范围的不同，可分为单项演习（演练）、综合演习和指挥中心、现场应急组织联合进行的联合演习。

本预案有关数量的表述中，“以上”含本数，“以下”不含本数。

7.2　预案管理与更新

随着应急救援相关法律法规的制定、修改和完善，部门职责或应急资源发生变化，或者应急过程中发现存在的问题和出现新的情况，应及时修订完善本预案。

7.3　国际沟通与协作

建立与国际环境应急机构的联系，组织参与国际救援活动，开展与国际间的交流与合作。

7.4　奖励与责任追究

7.4.1　奖励

在突发环境事件应急救援工作中，有下列事迹之一的单位和个人，应依据有关规定给予奖励：

（1）出色完成突发环境事件应急处置任务，成绩显著的；

（2）对防止或挽救突发环境事件有功，使国家、集体、和人民群众的生命财产免受或者减少损失的；

（3）对事件应急准备与响应提出重大建议，实施效果显著的；

（4）有其他特殊贡献的。

7.4.2 责任追究

在突发环境事件应急工作中，有下列行为之一的，按照有关法律和规定，对有关责任人员视情节和危害后果，由其所在单位或者上级机关给予行政处分；其中，对国家公务员和国家行政机关任命的其他人员，分别由任免机关或者监察机关给予行政处分；构成犯罪的，由司法机关依法追究刑事责任：

（1）不认真履行环保法律、法规，而引发环境事件的；

（2）不按照规定制定突发环境事件应急预案，拒绝承担突发环境事件应急准备义务的；

（3）不按规定报告、通报突发环境事件真实情况的；

（4）拒不执行突发环境事件应急预案，不服从命令和指挥，或者在事件应急响应时临阵脱逃的；

（5）盗窃、贪污、挪用环境事件应急工作资金、装备和物资的；

（6）阻碍环境事件应急工作人员依法执行职务或者进行破坏活动的；

（7）散布谣言，扰乱社会秩序的；

（8）有其他对环境事件应急工作造成危害行为的。

7.5 预案实施时间

本预案自印发之日起实施。

二、某省环保厅突发环境事件应急预案

1 总则

1.1 编制目的

为规范省环境保护厅突发环境事件应对程序，提高应对能力，做好环境事件预防、预警、处置等工作，制定本预案。

1.2 编制依据

依据《中华人民共和国突发事件应对法》、《××省突发事件应对条例》、《××省突发事件总体应急预案》、《××省突发环境事件应急预案》、《××省突发事件应急预案管理办法》、《突发环境事件应急预案管理暂行办法》、《突发环境事件信息报告办法》、《××省突发事件预警信息发布办法（试行）》等法律法规和有关规定，制定本预案。

1.3 事件分级

按照突发事件严重性和紧急程度，突发环境事件分为特别重大（Ⅰ级）、重大（Ⅱ级）、较大（Ⅲ级）和一般（Ⅳ级）四级。

1.3.1 特别重大（Ⅰ级）突发环境事件

凡符合下列情形之一的，为特别重大突发环境事件：

（1）因环境污染直接导致 10 人以上死亡或 100 人以上中毒的；

（2）因环境污染需疏散、转移群众 5 万人以上的；

（3）因环境污染造成直接经济损失 1 亿元以上的；

（4）因环境污染造成区域生态功能丧失或国家重点保护物种灭绝的；

（5）因环境污染造成地市级以上城市集中式饮用水水源地取水中断的；

（6）1、2 类放射源失控造成大范围严重辐射污染后果的；核设施发生需要进入场外应急的严重核事故，或事故辐射后果可能影响邻省和境外的，或按照“国际核事件分级（INES）

标准”属于3级以上的核事件；台湾核设施中发生的按照“国际核事件分级（INES）标准”属于4级以上的核事故；周边国家核设施中发生的按照“国际核事件分级（INES）标准”属于4级以上的核事故；

（7）跨国（境）界突发环境事件。

1.3.2 重大（Ⅱ级）突发环境事件

凡符合下列情形之一的，为重大突发环境事件：

（1）因环境污染直接导致3人以上10人以下死亡或50人以上100人以下中毒的；

（2）因环境污染需疏散、转移群众1万人以上5万人以下的；

（3）因环境污染造成直接经济损失2000万元以上1亿元以下的；

（4）因环境污染造成区域生态功能部分丧失或国家重点保护野生动植物种群大批死亡的；

（5）因环境污染造成县级城市集中式饮用水水源地取水中断的；

（6）重金属污染或危险化学品生产、贮运、使用过程中发生爆炸、泄漏等事件，或因倾倒、堆放、丢弃、遗撒危险废物等造成的突发环境事件发生在国家重点流域、国家级自然保护区、风景名胜区或居民聚集区、医院、学校等敏感区域的；

（7）1、2类放射源丢失、被盗、失控造成环境影响，或核设施和铀矿冶炼设施发生的达到进入场区应急状态标准的，或进口货物严重辐射超标的事件；

（8）跨省（区）界突发环境事件。

1.3.3 较大（Ⅲ级）突发环境事件

凡符合下列情形之一的，为较大突发环境事件：

（1）因环境污染直接导致3人以下死亡或10人以上50人以下中毒的；

（2）因环境污染需疏散、转移群众5000人以上1万人以下的；

（3）因环境污染造成直接经济损失500万元以上2000万元以下的；

（4）因环境污染造成国家重点保护的动植物物种受到破坏的；

（5）因环境污染造成乡镇集中式饮用水水源地取水中断的；

（6）3类放射源丢失、被盗或失控，造成环境影响的；

（7）跨地级市界突发环境事件。

1.3.4 一般（Ⅳ级）突发环境事件

除特别重大突发环境事件、重大突发环境事件、较大突发环境事件以外的突发环境事件。

1.4 适用范围

适用于省环境保护厅参与的突发环境事件应急工作（核事件的应急处置应遵照《××省核应急预案》的有关规定执行）。

1.5 工作原则

以人为本，预防为主；统一领导，明确责任；充分准备，快速反应；调查取证，监测先行；依靠科学，高效处置。

2 组织体系与职责

2.1 领导机构

省环境保护厅设立厅突发环境事件应急领导小组（以下简称“厅应急领导小组”）作为领导机构，负责指挥、协调厅职责范围内的突发环境事件应对工作。

厅应急领导小组由厅长担任组长，分管办公室厅领导、分管应急厅领导、分管宣教厅领导、总工程师担任副组长，厅各处室、直属单位主要负责人为领导小组成员。厅应急领导小组主要职责为：

（1）研究、决定全省环保系统应急管理工作重大事项，建立健全相关工作制度和预案，部署预防和预警工作；

（2）负责调配全省环保系统的力量和资源统一应对突发环境事件；

（3）决定本厅应急预案的启动和应急状态的解除；

（4）负责与省人民政府、省突发环境事件应急领导小组、环境保护部等上级部门的联系；

（5）判断是否需要疏散人群、是否需要向下游提出污染警告、污染事件的分类和预警分级；

（6）协调有关厅局开展环境应急行动；

（7）指导地方政府环境应急工作；

（8）指挥省环境应急管理办公室及现场工作组开展应急处置工作；

（9）提出环境事件责任单位及责任人责任追究的意见和建议。

厅各处室、直属单位在环境应急管理和突发环境事件处置过程中的职责为：

（1）办公室

负责突发环境事件信息报告审核等工作。

（2）规划财务处

在环保规划管理中落实环境风险防范责任和要求，做好环境应急管理和突发环境事件处置资金保障申请工作。

（3）政策法规处

负责有关环境应急管理和突发环境事件处置政策法规的审核把关。

（4）环境监测与科技标准处

指导做好环境预警监测和环境应急监测等工作。

（5）污染物排放总量控制处

参与突发环境事件调查。

（6）环境影响评价管理处

在环境影响评价过程中把好环境风险评价关口，落实环境风险防范责任和要求；参与突发环境事件调查。

（7）水环境管理处

协调解决重大和跨区域的水环境污染问题，参与水污染突发环境事件应对。

（8）大气环境与废物管理处

协调解决重大和跨区域的大气、固体废物、化学品等环境污染问题，参与大气、固体废物、化学品突发环境事件应对，参与反生化恐怖袭击工作。

（9）生态与农村环境保护处

参与自然生态环境污染事件、土壤污染事件、生物物种安全事件应对。

（10）核应急管理处

承担核事故预防和应急工作。

（11）辐射环境管理处

负责辐射事故的调查处理。

（12）宣传教育与交流合作处

承办突发环境事件新闻审核和发布工作，负责跨省（区）突发环境事件与周边省份的协调沟通。

（13）人事处

协助环境应急管理和突发环境事件处置队伍建设。

（14）省监察厅驻厅监察室

参与突发环境事件调查。

（15）环境监察局（省环境应急管理办公室）

负责日常环境应急管理、组织实施重大环境事件的预防预警、应急处置、调查评估等工作；污染源排查和监管，提出切断污染源的建议。

（16）省环境监测中心

负责突发环境数据预警监测、应急监测等工作，掌握环境质量状况及变化趋势，说清污染物排放情况，对突发环境事件和潜在的环境风险进行有效预警与响应。

（17）省辐射监测中心

负责核与辐射环境应急监测工作。

（18）省环境保护宣传教育中心

环境安全宣传教育，配合做好突发环境事件新闻审核和发布工作。

（19）省环境保护厅机关服务中心

负责突发环境事件应对车辆安排，协助办公室做好突发环境事件处置后期保障等工作。

（20）省废物管理中心

协助处置突发性危险废物污染事故。

（21）省环境技术中心

参与突发环境事件调查和污染修复。

（22）省环境信息中心

参与突发环境事件现场处置，建立环境应急数据库。

2.2　工作机构

厅应急领导小组下设省环境应急管理办公室（以下简称“应急办”）作为突发环境事件应急的日常工作机构，承担应急领导小组的日常工作，负责组织实施重大环境事件的预防预警、应急处置、调查评估等工作，具体包括：

（1）组织敏感时期及重大突发环境事件应对期间的应急值守；

（2）受理各类环境事件的报警信息，初步判断事件的类型和预警级别，及时向厅应急领导小组报告；

（3）突发事件信息报告。根据事发地环保部门以及现场工作组反馈的情况，及时传递和报送事件调查处理信息和报告，编写突发环境事件信息专报，经厅应急领导小组审核后报送省委、省政府、环境保护部，或通报有关政府及部门；

（4）按照厅应急领导小组的指示，调遣有关处室、直属单位、现场工作组及专家组赴现场突发环境事件现场，指导地方环保部门开展应急处置，组织环境事件调查评估；

（5）负责环境应急预案修订、管理及演练；

（6）负责环境应急联动及与联动单位的协调沟通；

（7）协助做好信息公开工作。

2.3 现场工作组

根据突发环境事件的级别，采取分级响应。一般突发环境事件，根据处置工作需要，应急办派出环境应急分队、应急监测分队赶赴现场；

发生较大突发环境事件，根据厅领导指示和工作需要，环境监察局分管副局长带领环境应急分队，监测中心主要负责人或分管领导带领应急监测分队赶赴现场，必要时应急办可要求水处、大气处、废管中心等部门派出人员协助处置；

发生重大以上突发环境事件，厅应急处置领导小组组长、副组长带领技术监测组、现场排查组、信息新闻组、协调保障组等现场工作组赶赴现场，协助省政府开展应急处置工作。当省政府成立现场指挥部和现场工作组时，我厅人员及分组服从省政府的统一安排。

根据厅应急处置领导小组的指示及应急处置工作需要，应急办调遣专家参与和指导应急处置。

2.3.1 环境应急分队

环境监察局内部成立环境应急分队，由副处级以上干部担任分队长，各执法组正、副组长为成员，综合组副组长为联络员。发生一般和较大突发环境事件，环境应急分队是厅派往现场的负责人，代表厅做好现场协调和组织工作，配合地方政府开展应急处置，组织地市环保部门开展污染源排查和切断污染源，收集、核实现场应急处置信息，及时向应急办反馈。

2.3.2 应急监测分队

省环境监测中心组建应急监测分队，由分管领导任分队长，由污染源与应急监测科、水环境监测科、大气环境监测科等部门组成。发生一般和较大突发环境事件，应急监测分队指导地方监测站开展环境质量监测、污染源排查监测，根据监测数据及水文水利、气象等数据，掌握环境质量状况及变化趋势，说清污染物排放情况，对突发环境事件和潜在的环境风险进行有效预警与响应；及时向应急办报告监测情况。

2.3.3 技术监测组

技术监测组由厅总工程师任组长，监测中心、监测科技处、水处、大气处、辐射中心、信息中心主要负责人任副组长，主要职责是：

（1）负责环境应急监测工作的具体组织、部署与实施、应急监测方案的制订；

（2）统一指挥协调现场应急监测工作，根据事件影响范围和程度确定监测点位和监测项目，统一调配应急监测资源、统一管理应急监测数据，及时向厅应急领导小组报告应急监测结果，提出处置建议；

（3）建立全省应急监测专家库，由全省各级监测站和省内外有关单位专家、有关大专院校应急监测专家组成，对突发环境事件的监测信息进行综合分析和研究，对应急监测实施方案提出建议并对监测工作进行技术指导；

（4）参与建立、维护全省危险化学品信息库、危险源地理信息库、专家信息库、应急监测预案库和污染物扩散模拟系统；

（5）配合应急办做好环境应急管理工作。

2.3.4 现场排查组

现场排查组由环监局局长任组长，副局长任副组长，主要职责是：

（1）根据突发环境事件的类型、性质、严重程度，调度、牵头厅领导小组成员单位，落实应急领导小组下达的应急指令；

（2）组织调查人员赴现场查找事发原因和污染源，向厅应急领导小组提出切断污染源和其他污染控制措施的建议，防止污染范围继续扩大；

（3）协助应急监测组开展应急监测工作，严密监控污染事态发展；

（4）根据影响范围和程度，与技术监测组共同提出疏散人群、向下游发出预警等建议，根据现场调查情况初步判断事件分级和预警响应级别，并向厅应急领导小组报告；

（5）收集、核实现场应急处置信息，及时向应急办公室反馈；

（6）对责任单位或责任人违反环保法律法规的行为进行调查取证等；

（7）配合应急办做好环境应急管理工作。

2.3.5 信息新闻组

信息新闻组由分管宣教厅领导任组长，应急办主任、规财处处长、宣教处处长任副组长，负责信息调度及报送、材料起草、新闻发布工作。

2.3.6 协调保障组

协调保障组由分管办公室厅领导任组长，办公室主任、服务中心主任任副组长，负责综合协调、应急车辆及应急物资调度，后勤保障及会务接待工作。

2.3.7 专家组

应急办负责组建和管理环境应急专家库，专家从政府机关、高等院校、研究所、企业单位中产生，涉及水污染防治、大气污染防治、生态污染防治、海洋和船舶污染防治、辐射污染防治、化学品和危废处理、卫生和饮用水安全、环境工程、环境地质、环境评估、环境监测等领域。专家组的主要职责是：

（1）指导突发环境事件应急预案、应急管理规章制度的制定和修订；

（2）参与突发环境事件应急工作，协助对信息进行综合分析和研究，判别事件类型和预警等级；

（3）指导突发环境事件应急处置工作，向应急领导小组提出正确、科学、安全、快速处置事件的技术方案及建议、污染清除和环境恢复方案，并对应急处理工作进行技术指导；

（4）参与应急工作宣传教育与信息发布；

（5）参与应急科研工作。

3 预防和预警

3.1 信息监控

我厅要对省内外环境信息、自然灾害预警信息、例行环境监测数据、辐射环境监测数据等开展综合分析、风险评估和整理传报工作。

（1）对环境污染事件、生物物种安全事件、辐射事件等信息进行接收、报告、处理、统计分析和监控；

（2）会同水利、气象等有关部门对水体富营养化导致的藻类污染事件等的信息进行接收、报告、处理、统计分析和监控；

（3）会同安监等有关部门对危险化学品安全事故引发的突发环境事件信息的接收、报告、处理和统计分析、信息监控。

3.2 预防工作

我厅负责加强全省环保系统对环境风险评价的审查，将环境风险防范作为环评审批和环保“三同时”验收的重要内容。在环保规划管理、排污许可证管理、限期治理、区域（行业）限批、上市企业环保核查、环境执法检查、环境监测等各项环境管理制度中，全面落实防范环境风险的责任和要求，对存在环境安全隐患的高风险企业限期整改或搬迁，不具备整改条件的，坚决予以关停；对不符合安全布局要求、达不到安全防护距离的，依法采取停产、停业、搬迁等措施；对短期内可以完成整改的，立即采取有效措施消除隐患；对情况复杂、短期内难以完成整改的，制定切实可行的应急预案限期整改。

3.3 监测预警

加强对重点河流及集中式饮用水源地的监测预警；加强对大型湖泊、水库，特别是春季发生过藻类污染水库的营养化指标和生物指标的监测；加强对水质监测站、空气监测站的维护，保证自动站的正常运行；加强对监测数据，特别是重金属特征污染物监测数据和自动监测数据的分析，发现异常情况及时查找原因、及时预警、及时报告；掌握环境质量状况及变化趋势，说清污染物排放情况，对突发环境事件和潜在的环境风险进行有效预警与响应。

3.4 预警发布

厅各处室、直属单位从各种途径了解或接受到突发环境事件有关信息后，要认真筛选、核实、研判，报应急办。应急办接到突发环境事件的报警信息后，要初步判断事件的类型和预警级别，立即报厅应急领导小组。

按照突发环境事件发生的紧急程度、发展态势和可能造成的危害程度，突发环境事件的预警级别由高到低分为一级、二级、三级和四级，分别用红色、橙色、黄色和蓝色标示。

二级以上（含二级）预警信息要及时报告省人民政府，由省人民政府通过应急办网站或突发事件预警信息发布系统发布，其他任何组织和个人不得向社会发布预警信息。二级以上预警信息发布实行严格审查制度，应急办负责编制和审核，相关处室和直属单位会签，必要时召集有关专家进行会商，由分管厅领导和主要领导签发。二级以下预警信息为厅内部掌握或报请地方政府及有关部门注意。

情况紧急，可能发生重大以上（含重大）突发环境事件的；或事件已经发生，可能进一步扩大影响范围，造成更大危害时，厅要提请省政府发布预警信息。紧急情况包括但不限于几方面：

（1）监测数据显著异常。水质、大气自动监测站、常规水质监测断面、污染源在线监测装置、工业园区监测点等出现数据显著异常，可能发生重大以上突发环境事件。

（2）出现极端自然灾害。天气预报或已经出现强台风、强降雨、持续高温干旱等气象灾害，或发生地震等地质灾害，可能发生重大以上突发环境事件或导致环境质量恶化。

（3）次生重大环境事件。发生危险化学品或危险废物泄漏、工业园区火灾或爆炸、邻近省份重大环境污染事件等情况，可能引发重大以上突发环境事件。

预警信息应当包括发布单位、发布时间、可能发生突发事件的类别、起始时间、可能影响范围、预警级别、警示事项、事态发展、相关措施、咨询电话等内容。

核安全事故应急预警信息发布按有关专项规定执行。

3.5 预警状态

当发布二级以上预警时，省环境保护厅采取以下措施：

（1）厅应急领导小组启动本预案；

（2）按照厅应急领导小组的指示，应急办进入应急状态，现场处置组第一时间赶赴现场；

（3）根据污染状况、人员伤亡情况、污染趋势等，确认判断是否需要疏散人群、是否需要向下游提出污染警告，并对预警级别确认；

（4）应急办根据反馈的事件预警级别确认信息，报厅应急领导小组；

（5）根据预警级别，厅应急领导小组调集事发地地级市环保部门应急人员进入待命状态，做好参与应急救援和处置工作的准备。

3.6 预警调整及解除

发布二级以上预警信息后，根据事态的发展，厅应急领导小组按照有关规定适时报请省政府调整预警级别，及时更新发布预警信息。有事实证明不可能发生突发环境事件或者危险已经解除的，应当及时报请省政府终止预警，并解除已经采取的有关措施。

4 应急处置

4.1 应急响应分级

突发环境事件应急响应坚持属地为主、分级响应的原则。对应事件等级，应急响应分为四级：特别重大（Ⅰ级）响应、重大（Ⅱ级）响应、较大（Ⅲ级）响应、一般（Ⅳ级）响应。当突发环境事件的等级不确定时，应按可能的最高等级部署应急响应工作。当事件超出本级应急处置能力时，应及时请求上一级应急救援指挥机构启动上一级应急预案。

4.2 应急响应程序

4.2.1 接报

应急办或其他人员接到发生突发环境事件报告后，记录好事件发生的时间、地点、污染物、人员伤害、联系人及电话等情况，并立即向应急办领导报告，应急办领导根据事件影响及危害程度，向厅应急领导小组报告，情况紧急时可以越级报告。

4.2.2 初报

应急办根据厅应急领导小组或应急办领导指示，按规定向省委、省政府和环保部报告事件初步信息，并通知可能受影响的下游地区和周边地区的政府和环保部门做好应急准备工作。

4.2.3 响应

发生特大环境污染事件，国家启动Ⅰ级应急响应；发生重大环境污染事件，省政府启动Ⅱ级应急响应。Ⅰ、Ⅱ级应急响应启动后，厅应急领导小组按照环保部和省政府的指令启动本预案，协调各部门参与应急响应，协助事发地政府开展应急处置工作；较大和一般环境事件由事发地政府启动相应级别的应急响应，厅应急领导小组及各现场工作组根据需要，指导事发地政府开展应急处置工作。

4.2.4 调度

本预案启动后，应急办立即通知各现场工作组负责人进行应急准备，抽调有关人员成立现场工作组，组长由厅应急领导小组组长、副组长或其指定的人员担任，明确有关要求并到指定地点集结待命。相关应急人员、应急车辆和驾驶人员接到通知后，应及时抵达集结地点，并按要求迅速做好应急准备。无法按时赶赴应急集结点时，应向各组组长报告。

4.2.5 处置

现场工作组到达现场后，按照现场指挥部的分工或各自职责，对事件进行调查核实，协助当地政府开展应急监测、污染源调查、应急处置等应对工作，及时将有关信息反馈应急办，情况紧急的及时向厅应急领导小组报告。

事件等级初步确定为重大以上的，厅应急领导小组组长率有关副组长及其他应急人员赶赴现场，指挥开展污染源排查、原因分析和应急监测等工作，向当地政府提出人员疏散、停止水厂取水、防止污染扩大、消除污染影响等应急处置指导性意见。

4.2.6 保障

突发环境事件发生后，调度全省环保系统资源做好应急处置工作，组织做好环境应急设备和物质保障工作。

4.2.7 报告

突发环境事件发生后，应急办安排人员值班，重大以上环境事件安排 24 小时值班，收集有关信息，及时向厅领导小组领导报告，并做好信息报送工作。

4.3 先期处置

企业事业单位发生事故或其他突发性事件，造成或者可能造成突发环境事件的，应当立即启动本单位的突发环境事件应急预案，采取应急措施，并同时将突发环境事件报告当地环境保护主管部门。接到或获悉突发环境事件信息报告后，应急办可要求当地环保部门核实情况，并配合当地政府第一时间采取紧急措施。

4.4 应急监测

我厅负责组织协调重大以上突发事件应急监测工作，并指导地方环境监测机构进行环境应急监测（海洋环保部门负责组织、指导、协调海洋环境监测工作），为突发环境事件应急处置提供技术支持，具体职责包括：

（1）根据突发环境事件污染物的性质、扩散速度和事件发生地的气象、水文和地域特点，制订环境应急监测方案，确定污染物扩散的范围和浓度；

（2）根据监测结果，综合分析突发环境事件污染变化趋势，并通过专家咨询和讨论的方式，预测并报告突发环境事件的发展情况、污染物的变化情况以及对人群和生态系统的影响情况，作为突发环境事件应急决策的技术支撑。

4.5 信息报告

4.5.1 报告时限和程序

我厅在发现或者得知突发环境事件信息后，应当立即进行核实或要求当地环保部门核实，对突发环境事件的性质和类别做出初步认定。我厅先于下级环境保护部门获悉突发环境事件信息的，可以要求下级环境保护部门核实并报告相应信息。

对初步认定为一般（IV 级）或者较大（III 级）突发环境事件的，要求事发地环保部门在四小时内向本级人民政府和上一级环境保护主管部门报告。

对初步认定为重大（II 级）或者特别重大（I 级）突发环境事件的，要求事发地环保部门在两小时内向本级人民政府和我厅报告，同时上报环境保护部。我厅接到报告后，应当进行核实并在一小时内报告环境保护部。

突发环境事件处置过程中事件级别发生变化的，应当按照变化后的级别报告信息。敏感性突发环境事件信息，不受突发环境事件分级标准限制，要求事发地环保部门立即报告我厅。

发生下列一时无法判明等级的突发环境事件，要求事发地人民政府环境保护主管部门按照重大（II 级）或者特别重大（I 级）突发环境事件的报告程序上报：

（1）对饮用水水源保护区造成或者可能造成影响的；

（2）涉及居民聚居区、学校、医院等敏感区域和敏感人群的；

（3）涉及重金属或者类金属污染的；

（4）有可能产生跨省或者跨国影响的；

（5）因环境污染引发群体性事件，或者社会影响较大的；

（6）地方人民政府环境保护主管部门认为有必要报告的其他突发环境事件。

本预案实施后，如果国家、省或相关部门有新规定的，应执行最严格的规定。

4.5.2　报告方式与内容

突发环境事件的报告分为初报、续报和处理结果报告。

初报在发现或者得知突发环境事件后首次上报；续报在查清有关基本情况、事件发展情况后随时上报；处理结果报告在突发环境事件处理完毕后上报。

初报应当报告突发环境事件的发生时间、地点、信息来源、事件起因和性质、基本过程、主要污染物和数量、监测数据、人员受害情况、饮用水水源地等环境敏感点受影响情况、事件发展趋势、处置情况、拟采取的措施以及下一步工作建议等初步情况，并提供可能受到突发环境事件影响的环境敏感点的分布示意图。

续报应当在初报的基础上，报告有关处置进展情况。

处理结果报告应当在初报和续报的基础上，报告处理突发环境事件的措施、过程和结果，突发环境事件潜在或者间接危害以及损失、社会影响、处理后的遗留问题、责任追究等详细情况。

突发环境事件信息应当采用传真、网络、邮寄和面呈等方式书面报告；情况紧急时，初报可通过电话报告，但应当及时补充书面报告。

书面报告中应当载明突发环境事件报告单位、报告签发人、联系人及联系方式等内容，并尽可能提供地图、图片以及相关的多媒体资料。

报告上应注明突发环境事件的等级。如果发生初期无法按突发环境事件分级标准确认等级时，报告上应注明初步判断的可能等级。随着事件的续报，可视情核定突发环境事件等级并报告应报送的部门。

4.6　信息通报与发布

应急办根据实际情况和工作需要，及时向省人民政府有关部门及可能波及的周边地市通报突发环境事件的情况，以便做好防范污染事件危害、蔓延的预防工作。

重大以上突发环境事件发生后，信息新闻组及时提出信息发布的建议，经厅应急领导小组批准后报现场指挥部或省政府。一般和较大突发环境事件发生后，根据实际需要，由宣教处编写新闻通稿，经厅应急领导小组批准后对外发布。

突发环境事件相关信息统一向社会发布，各应急小组、应急人员要做好保密工作，不得擅自发表意见、发布信息、提供资料。要正确引导舆论，注重社会效果，防止产生负面影响。视需要由宣教处向外事主管部门申请，协调组织境外记者采访，主动引导境外媒体。

4.7 响应升级与降级

启动响应的人民政府根据事态的发展情况和采取措施的效果适时调整响应级别。事件响应升级需经厅领导小组组长同意，按相关程序建议启动上一级应急响应程序；事件造成的危害受到控制、造成的影响基本消除，经厅领导小组组长同意，向原启动应急响应的部门提出降低应急响级别或结束应急响应的建议。

4.8 应急终止

突发环境事件的现场应急处置工作在突发环境事件的威胁和危害得到控制或者消除后，应当终止。

（1）事件现场得到控制，事件条件已经消除；

（2）污染源的泄漏或释放已降至规定限值以内；

（3）事件所造成的危害已经被彻底消除，无继发可能；

（4）事件现场的各种专业应急处置行动已无继续的必要；

（5）采取了必要的防护措施以保护公众免受再次危害，并使事件可能引起的中长期影响趋于合理且尽量低的水平。

Ⅳ、Ⅲ级响应终止由当地环境保护部门报当地政府决定；Ⅱ级响应终止由厅应急领导小组会同当地市政府报请省政府或现场指挥部决定；Ⅰ级响应终止由环保部或国务院决定。应急终止的程序如下：

（1）环境应急现场指挥部决定终止时机，或事件责任单位提出，经环境应急现场指挥部批准；

（2）环境应急现场指挥部向组织处置突发环境事件的各专业应急救援队伍下达应急终止命令；

（3）应急状态终止后，省应急领导小组应根据有关指示和实际情况，决定是否继续进行环境监测和评价工作。

4.9 安全防护

应根据突发环境事件的特点，对环境应急人员采取安全防护措施，配备相应的专业防护装备，严格执行环境应急人员出入事发现场的程序。

5 后期处置

5.1 总结评估

（1）突发环境事件结束后，各工作组要对各自的处置工作进行总结，总结报告报应急办。应急办编制总报告，于应急终止后上报；

（2）应急办组织有关人员对环境事件应对过程进行评估，包括现场调查处理情况、所采取措施的效果评价、应急处理过程中存在的问题和取得的经验等，并根据评估情况，及时修订预案。

5.2 调查处理

重大以上突发环境事件发生后，我厅配合省政府或国务院工作组查明突发环境事件的发生经过和原因，总结突发环境事件应急处置工作的经验教训，制定改进措施，对突发环境事件造成的损失进行评估。

5.3 保险

我厅对环境应急人员依法办理人身意外伤害保险。

6 应急保障

6.1 资金保障

突发环境事件预防、预警、应急处置所需要的费用，包括仪器装备、交通车辆、专家咨询、应急演练、人员防护设备等，由规划财务处会相关处室、单位制订计划，向省财政申请解决。

6.2 物资保障

加强处置恐怖袭击事件、危险化学品的检验、鉴定、监测设施设备的建设，增加应急处置、快速机动和防护装备、物资的储备，物资储备包括化油、解毒、防酸、防碱等试剂材料、快速检测设备、隔离及卫生防护用品等。应急装备的日常管理和维护由监测中心负责。

6.3 通信保障

厅应急领导小组组长、副组长、成员及其他应急人员必须 24 小时保持通信畅通，厅值班电话 24 小时保持通畅，节假日必须安排人员值班。要充分发挥信息网络系统的作用，确保应急时能够统一调动有关人员、物资迅速到位。应急值班由应急办公室负责安排。

6.4 队伍保障

以各级环境监察和环境监测机构为基础，组建一支训练有素、业务熟悉、召之即来、来之能战的高素质环境事件应急处置、监测队伍，并形成应急网络，确保在事件发生时，能迅速控制污染、减少危害，确保环境和公众安全。全省环境应急工作联络表由应急办定期更新，全省环境应急监测联络表由监测中心及时更新。监测中心、环境监察局、机关服务中心等单位随时做好应急人员、车辆、仪器设备、处置物资等方面的准备工作，确保突发环境事件发生时做到及时响应、科学处置。

6.5 技术保障

建立应急数据库和应急专家库，确保在启动预警前、事件发生后相关环境专家能迅速到位，为指挥决策提供服务。应急数据库的建设和维护由信息中心负责，应急专家库的建设和更新由应急办负责。

7 监督管理

7.1 预案演练

根据本省实际情况和工作需要，结合应急预案，每年至少组织一次环境应急演练，以检验应急预案的可行性和有效性。需要公众参与的应急演习要报省政府同意。应急演练由应急办组织环境监察局、监测中心等有关部门制订方案，经厅应急领导小组批准后组织实施。

7.2 培训宣教

坚持“平战结合”的原则，定期组织开展环境事件应急队伍人员相关知识、技能的培训，推广最新知识和先进技术，培养一批训练有素的环境应急监测、处置等专门人才。应急培训由应急办、环境监察局和监测中心组织开展。

宣教处组织宣教中心结合每年的世界环境日和环境安全教育月活动，充分利用广播、电视、报纸、互联网、手册等手段，广泛开展环境事件应急法律法规和预防、处理、自救、互救、减灾等常识，增强公众的防范意识和相关心理准备，提高公众的防范能力。

7.3 监督考核

厅应急领导小组及处室、直属单位负责落实本预案规定的职责。

7.4 责任追究

突发环境事件应急工作实行行政领导负责制和责任追究制。

7.4.1 奖励

在突发环境事件应急工作中，有下列事迹之一的单位、个人及专家，应依据有关规定给予奖励：

（1）完成突发环境事件应急处置任务，成绩显著的；

（2）在突发环境事件应急处置中，使人民群众的生命财产免受或者减少损失的；

（3）对突发环境事件应急工作提出重大建议，实施效果显著的；

（4）有其他特殊贡献的。

7.4.2 责任追究

在突发环境事件应急工作中，有下列行为之一的，按照有关法律和规定，对有关责任人员视情节和危害后果，由其所在单位或者上级机关给予处分；构成犯罪的，由司法机关依法追究刑事责任：

（1）未认真履行环保法律、法规规定的义务，引发突发环境事件的；

（2）未按照规定制定突发环境事件应急预案，拒绝承担突发环境事件应急准备义务的；

（3）未按规定报告、通报突发环境事件真实情况的；

（4）拒不执行突发环境事件应急预案，不服从命令和指挥，或者在事件应急响应时临阵脱逃的；

（5）盗窃、贪污、挪用突发环境事件应急工作资金、装备和物资的；

（6）阻碍突发环境事件应急工作人员依法执行公务或者进行破坏活动的；

（7）散布谣言、扰乱社会秩序的；

（8）对突发环境事件应急工作造成其他危害的。

8 附则

8.1 本预案用语的含义

突发环境事件，是指突然发生，造成或可能造成环境污染或生态破坏，危及人民群众生命财产安全，影响社会公共秩序，需要采取紧急措施予以应对的事件。一般是因事故或意外性事件等因素，致使环境受到污染或破坏，公众的生命健康和财产受到危害或威胁的紧急情况。

环境应急，是指为避免突发环境事件的发生或减轻突发环境事件的后果，所进行的预防与应急准备、监测与预警、应急处置与救援、事后恢复与重建等应对行动。

先期处置，是指突发环境事件发生后在事发地第一时间内所采取的紧急措施。

后期处置，是指突发环境事件的危害和影响得到基本控制后，为使生产、工作、生活、社会秩序和生态环境恢复正常状态在事件后期所采取的一系列行动。

直接经济损失，包括环境污染行为直接造成的财产损毁、减少的账面价值，为防止污染扩大以及消除污染而采取的必要的、合理的措施而发生的费用。

环境应急监测，是指环境应急情况下，为发现和查明环境污染情况和污染范围而进行的环境监测。包括定点监测和动态监测。

应急演练，是指为检验应急预案的有效性、应急准备的完善性、应急响应能力的适应性和应急人员的协同性而进行的一种模拟应急响应的实践活动。根据所涉及的内容和范围的不同，可分为单项演练和综合演练。

本预案中对数量的表达，所称“以上”含本数，“以下”不含本数。

8.2 预案解释部门

本预案由省环境保护厅修订，解释与组织实施。

8.3 预案实施时间

本预案自印发之日起实施。

第三节 应急演练

一、应急演练定义及分类

（一）应急演练定义

应急演练是指各级人民政府及其部门、企事业单位、社会团体等（以下统称演练组织单位）组织相关单位及人员，依据有关应急预案，模拟应对突发事件的活动。

（二）应急演练目的

（1）检验预案。通过开展应急演练，查找应急预案中存在的问题，进而完善应急预案，提高应急预案的实用性和可操作性。

（2）完善准备。通过开展应急演练，检查应对突发事件所需应急队伍、物资、装备、技术等方面的准备情况，发现不足及时予以调整补充，做好应急准备工作。

（3）锻炼队伍。通过开展应急演练，增强演练组织单位、参与单位和人员等对应急预案的熟悉程序，提高其应急处置能力。

（4）磨合机制。通过开展应急演练，进一步明确相关单位和人员的职责任务，理顺工作关系，完善应急机制。

（5）科普宣教。通过开展应急演练，普及应急知识，提高公众风险防范意识和自救互救等灾害应对能力。

（三）应急演练原则

（1）结合实际，合理定位。紧密结合应急管理工作实际，明确演练目的，根据资源条件确定演练方式和规模。

（2）着眼实战、讲求实效。以提高应急指挥人员的指挥协调能力、应急队伍的实战能力为着眼点。重视对演练效果及组织工作的评估、考核、总结推广好经验，及时整改存在问题。

（3）精心组织、确保安全。围绕演练目的，精心策划演练内容，科学设计演练方案，周密组织演练活动，制定并严格遵守有关安全措施，确保演练参与人员及演练装备设施的安全。

（4）统筹规划、厉行节约。统筹规划应急演练活动，适当开展跨地区、跨部门、跨行业的综合性演练，充分利用现有资源，努力提高应急演练效益。

（四）应急演练分类

1．按组织形式划分，应急演练可分为桌面演练和实战演练

（1）桌面演练。桌面演练是指参演人员利用地图、沙盘、流程图、计算机模拟、视频会议等辅助手段，针对事先假定的演练情景，讨论和推演应急决策及现场处置的过程，从而促进相关人员掌握应急预案中所规定的职责和程序，提高指挥决策和协同配合能力。桌面演练通常在室内完成。

（2）实战演练。实战演练是指参演人员利用应急处置涉及的设备和物资，针对事先设置的突发事件情景及其后续的发展情景，通过实际决策、行动和操作，完成真实应急响应的过程，从而检验和提高相关人员的临场组织指挥、队伍调动、应急处置技能和后勤保障等应急能力。实战演练通常要在特定场所完成。

2．按内容划分，应急演练可分为单项演练和综合演练

（1）单项演练。单项演练是指涉及应急预案中特定应急响应功能或现场处置方案中一系列应急响应功能的演练活动。注重针对一个或少数几个参与单位（岗位）的特定环节和功能进行检验。

（2）综合演练。综合演练是指涉及应急预案中多项或全部应急响应功能的演练活动。注重对多个环节和功能进行检验，特别是对不同单位之间应急机制和联合应对能力的检验。

3．按目的与作用划分，应急演练可分为检验性演练、示范性演练和研究性演练

（1）检验性演练。检验性演练是指为检验应急预案的可行性、应急准备的充分性、应急机制的协调性及相关人员的应急处置能力而组织的演练。

（2）示范性演练。示范性演练是指为向观摩人员展示应急能力或提供示范教学，严格按照应急预案规定开展的表演性演练。

（3）研究性演练。研究性演练是指为研究和解决突发事件应急处置的重点、难点问题，试验新方案、新技术、新装备而组织的演练。

不同类型的演练相互组合，可以形成单项桌面演练、综合桌面演练、单项实战演练、综合实战演练、示范性单项演练、示范性综合演练等。

（五）应急演练规划

演练组织单位要根据实际情况，并依据相关法律法规和应急预案的规定，制定年度应急演练规划，按照“先单项后综合、先桌面后实战、循序渐进、时空有序”等原则，合理规划应急演练的频次、规模、形式、时间、地点等。

二、应急演练组织机构

演练应在相关预案确定的应急领导机构或指挥机构领导下组织开展。演练组织单位要成立由相关单位领导组成的演练领导小组，通常下设策划部、保障部和评估组；对于不同类型和规模的演练活动，其组织机构和职能可以适当调整。根据需要，可成立现场指挥部。

（一）演练领导小组

演练领导小组负责应急演练活动全过程的组织领导，审批决定演练的重大事项。演练领导小组组长一般由演练组织单位或其上线单位的负责人担任；副组长一般由演练组织单位或主要协办单位负责人担任；小组其他成员一般由各演练参与单位相关负责人担任。在演练实施阶段，演练领导小组组长、副组长通常分别担任演练总指挥、副总指挥。

（二）策划部

策划部负责应急演练策划、演练方案设计、演练实施的组织协调、演练评估总结等工作。策划部设总策划、副总策划，下设文案组、协调组、控制组、宣传组等。

（1）总策划。总策划是演练准备、演练实施、演练总结等阶段各项工作的主要组织者，一般由演练组织单位具有应急演练组织经验和突发事件应急处置经验的人员担任；副总策划协助总策划开展工作，一般由演练组织单位或参与单位的有关人员担任。

（2）文案组。在总策划的直接领导下，负责制订演练计划、设计演练方案、编写演练总结报告以及演练文档归档与备案等；其他成员应具有一定的演练组织经验和突发事件应急处置经验。

（3）协调组。负责与演练涉及的相关单位以及本单位有关部门之间的沟通协调，其成员一般为演练组织单位及参与单位的行政、外事等部门人员。

（4）控制组。在演练实施过程中，在总策划的直接指挥下，负责向演练人员传送各类控制消息，引导应急演练进程按计划进行。其成员最好有一定的演练经验，也可以从文案组和协调组抽调，常称为演练控制人员。

（5）宣传组。负责编制演练宣传方案，整理演练信息、组织新闻媒体和开展新闻发布等。其成员一般是演练组织单位及参与单位宣传部门人员。

（三）保障部

保障部负责调集演练所需物资装备，购置和制作演练模型、道具、场景，准备演练场地，维持演练现场秩序，保障运动车辆，保障人员生活和安全保卫等。其成员一般是演练组织单位及参与单位后勤、财务、办公等部门人员，常称为后勤保障人员。

（四）评估组

评估组负责设计演练评估方案和演练评估报告，对演练准备、组织、实施及其安全事项进行全过程、全方位评估，及时向演练领导小组、策划部和保障部提出意见、建议。其成员一般是应急管理专家、具有一定演练评估经验和突发事件应急处置经验专业人员，常称为演练评估人员。评估组可由上级部门组织，也可由演练组织单位自行组织。

（五）参演队伍和人员

参演队伍包括应急预案规定的有关应急管理部门（单位）工作人员、各类专兼职应急救援队伍以及志愿者队伍等。

参演人员承担具体演练任务，针对模拟事件场景作出应急响应行动，有时也可使用模拟人员替代未现场参加演练的单位人员，或模拟事故的发生过程，如释放烟雾、模拟泄漏等。

三、应急演练准备

（一）制订演练计划

演练计划由文案组编制，经策划部审查后报演练领导小组批准。主要内容包括：

（1）确定演练目的，明确举办应急演练的原因、演练要解决的问题和期望达到的效果等。

（2）分析演练需求，在对事先设定事件的风险及应急预案进行认真分析的基础上，确定需调整的演练人员、需锻炼的技能、需检验的设备、需完善的应急处置流程和需进一步明确的职责等。

（3）确定演练范围，根据演练需求、经费、资源和时间等条件的限制，确定演练事件类型、等级、地域、参演机构及人数、演练方式等。演练需求和演练范围往往互为影响。

（4）安排演练准备与实施的日程计划，包括各种演练文件编写与审定的期限、物资器材准备的期限、演练实施的日期等。

（5）编制演练经费预算，明确演练经费筹措渠道。

（二）设计演练方案

演练方案由文案组编写，通过评审后由演练领导小组批准，必要时还需报有关主管单位同意并备案。主要内容包括：

（1）确定演练目标。

演练目标是需完成的主要演练任务及其达到的效果，一般说明“由谁在什么条件下完成什么任务，依据什么标准，取得什么效果”。演练目标应简单、具体、可量化、可实现。一次演练一般有若干项演练目标，每项演练目标都要在演练方案中有相应的事件和演练活动予在实现，并在演练评估中有相应的评估项目判断该目标的实现情况。

（2）设计演练情景与实施步骤。

演练情景要为演练活动提供初始条件，还要通过一系列的情景事件引导演练活动继续，直至演练完成。演练情景包括演练场景概述和演练场景清单。

演练场景概述。要对每一处演练场景的概要说明，主要说明事件类别、发生的时间地点、发展速度、强度与危险性、受影响范围、人员和物资分布、已造成的损失、后续发展预测、气象及其他环境条件等。

演练场景清单。要明确演练过程中各场景的时间顺序列表和空间分布情况。演练场景之间的逻辑关联依赖于事件发展规律、控制消息和演练人员收到控制消息后应采取的行动。

（3）设计评估标准与方案。

演练评估是通过观察、体验和记录演练活动，比较演练实际效果与目标之间的差异，总结演练成效和不足的过程。演练评估应对演练目标为基础。每项演练目标都要设计合理的评估项目方法、标准。根据演练目标的不同，可以用选择项（如：是/否判断，多项选择）、主观评分（如：1—差、3—合格、5—优秀）、定量测量（如：响应时间、被困人数、获救人数）等方法进行评估。

为便于演练评估操作，通常事先设计好评估表格，包括演练目标、评估方法、评价标准和相关记录项等。有条件时还可以采用专业评估软件等工具。

（4）编写演练方案文件。

演练方案文件是指导演练实施的详细工作文件。根据演练类别和规模的不同，演练方案可以编为一个或多个文件。编为多个文件时可包括演练人员手册、演练控制指南、演练评估指南、演练宣传方案、演练脚本等，分别发给相关人员。对涉密应急预案的演练或不宜公开的演练内容，还要制定保密措施。

演练人员手册。内容主要包括演练概述、组织机构、时间、地点、参演单位、演练目的、演练情景概述、演练现场标识、演练后勤保障、演练规则、安全注意事项、通信联系方式等，但不包括演练细节。演练人员手册可发放给所有参加演练的人员。

演练控制指南。内容主要包括演练情景概述、演练事件清单、演练场景说明、参演人员及其位置、演练控制规则、控制人员组织结构与职责、通信联系方式等。演练控制指南主要供演练人员使用。

演练评估指南。内容主要包括演练情景概述、演练事件清单、演练目标、演练场景说明、参演人员及其位置、评估人员组织结构与职责、评估人员位置、评估表格及相关工具、通信联系方式等。演练评估指南主要供演练评估人员使用。

演练宣传方案。内容主要包括宣传目标、宣传方式、传播途径、主要任务及分工、技术支持、通信联系方式等。

演练脚本，描述演练事件场景、处置行动、执行人员、指令与对白、视频背景与字幕、解说词等。

（5）演练方案评审。

对综合性较强、风险较大的应急演练，评估组要对文案制订的演练方案进行评审，确保演练方案科学可行，以确保应急演练工作的顺利进行。

（三）演练动员与培训

在演练开始前要进行演练动员和培训，确保所有演练参与人员掌握演练规则，演练情景和各自在演练中的任务。

所有演练参与人员都要经过应急基本知识、演练基本概念、演练现场规则等方面的培训。对控制人员要进行岗位职责、演练过程控制和管理等方面的培训；对评估人员要进行岗位职责、演练评估方法、工具使用等方面的培训；对参演人员要进行应急预案、应急技能及个体防护装备使用等方面的培训。

（四）应急演练保障

（1）人员保障。演练参与人员一般包括演练领导小组、演练总指挥、总策划、文案人员、控制人员、评估人员、保障人员、参演人员、模拟人员等，有时还会有观摩人员等其他人员。在演练的准备过程中，演练组织单位和参与单位应合理安排工作，保证相关人员参与演练活动的时间；通过组织观摩学习和培训，提高演练人员素质和技能。

（2）经费保障。演练组织单位每年要根据应急演练规划编制应急演练经费预算，纳入该单位的年度财政（财务）预算，并按照演练需要及时拨付经费。对经费使用情况进行监督检查，确保演练经费专款专用、节约高效。

（3）场地保障。根据演练方式和内容，经现场勘察后选择合适的演练场地。桌面演练一般可选择会议室或应急指挥中心等；实战演练应选择与实际情况相似的地点，并根据需要调协指挥部、集结点、接待站、供应站、救护站、停车场等设施。演练场地应有足够的空间，良好的交通、生活、卫生和安全条件，尽量避免干扰公共生产生活。

（4）物资和器材保障。

根据需要，准备必要的演练材料、物资和器材，制作必要的模型设施等，主要包括：

①信息材料：主要包括应急预案和演练方案的纸质文本、演示文档、图表、地图、软件等。

②物资设备：主要包括各种应急抢险物资、特种装备、办公设备、录音摄像设备、信息显示设备等。

③通信器材：主要包括固定电话、移动电话、对讲机、海事电话、传真机、计算机、无线局域网、视频通信器材和其他配套器材，尽可能使用已有通信器材。

④演练情景模型：搭建必要的模拟场景及装备设施。

（5）通信保障。应急演练过程中应急指挥机构、总策划、控制人员、参演人员、模拟人员等之间要有及时可靠的信息传递渠道。根据演练需要，可以采用多种公用或专用通信系统，必要时可组建演练专用通信与信息网络，确保演练控制信息的快速传递。

（6）安全保障。

演练组织单位要高度重视演练组织与实施全过程的安全保障工作。大型或高风险活动要按规定制定专门应急预案，采取预防措施，并对关键部位和环节可能出现的突发事件进行针对性演练。根据需要为演练人员配备个体防护装备，购买商业保险。对可能影响公众生活、易于引起公众误解和恐慌的应急演练，应提前向社会发布公告，告示演练内容、时间、地点和组织单位，并做好对方案，避免造成负面影响。

演练现场要有必要的安保措施，必要时对演练现场进行封闭或管制，保证演练安全进行。演练出现意外情况时，演练总指挥与其他领导小组成员会商后可提前终止演练。

四、应急演练实施

（一）演练启动

演练正式启动前一般要举行简短仪式，由演练总指挥宣布演练开始并启动演练活动。

（二）演练执行

1. 演练指挥与行动

演练总指挥负责演练实施全过程的指挥控制。当演练总指挥不兼任总策划时，一般由总指挥授权策划对演练全过程进行控制。

按照演练方案要求，应急指挥机构指挥各参演队伍和人员，开展对模拟演练事件的应急处置行动，完成各项演练活动。

演练控制人员应充分掌握演练方案，按总策划的要求，熟练发布控制信息，协调参演人员完成各项演练任务。

参演人员根据控制消息和指令，按照演练方案规定的程序开展应急处置行动，完成各项演练活动。

模拟人员按照演练方案要求，根据未参加演练的单位或人员的行动，并作出信息反馈。

2．演练过程控制

总策划负责按演练方案控制演练过程。

（1）桌面演练过程控制。

在讨论式桌面演练中，演练活动主要是围绕对所提出问题进行讨论。由总策划以口头或书面形式，部署引入一个或若干个问题。参演人员根据应急预案及有关规定，讨论应采取的行动。

在角色扮演或推演式桌面演练中，由总策划按照演练方案发出控制消息，参演人员接收到事件信息后，通过角色扮演或模拟操作，完成应急处置活动。

（2）实战演练过程控制。

在实战演练中，要通过传递控制消息来控制演练进程。总策划按照演练方案发出控制消息，控制人员向参演人员和模拟人员传递控制消息。参演人员和模拟人员接到信息后，按照发生真实事件的应急处置程序，可根据应急行动方案，采取相应的应急处置行动。

控制消息可由人工传递，也可以用对讲机、电话、手机、传真机、网络等方式传送，或者通过特定的声音、标志、视频等呈现。演练过程中，控制人员应随时掌握演练进展情况，并向总策划报告演练中出现的各种问题。

3．演练解说

在演练实施过程中，演练组织单位可以安排专人对演练过程进行解说。解说内容一般包括演练背景描述、进程讲解、案例介绍、环境渲染等。对于有演练脚本的大型综合性示范演练，可按照脚本中的解说词进行讲解。

4．演练记录

演练实施过程中，一般要安排专门人员，采用文字、照片和音像等手段记录演练过程。文字记录一般可由评估人员完成，主要包括演练实际开始与结束时间、演练过程控制情况、各项演练活动中参演人员的表现、意外情况及其处置等内容，尤其要详细记录可能出现的人员“伤亡”（如进入“危险”场所而无安全防护，在规定的时间内不能完成疏散等）及财产“损失”等情况。

照片和音像记录可安排专业人员和宣传人员在不同现场、不同角度进行拍摄，尽可能全方位反映演练实施过程。

5．演练宣传报道

演练宣传组按照演练宣传方案做好演练宣传报道工作。认真做好信息采集、媒体组织、广播电视节目现场采编和播报等工作，扩大演练的宣传教育效果。对涉密应急演练要做好相关保密工作。

（三）演练结束

演练完毕，由总策划发出结束信号，演练总指挥宣布演练结束。演练结束后所有人员停止演练活动，按预定方案集合进行现场总结讲评或者组织疏散。保障部负责组织人员对演练场地进行清理和恢复。

演练实施过程中出现下列情况，经演练领导小组决定，由演练总指挥按照事先规定的程序和指令终止演练：①出现真实突发事件，需要参演人员参与应急处置时，要终止演练，使参演人员迅速回归其工作岗位，履行应急处置职责；②出现特殊或意外情况，短时间内不能妥善处置或解决时，可提前终止演练。

五、应急演练评估与总结

（一）演练评估

演练评估是全面分析演练记录及相关资料的基础上，对比参演人员表现与演练目标要求，对演练活动及其组织过程作出客观评价，并编写演练评估报告的过程。所有应急演练活动都应进行演练评估。

演练结束后可通过组织评估会议、填写演练评价表和对参演人员进行访谈等方式，也可要求参演单位提供自我评估总结材料，进一步收集演练组织实施的情况。

演练评估报告的主要内容一般包括演练执行情况、预案的合理性与可操作性、应急指挥人员的指挥协调能力、参演人员的处置能力、演练所用设备装备的适用性、演练目标的实现情况、演练的成本效益分析、对完善预案的建议等。

（二）演练总结

演练总结可分为现场总结和事后总结。

（1）现场总结。在演练的一个或所有阶段结束后，由演练总指挥、总策划、专家评估组长等在演练现场有针对性地进行讲评和总结。内容主要包括本阶段的演练目标、参演队伍及人员的表现、演练中暴露的问题、解决问题的办法等。

（2）事后总结。在演练结束后，由文案组根据演练记录、演练评估报告、应急预案、现场总结等材料，对演练进行系统和全面的总结，并形成演练总结报告。演练参与单位也可对本单位的演练情况进行总结。

演练总结报告的内容包括：演练目的，时间和地点，参演单位和人员，演练方案概要，发现的问题与原因，经验和教训，以及改进有关工作的建议等。

（三）成果运用

对演练中暴露出来的问题，演练单位应当及时采取措施予以改进，包括修改完善应急预案、有针对性地加强应急人员的教育和培训、对应急物资装备有计划地更新等，并建立改进任务表，按规定时间对改进情况进行监督检查。

（四）文件归档与备案

演练组织单位在演练结束后应将演练计划、演练方案、演练评估报告、演练总结报告等资料归档保存。

对于由上级有关部门布置或参与组织的演练，或者法律、法规、规章要求备案的演练，演练组织单位应当将相关资料报有关部门备案。

（五）考核与奖惩

演练组织单位要注重对演练参与单位及人员进行考核。对在演练中表现突出的单位和个人，可给予表彰和奖励；对不按要求参加演练，或影响演练正常开展的，可给予相应批评。

第九章　案例分析

第一节　铝灰厂溃坝引发跨界环境污染事件

2010 年 3 月 21 日，位于广东省肇庆市和清远市交界处的一个铝灰厂发生溃坝，大量的含渣废水冲出，损毁下游农田，造成跨界污染，威胁饮用水源。经过两地政府及环保等部门几天的努力，环境影响才得以消除。事件处置过程中暴露出不少问题，总结处置经验教训对其他事件的处置有借鉴意义。

一、基本情况

肇事铝灰厂所处位置为“插花地”，地处肇庆市广宁县，但土地为清远市清新县村民所有。该厂无证无照，使用淘汰落后工艺，外购废渣，提炼铝锭。利用山凹修筑堤坝作为废水池，堤坝外为农田和旱地。3 月 21 日，该厂在进行堤坝加固作业时，因施工不慎，堤坝坍塌，约 4 500 m^3 含渣废水短时间内全部外泄，损毁农田 3.5 亩[①]，废水顺着小溪流约 10 km 后进入柄水河，再经过约 27 km 后汇入滨江河。此外，在柄水河定线平电站上游位置有一条 6 km 长引水渠，从柄水河引水到石马河，石马河经 11 km 后也汇入滨江河，该汇入点下游约 17 km 处为清新县水厂取水口。柄水河及石马河上建有多个梯级电站。

二、应急处置

（一）领导重视，指导处置

广东省政府对事件处置高度重视，接报后，分管安监和环保的两位省领导做出重要批示，指导处置工作。广宁、清新两县领导亲临现场，检查指导。清新县政府成立了由副县长任指挥长的现场处置指挥部。省环保厅领导也做出批示，要求加强监测，采取措施，防止污水进入饮用水源地，防止再度溃坝。同时，派出环境监察和监测人员，协调、指导地方政府处置应对，组织应急监测，安排专人通宵值班，做好信息报送工作。

（二）切断源头，消除隐患

3 月 21 日，广宁县政府连夜组织调来勾机作业，封堵溃坝口，切断污染源。22 日，对事故现场残留的污染物进行围堵，挖掘排洪渠，防止因溪流影响再度溃坝。23 日，广宁

① 1 亩=1/15 hm^2≈666.67 m^2。

县组织工商、安监部门将铝灰厂拆除，推平厂房。27 日，完成对铝灰渣池和受损农田的加土覆盖。

（三）应急监测，监控水质

3 月 21 日下午接报后，省、市、县三级环保部门均到达现场。省环境监测中心组织应急监测工作，并出动了水质监测车实时监测。根据水质变化，先后编制了 4 个应急监测方案。

21 日水质监测表明，废水池污染源废水远超出广东省地方标准《水污染物排放限值》（DB 44/26—2001）第二时段二级标准，主要污染物为 pH 和氨氮，pH 为 10.0 左右，氨氮质量浓度为 460 mg/L 左右，超标 46 倍；而铜、铅、锌、镍、镉、锰、铬、六价铬等重金属浓度很低甚至未检出。

22 日，污染带进入了柄水河，柄水河 pH 接近 10，氨氮质量浓度最高达 102 mg/L，远超地表水III类标准（标准限值为 pH 9，氨氮 1.0 mg/L）。23 日，污染物进入滨江河。受上游来水稀释，柄水河污染物浓度逐渐下降，pH 已达标。24 日，受污染水体主要截留在柄水河叠坑电站上，氨氮质量浓度在 5 mg/L 左右。滨江河上游氨氮接近标准值。28 日起，柄水河、滨江河全线水质达到地表水III类标准。

（四）水利调度，控制水量

3 月 21 日溃坝后，因当时污染物成分不明，可能含有高浓度重金属，为防止下游饮用水源污染，清新县第一时间放掉柄水河上 3 个梯级电站储水，腾出库容，拦截受污染水体。并在随后几天中，控制梯级电站出水，保障下游饮用水源水质安全。

三、经验启示

（一）提高环境应急处置能力

在本次事件应急处置初期，环境监测人员未掌握下游河流走向、水厂情况，没有在各河流布设监测点位，未能全面监控水质变化；未根据河流水文数据，对污染趋势做出正确判断。地方监测站在 21 日 16 时许到达现场采样，重金属分析结果直到第二天才得以报出。地方监测部门对水质评价把握不准，对废水池铝灰废水、没有划分水质功能的小溪流以及柄水河全部按地表水III类评价。铝灰废水应按废水排放标准评价，对于只有灌溉功能的小溪流则按地表水 V 类标准评价更合适，柄水河虽然也没有划分水质功能，但因为是饮用水源地滨江河上游的支流，按地表水III类评价还是可以的。此外，派往现场人员没有配置手提电脑、上网卡等通信工具，现场情况不能及时反馈。

妥善应对突发环境事件已成为环保部门最重要的职责之一，环境应急准备工作必须常备不懈。污染事故的发生具有不确定性，环保部门要按照应急预案的要求，随时做好应急监测人员、车辆、仪器设备的准备。日常工作安排时必须考虑到应急需要，不能抱有不会出事的侥幸心理，不能将所有车辆、应急骨干全部安排出差，确保能第一时间到达现场。

环境应急监测技术水平和装备水平都有待提高，特别是基层环保部门。各级环境监测部门要把提高应急监测水平作为首要工作，要通过引进高学历的专业技术人才，加强应急监测培训和应急实践锻炼，做到熟悉应急监测预案、应急监测特点和流程、应急监测布点原则和分析方法，掌握监测数据分析和污染趋势判断方法，不断提高应急监测技术水平，培养一支高素质能打胜仗的应急监测队伍。

提高环境应急人员装备水平。目前，我省环境监管力量与经济发展水平不相适应，基层环保部门缺乏必要的环境监测监控和应急设备。各级政府必须要加大投入，加强环境监管和应急能力建设，为环境监测站添置必要的应急监测设备、防护设备和通信设备，提高环境污染事故预警和应急处理能力。手提电脑、无线上网卡、GPS 定位仪、照相机等都是必要的通信设备。

（二）进一步规范信息报送工作

本次事件的应对信息报告存在 3 个问题。一是报告不及时。2010 年 3 月 21 日 12：30 溃坝后，铝灰厂向当地镇政府报告，镇政府派人赶赴现场处理，但至 16 时才向当地环保部门报告。地方环保部门接报后第一时间向省环保部门电话或手机短信报告，但迟迟未能提交书面报告，甚至到第二天才作了书面报告。二是信息内容不一致。比如关于铝灰厂废水池的大小以及泄漏废水量，两地环保部门报送信息相差很大。一方报告废水池长宽深分别为 50 m×30 m×3 m，泄漏水量为几百立方米，另一方报告废水池尺寸分别为 70 m×50 m×10 m，泄漏水量为 3 500 m^3，第二天又调整为 20 000 m^3。最后核实的数量是 4 500 m^3。三是报告遗漏重要信息。21 日 21 时，石马河上一个日供水 400 多吨的村级小水厂停水，24 日恢复供水。地方环保部门信息报告没有提及该水厂的情况。保护饮用水源是应急处置最重要的目标，也是信息报告不能遗漏的重要内容。

“第一时间报告”是环保部门参与突发环境事件处置的第一要务，然而现实中，许多地方环保部门未能做到第一时间报告，报送工作也很不规范。为此，环保部 2011 年 4 月发布了《突发环境事件信息报告办法》，规范了突发环境事件信息报告工作，提出了报送时限、内容、方式要求，并调整了事件分级标准。各级环保部门要加强组织领导，强化培训，结合本地实际建立完善突发环境事件信息报告制度。

该办法规定，环保部门接到突发环境事件信息后，应当立即进行核实，并对事件性质和类别做初步认定。对初报认定为一般或较大的环境事件，市、区级环保部门应在 4 小时内向上级环保部门报告，对初报认定为重大或特大的，市、区级环保部门应在 2 小时内向省级环保部门和环保部报告。许多突发环境事件一时无法判断级别，对可能涉及饮用水源保护区、敏感区域和敏感人群、重金属污染、跨省污染、可能引发群体事件或社会影响较大的事件，要按照重大或特大的要求报送。

信息报送最困难、最紧张的是初报，因为报送要求时限短，而赶赴现场核实时间长，有时甚至到达现场都不止 4 个小时，初报迟报却最容易被问责。情况紧急时，可以先电话报告，但应当及时补充书面报告。为保证时效性，建议做到两点：一是在派人赶赴现场的同时，安排专人负责信息报送工作，编写信息和赶赴现场同步进行，不能等到达到现场才开始编写；二是规定信息报告格式，缩短审批时间。许多地方环保部门突发事件信息报告还是习惯于走日常文件的审批程序，逐级审核、签发，最后由单位盖章确认。这种审批流程耗时太长，无法满足快速报送需要。要规范信息报送的格式和流程，特事特办，信息写好后，经熟悉情况的领导把关，领导不在单位时甚至可以用发手机短信或打电话的方式请领导审核，审核后注明联系人和方式，就可以上报，不一定非得要单位的红头文件和盖章，通常以传真报送即可。值得注意的是，信息初报为满足报送时限要求，内容可能不全，遗漏了重要信息，甚至有错误，出现这种情况时，要随后续报，予以补充或更正。

（三）及时发布信息，正确引导舆论

24 日，《南方日报》以“溃坝！非法铝灰厂污水玷污千亩农田”醒目大标题以及“这个污染厂到底谁管辖？”的小标题，对事件作了整版报道，文章指出：“据估计重金属将污染近千亩农田”。在谷歌网站以“广宁铝灰厂溃坝”搜索竟获得超过 17 万条信息。实际污染农田仅 3.5 亩，也没有重金属污染。当地政府未及时对外发布信息，未做好媒体应对工作，导致出现不实报道，带来不利舆论影响。

现代社会信息发达，网络传播速度极快，“好事不出门，坏事传万里”，并且公众对环境污染的关注度非常高，环境事件已成为媒体争相报道的重点。一起很小的环境污染事件，经媒体迅速传播，也会引起社会的广泛关注。因此，环境污染事件发生后，“捂盖子”已经是不可能的，不及时发布信息，可能造成群众恐慌，甚至引发抢水、抢盐、逃亡等群体事件。当地政府唯有主动积极面对媒体，尽快对外发布信息，以新闻通稿、网络、电视、广播等方式发布污染事件处置进展以及环境影响情况。并密切关注国内外媒体、网络和社会对事件的反应，及时作出回应，及时封堵和删除网上各类传言和不实信息，避免媒体集中炒作和不切实际报道误导公众，为事件处置创造有利的舆论和社会环境，维护社会稳定。

（四）建立区域联动机制，协同应对突发事件

溃坝发生后，上游环保部门接报后，派人赶赴现场，但未第一时间通报下游环保部门。直到下游村民发现溪流水质异常并报告后，下游环保部门才获悉情况，并向上游环保部门反馈。在应急处置过程中，上下游政府和有关部门未做好信息互通，没有及时通报处置进展和水质监测数据，互相不清楚情况，影响了事件的协同处置。

不少环境违法行为都发生在跨界地区，因为交界地区监管薄弱，甚至“两不管”，很容易发生污染纠纷，双方相互推诿，本案例就出现过这种情况。

现阶段跨界环境污染事件频发。2010 年以来我省与交界的福建、湖南、广西发生了 5 起跨省界污染事件，其中 3 起事件的处置花费了大量的时间、人力和物力。我省境内也发生了多起影响较大的跨地级市界污染事件。这些事件的处置应对暴露出的一个突出问题：跨界地区之间信息通报不够及时，渠道不够畅通，内容不够完整，往往需要上级部门反复协调才能做到信息互通。这也说明，跨界地区之间很有必要在平时建立好协调联动机制，特别是上下游河流地区之间，做到联动执法、联合监测、信息互通，共同查处、打击跨界地区环境违法行为。有了机制的保障，发生环境污染事件后，才能迅速沟通、信息互通、协同应对。

（五）完善部门联动机制，共同处置突发事件

本次事件处置的一个突出问题是：由于现场指挥协调工作不到位，部门之间缺乏有效的协作，造成处置工作一波三折，饮用水源水质两度告急。3 月 22 日，大家都盯住柄水河最下游叠坑电站监测数据，氨氮质量浓度很低（不超过 0.2 mg/L），以为不会影响滨江河

水质，谁知由于柄水河旁路引水渠闸门的原因，大量受污染的水体从引水渠经过石马河进入滨江河，造成23日滨江河上游氨氮超标（但下游饮用水源区未超标）。切断引水渠后，滨江河浓度降低并达标。24日，由于电站未能按环保部门要求控制好下泄流量，大量受污染水体又进入滨江河，再次造成滨江河上游超标。

多数环境污染事件是由安全生产事故、交通运输事故、自然灾害引发的，其预防、预警和处置需要不同部门的共同努力。环保、安监、公安、水利、建设、卫生、海洋等部门之间要建立完善应急联动机制，做到及时通报、信息互通、资源共享、分工明确，才能有效预防、及时发现和高效处置突发环境事件。

许多水污染事件不是由环保部门首先发现的，联动机制可以保障第一时间通报环保部门，做到早发现、早报告、早处理，为处置工作赢得了时间。事件发生后，各部门必须分工协作，环保部门查找污染源、监测河流水质、预测变化态势；建设部门监测水厂进出厂水水质，指导水厂工艺改造；水利部门实施水质水量联合调度；卫生部门组织饮用水卫生监测和评估。各部门齐心协力、群防群控是环境污染事件处置成功的有力保障。

（六）强化环境监管，健全污染源管理长效机制

如果有关部门监管到位，许多环境污染事件是可以避免的。各级环保部门要切实加强对企业的环境监管力度，严肃查处环境违法行为，特别是位于跨界地区、饮用水源地上游、以及敏感区域的环境违法行为，做到发现一宗、抓住一宗、处理一宗，绝不姑息，坚决取缔无牌无证使用落后工艺的非法企业。对重点污染源尤其是排放有毒有害污染物的企业全面排查，登记造册，逐一落实责任。同时，建立和完善企业环境行为自我约束机制，建立企业工艺、原料备案和报告制度，建立企业生产环节的可溯源管理制度，通过实施企业环境管理信用制度、创建环境友好企业和清洁生产企业、加强企业环保宣传和教育等措施，提高企业环保意识和守法意识，促使企业自觉遵守环保法律法规，落实环保责任，防范污染事故的发生。

第二节　某石化厂装置着火环境应急处置事件

一、基本情况

2011年7月11日凌晨4：10，位于广东省惠州市大亚湾石化区的某石化厂一生产装置着火，虽然到7：10火情已得到控制，但为防止装备爆炸，消防水泵继续喷水进行冷却，至18：00消防喷水全面停止。消耗消防用水量达5.87万m^3，其中4.8万m^3进入事故应急池，其余后期的消防废水暂存于厂区内雨水沟中。18：30第一场暴雨前，有300多m^3消防废水残留在雨水沟，暴雨致少量消防水随雨水从地面溢流出厂。23：00第二场暴雨发生，企业来不及将雨水沟内消防水和雨水全部泵入油罐围堰储存，再次导致雨水沟内部分消防水随雨水溢流出厂，流入岩前河（泄洪道，周边无其他企业和居民），造成岩前河污染，并有少量小鱼死亡，但岩前河入海口围油栏以外附近海域没有受到污染。

二、应急处置

（一）现场指挥和监察情况

事发后，该公司立即启动应急响应，应急指挥领导小组第一时间赶赴现场指挥，现场人员及时切断进料，与其他区域进行有效隔离，工艺联锁全部投用，全厂外排系统全部关闭，其他生产单元降量生产，上下游装置均得到有效隔离。惠州市、大亚湾区管委会政府以及环保等部门迅速赶赴现场参与应急处置。广东省环保厅在 7 月 11 日 8 时许接报后，立即派出环境监察人员赶往现场调查处置。环保部对此次事件高度重视，部领导和应急办主任第一时间作出重要指示，12 日，应急办领导率工作组赴现场协调、指导应急处置工作。

7 月 11 日 5：05，大亚湾石化区环保局接到报告，局领导带队于 6：00 许到达现场后，立即成立临时现场指挥组。环境监察人员检查发现，企业雨水外排阀门紧闭，消防废水进入事故应急池，应急池液面离池顶有 4 m 多，预计可容纳废水 3.5 万 m^3。

省、市环保部门有关人员到达现场后，联合区环保部门组成环保指挥组，加强对事故废水的监控。9：30，未发现有废水排入外环境，事故应急池液面离池顶约 2.2 m，剩余容积 1.8 万 m^3，环保指挥组要求企业紧密关注事故应急池液位状况，并建议废水向南厂区事故应急池转移。11：00，环保指挥组现场巡查发现应急池水位上升较快，紧急向指挥中心报告，建议企业准备输送泵及海上事故防范措施，并建议管委会启动海事与海洋应急预案，要求企业在岩前河入海口布控多道围油栏及配备足够量的吸油毡。12：30 左右企业启动应急输送泵，将雨水沟消防废水泵入附近围堰，减缓事故应急池的容纳压力。但由于企业启动的应急输送泵能力有限，转移废水能力远远小于消防废水的产生量，事故应急池液面仍持续上涨，可能导致事故废水从雨水外排阀门外溢。为此，环保指挥组马上联系石化区企业提供防爆泵，并在惠州市范围内联系购买防爆泵，以增强输送废水能力，确保输送到围堰的废水大于消防来水，保持事故应急池及雨水沟水位稳定，水位上升得到控制，并逐步下降。

11 日 18：30，当地出现第一场暴雨，厂区内大量雨水汇集雨水系统，雨水沟水位继续上升，事故应急池基本蓄满。尽管加大从雨水沟向原油储罐围堰的泵入力度，但仍有少量经雨水稀释的消防废水经雨水沟排出。环保指挥组立即调动输送泵，继续加强泵输能力，事故应急池液位得到有效控制。

11 日 23：00，出现第二场暴雨，历时 30～40 min，降雨量达 40 mm，厂区雨量预计为 6.8 万 m^3，雨水连同雨水沟内消防水通过雨水沟上部外溢出厂，但事故应急池污水和围堰内消防废水基本未外排。由于企业在厂区采用吸油毡、活性炭等除油材料对浮油等进行处理，并在岩前河入海口预设了两道围油栏进行防护，区环保局组织专业救援队伍对围油栏油污进行清理，减轻了对近岸海域的影响。

12 日，针对雨水监控池总排放口及周边水体有不同程度的超标现象，区环保局发函督促企业尽快处理事故废水，要求企业将事故应急池、围堰及雨水沟等所有废水尽快处理达标排放。12 日 23：30，企业调集了 5 台消防车，11 台槽罐车将雨水沟污水转移石化区污水处理厂处理。

12 日下午，环保部工作组抵达事发现场后，会同有关部门等部门立即查看了岩前河河道及入海口。企业已经在河道上设立3道围油栏，拦截河道中的污水。工作组发现在河道上没有明显油污，但存在少量死鱼。入海口处海域没有明显污染迹象。工作组还查看了企业事故应急池、雨水沟、防火围堰、事故核心区等，对应急处置和监测工作做出指导，连夜召开现场会听取了企业、地方政府和环保部门的汇报，传达了部领导指示，并对下一步工作提出了建议：一是迅速切断污染源，厂方采取一切措施将厂区内现存的全部泄漏的物料、消防水和雨水在3天之内做到安全处置，防止第三次泄漏至外环境。二是不能对海洋造成污染，当地政府应该对岩前河河道内的污水处置工作负责，采取一切措施减低污染物浓度。三是及时发布信息，当地政府及时发布因暴雨导致泄漏行为演变为排污行为造成环境污染的信息，并高度重视岩前河河道内出现的死鱼，立即请海洋渔业部门对死鱼进行检测，正确引导舆论，维护社会稳定。四是全面排查，企业应进一步自查，消除隐患，彻底查清事件原因，避免此类事件再次发生。五是事后评估，地方政府应对此事件进行全面评估，评估其对环境造成的影响。

在工作组的指导和建议下，企业12日连夜采取以下措施对存放的消防水和雨水进行处理：一是对厂区事故应急池中存放的消防废水和雨水，组织槽罐车转运至大亚湾清源污水处理厂（大亚湾石化区污水处理厂），同时用水泵向企业污水处理厂转输（该污水处理厂位于南厂区，满负荷处理能力为 600 m^3/h）。二是对事故核心区内雨水沟采取上下游截断的措施，将污染最重的150 m雨水沟内约800 m^3污水，采用吸油毡清除表面油污，废油毡委托危废处理单位妥善处理，污水用罐车运送至污水厂处理，已经运送约520 m^3。三是对1、2号防火围堰内存放的约1.3万 m^3消防水和雨水（从雨水沟中抽出的后期消防水和雨水，污染浓度比事故应急池浓度低），通过吸油毡进行收油处理。同时与3、4号防火围堰底部打通，降低1、2号围堰溢出风险。四是做好事故应急池围堰和厂界防泄漏扩散工作。对事故应急池围堰利用沙袋堆垒加高，同时利用沙袋对厂界（钢丝网）进行堆垒，防止再次降雨对外环境造成污染。此外，7月13日地方政府还组织人员在做好围油栏拦截的基础上，又在岩前河河道中第二道、第三道围油栏中间修筑了活性炭吸附坝并使用聚丙烯酰胺沉淀，对流入河道中的有害物质进行处理。

根据事态发展，省环境监测中心进一步完善了应急监测方案，要求市、区环境监测站对岩前河上游、下游及雨水监控池、围堰、雨水沟、雨水监控池总排口等点位进行滚动监测，全面监控水质变化情况。区环保局制订了事故处置后续监管方案，环境监察人员对事故现场进行24小时值守监控。至15日晚上，围堰南污水进入雨水监控池，围堰北、雨水监控池闸门前水质监测达标，达标雨水经雨水监控池总排口排放。至18日下午芳烃罐区围堰周边污水已全部排入雨水监控池，随即启动消防水车对事故周边雨水沟进行清洗并将清洗水一并排入事故应急池，全厂雨水系统投入正常运行。同时，事故应急池内废水以400t/h的速度进入企业污水处理场处理。至8月11日，事故应急池内所有事故废水全部处置完毕，并对北厂区事故应急池进行人工清理。

（二）环境监测情况

7月11日6：00左右，区环保部门到达现场时，发现火灾现场黑烟滚滚，烟带较长、较高，经了解，燃烧产生的烟雾为重整生成油燃烧气体，主要成分为二氧化碳。6：10，根据风向和污染物特征，制订应急监测方案，在厂界布设6个监测点，立即开展非甲烷总烃监测，同时派专人对石化区及管委会的大气监测站数据进行监控、分析，实时掌握大气污染动态。7：50，市监测站到达现场后，根据风向变化完善了应急监测方案，针对当时气象条件及人群敏感点的分布，在厂界上、下风向、南边灶、金门塘、惠阳彩虹城、惠阳海关、管委会、石化区布设 8 个监测点位，开展一氧化碳、苯系物、非甲烷总烃及可吸入颗粒物监测。12：40，市监测站组织进一步优化监测方案，增设了风田水库和柏岗两个大气点位。

根据位于大亚湾石化区和管委会的大气自动监测站监测数据，11 日 4 时至 9 时，空气中苯、甲苯、二甲苯浓度符合广东省《大气污染物排放限值》（DB 44/27—2001）无组织排放限值要求；一氧化碳、二氧化硫、二氧化氮浓度符合《环境空气质量标准》（GB 3095—1996）二级标准，石化区站点可吸入颗粒物超标。炼油厂厂界及周边空气监测表明，空气中非甲烷总烃达标，位于厂界下风向约 2 公里的金门塘监测点 9 时至 11 时出现一氧化碳超标，但至 11 日 15 时，以上所有监测点位监测指标均已达标。

11 日 20：00，区监测站对岩前河入海口、岩前河水坝上及企业（北厂区）雨水监控池总排口监测表明，雨水监控池和岩前河水质超过广东省《水污染物排放限值》（DB 44/26—2001）第二时段一级标准，雨水监控池苯质量浓度为 0.435 mg/L，超标 3.35 倍；甲苯质量浓度为 3.52 mg/L，超标 34.2 倍；间二甲苯和对二甲苯质量浓度均为 1.54 mg/L，超标 2.85 倍；石油类质量浓度为 23.95 mg/L，超标 3.79 倍；化学需氧量质量浓度为 188 mg/L，超标 2.13 倍；挥发酚质量浓度为 1.43 mg/L，超标 3.77 倍，其余监测项目达标；岩前河入海口水质达到《地表水环境质量标准》（GB 3838—2002）Ⅴ类水质标准。至 7 月 13 日，岩前河水质除 COD 为劣五类外，其余均已达标。经地方海洋部门监测，岩前河入海口围油栏以外附近海域没有受到污染。

16—18 日，市区两级监测站按照应急监测方案，加大监测频次，对雨水监控池总排口、岩前河上、下游实施监测，连续 3 天监测结果全部达标，雨水监控池总排口及岩前河水质已恢复正常浓度水平。18 日晚，应急监测终止。此后，雨水监控池液位持续下降，区环保局继续加强巡查监管，确保雨水监控池污水处理达标排放。

三、经验启示

本次事件从 2011 年 7 月 11 日 4：10 发生至 18 时消防喷水全面停止，虽然消防水用量巨大，但全部进入事故应急池、围堰或雨水沟中，意想不到的是 18：30 和 23 时出现两场暴雨，最终还是导致了部分消防废水进入外环境中。13 日晚，环保部工作组会同华南环保督查中心，组织省、市、区三级环保部门、惠州市政府、惠州市海洋渔业局及企业分析原因如下：

（一）企业应急准备不足

事发前，企业未能采取有效措施，尽可能减少事故应急池已储存的 1 万 m^3 水量，导致应急池有效容积利用不充分。企业水泵储备不足，事故处理期间不能及时调集足够的水泵，无法满足从北厂区事故应急池和围堰向南厂区事故应急池、污水处理厂快速传输的需要。此外，消防喷水降为持续时间长达 14 小时，消防水利达到 5.87 万 m^3，超过设计最大事故用水和初期雨水总量以及事故应急池的容量极限。

（二）对强降雨影响估计不足

11 日中午，省环保厅现场人员从气象部门了解到当天将有强降雨，及时通知了企业，要求做好应急准备。15：00，当地三防办通过短信发布强降雨预报，地方政府现场指挥部以及省、市、区环保部门再次要求企业做好防范准备。企业虽采取了一定的防范措施，但因对消防废水的产生量和事故应急池的储存能力、降雨强度等因素引发环境风险估计不足，未做好充分的应对准备工作。短时间内两场降雨，雨量大，且企业厂区集雨面积大，雨水沟地势低，导致大量雨水和消防水漫过雨水沟，通过厂区地面溢流出厂。

（三）企业和石化区环境应急预警能力有待加强

企业在接到强降雨天气预报后，没有预计到强降雨会造成地面溢流。强降雨发生后，企业没有采取在厂界内和雨水沟周围设置围堰的措施。另外，石化区应急预案不够完善，相关企业应急设施没有综合利用和资源共享，防止意外排海污染的相关控制措施不完备、应急物资储备不足。

通过此次事件，得出的经验启示是：

（一）企业应做好环境风险防范工作

各类存在环境风险隐患的企业，尤其是石化企业应当经常性开展环境风险隐患排查，采取有效的环境风险防控措施，储备充足的环境应急物资，完善应急池等应急收集设施。按照《化工建设项目环境保护设计规范》的要求设计事故应急池，既要考虑容纳装置或储罐泄漏的物料，也要考虑消防废水和初期雨水，保证在污染治理设施不能正常运转或由生产安全事故及自然灾害等导致泄漏行为时，保障污染物和泄漏物质的集中收集，防止排向外环境。按照《石油化工企业环境应急预案指南》、《突发环境事件应急预案管理暂行办法》等要求，完善企业环境应急预案，增强预案的科学性、针对性和可操作性，并实现预案的动态管理。

（二）严防生产安全事故转化为环境污染事件

生产安全事故发生后，快速准确阻断泄漏物进入外环境是事态处置的关键。此次事故中，现场指挥部及企业贯彻了“防止泄漏物进入外环境”这一思想，采取了综合而有序的措施，分轻重缓急对污染源附近的雨水沟内高浓度消防废水和雨水现行处置，同时分别降低事故应急池、雨水沟、围堰水位，此外还对厂界进行补缺加高，有效降低了降雨造成泄漏物进入外环境的风险。

（三）石化园区企业之间应加强联动

石化园区内应加强与周边企业的沟通，建立联动互助机制。一旦发生突发事件，可以临时使用相邻企业的事故应急池，调用应急物资，迅速控制事态扩大。

（四）石化园区应加强环境应急管理工作

在推动企业做好环境风险防范工作的基础上，石化园区管理部门也要进一步加强园区环境应急管理工作，完善区域应急预案不够，协调区内相关企业的应急设施实现综合利用、资源共享，完善环境风险防控设施，储备相关应急物资。

第三节　京珠高速交通事故引发环己酮泄漏突发环境事件

一、基本情况

2007 年 1 月 14 日 7：35，在京珠高速广东清远佛冈汤塘路段，一辆载有 33 t 环己酮的槽罐车撞车翻车，造成约 18 t 环己酮泄漏，消防人员在处理事故时，用水将泄漏出的环己酮冲洗进高速路排水渠，流入附近的四九河，顺流进入滘江，威胁到汤塘镇、龙山镇水厂取水口及下游的北江水体。事发点距滘江 8.6 km，滘江距北江 30 km。

二、应急处置

（一）控制污染源，堵截泄漏污染物

有关部门对事故点泄漏物进行泡沫或沙土覆盖，为防止燃烧，采用消防水对事故地的环己酮进行冷却。省、市、县三级环保部门经过现场调查、论证，在环保部华南环保督查中心的指导及相关部门的协助下，对泄漏至河流的污染物进行了处理：在四九河入滘江前，挖掘临时应急处理池，将泄漏的大部分环己酮导入应急池，由于环己酮密度较水小易挥发，易燃，对导入应急池浮于表面的环己酮燃烧去除，避免挥发产生大气污染；对于已进入滘江的环己酮（大部分聚集在表层形成油膜），采用稻秆拖曳吸附收集去除，处理后含环己酮的稻秆立即集中按危废处理处置要求严格处理，经过处理后进入滘江河下游的环己酮只是极少量。由于泄漏污染物可能污染附近的麦塘村饮用水井，通知村民停止饮用井水，并将受污染水井抽排。

（二）开展全面的环境应急监测

本次事故发生在清远市所辖的佛冈县境内，由于清远市各级环境监测站均不具备环己酮监测能力，为及时有效应对，各级监测站分工合作，清远市站负责组织该次应急监测，佛冈县及清新县（属清远市辖区，滘江下游流经清新县）站协助，省环境保护监测中心站负责技术指导及样品室内分析。

地表水监测断面布设按经验法布设，重点考虑敏感目标监控，总体上由上游至下游设 5 个断面：1#断面——汤塘镇四九河入滘江前；2#断面——汤塘镇水厂进水口；3#断面——龙山镇凤洲桥；4#断面——滘江入北江前；5#断面——北江飞霞。监测频次原则为：当上游断面未检出时，本断面每天监测 1 次；当上游断面检出而本断面未检出时，本断面每天监测 4 次；当本断面检出时，每天监测 6 次，并根据监测结果随时调整各断面监测频次。地下水只在 8：00 采样 1 次。

由于环己酮在环境中较稳定，不易分解，受污染的水体通过地表下渗污染事故点附近的地下水，事故点附近的麦塘村村民取水井受到了较严重的影响，对该村全部取水井均取

样检测。

土壤采样：在车辆翻倒一侧半圆形放射状布点，共布 3 个点。

生物采样：因为环己酮较易挥发，且可能被植被吸收，选择事故点附近下风向典型植被为监测样本，采用经验布点法在下风向取两棵仙人掌样本。

环己酮尚没有标准分析方法，由省环境保护监测中心站负责室内分析，选择有机物分析较成熟的气相色谱吹脱捕集法，检测仪器为气相色谱仪。为更全面准确地了解污染情况，临时引进了综合毒性分析仪，并从 1 月 16 日起对所有水样品分析环己酮含量的同时，分析其综合生物毒性指标。该测试方法没有国标，但该指标能直观地反映废水中毒性物质的生物毒性，为应急指挥提供有参考价值的定性指标，是适合毒性化学试剂泄漏类污染事故应急监测的方法。

（三）确保人畜和饮水安全

经现场勘查，据事故现场四九河下游约 1 km 处有一个水厂，该水厂取用浅层地下水，为保险起见，事故处理期间临时停止供水，取水口水质检测合格后恢复供水，未发生人员中毒及伤亡事件，群众饮用水安全得到保障。但造成 39 亩菜地、60 亩稻田以及附近梅花树受到污染，70 只鸭鹅死亡，四九河前小灌渠内的黄鳝等水生物死亡。

三、经验启示

（一）应急监测为决策提供了科学依据

本次事故处置过程中，省、市、县环保部门工作人员，尤其是身处一线的环境监测人员临危不惧、果断处置、科学布点、严密监测，及时为整个事件应急工作提供了有力的支撑。在环境应急监测过程中，根据事故特点、事发地环境特征等具体情况分析，相关技术人员要在短时间内拟订应急处理措施，灵活、科学选择确立分析方法、监测方案，才能有效应对事故，取得正确有参考价值的数据。各级监测部门密切配合，及时拟订处理方案和监测方案，各司其职，大大提高了事故处理效率，将事故影响控制在最低范围。

（二）健全危化品运输管理制度，强化运输全程监管

危化品运输是一种动态危险源，现阶段危化品运输事故频发，对人民生命财产、社会公共安全及社会和谐稳定构成较大威胁，甚至引发重大跨界环境污染事件。要从源头加强管理，各企业在危化品的装载、包装、运行线路方面要严格管理，提高运输队伍人员素质，强化其应急防患意识，督导其发生事故后立即上报。建立危化品交易运输申报制度，企业在运输前 24 小时要按照规定向当地公安、安监、交通和环保等部门申报危化品、运输车辆、行驶路线等资料，以便实施监管。在危化品运输车辆上安装 GPS 系统，规定车辆行驶路线、行驶状态，杜绝超速超载超时等行为，防止和减少运输事故。安监、环保、公安、交通等部门要加强联系，建立综合系统机制，加强对危化品从生产、运输到废物处置全过程监管。

（三）建立长效的联动机制，完善环境应急体系

本次事故处置过程中，如果消防部门能得到适当的指引，则事故的影响就会大大降低。实现中，遇到化学品运输道路交通事故时，环保部门往往是最后接报，使得环保部门在应急污染事故处理时被动，原本可以早期控制的污染被扩大。危化品交通事故应急救援体系是一个需要多部门合作，分工明确和综合协调的体系，涉及安监、环保、交通、公安、卫生、水利等多个部门，我国目前各部门之间的联动机制还很不完善，尚处于起步阶段，需要逐步探索，不断完善。交通部门要在远离集中式饮用水源地的公路上树立醒目标志；水利部门提供主要河流、水源地等有关信息；安监部门提供相关专业支持，加强危化品事故救援队伍建设；消防部门增强环境安全意识，避免消防水造成二次污染。通过在关键行业和领域探索开展部门联动活动，为完善部门联动机制积累经验。

（四）积累危化品事故处置经验

在危化品交通事故的应急处置中，没有放之四海而皆准的办法，要在掌握危险品运输车辆的泄漏情况、危化品理化特性、污染途径及周围情况的基础上，采取行之有效的措施，具体研究制定有针对性的、合适的处置方法。

第四节　北江镉污染事故

2005 年 11 月，一冶炼厂在废水处理系统停产检修期间，违法将大量高浓度的含镉废水排入北江，致使北江受到严重污染，如不及时妥善处置，将对下游广州、佛山、清远等市正常供水造成灾难性后果，威胁近千万人的饮水安全和成千上万企业的正常用水。

一、总体情况

2005 年 12 月 15 日，环保部门在常规水质监测中发现北江韶关段镉严重超标。12 月 18 日凌晨，省环保局经过紧急排查，确认是某冶炼厂设备检修期间违法超标排放含镉废水所致。

事故发生后，党中央、国务院，广东省委、省政府领导高度重视，先后作出批示，要求立即采取坚决措施，停止超标排放，加强水质监测，千方百计消除污染，严肃查处有关责任人员。12 月 19 日上午，广东省省长主持召开省政府常务会议，听取省环保局有关情况汇报，提出七项应对措施，并决定成立以副省长为组长、省政府副秘书长和省环保局局长为副组长的北江水域镉污染事故调查处理小组。12 月 19 日下午，省领导及省有关单位负责人和专家赶赴英德市现场处置事故。当天晚上，国家环保总局领导率领专家组赶赴现场指导事故处置工作。12 月 22 日下午，省长与环保总局领导共同主持召开会议，听取省环保局和有关专家汇报，作出实施白石窑水电站削污降镉工程和南华水厂除镉净水示范工程等一系列处置决策，要求努力实现在飞来峡水库出水时镉浓度降至约 0.01 mg/L（饮用水标准）的目标，确保沿江群众用水安全。

经过一个多月的艰苦努力，事故处置工作取得良好成效。12 月 31 日，北江韶关段镉

浓度稳定达标，飞来峡出水水质镉浓度实现了总体低于 0.01 mg/L 的目标。2006 年 1 月 28 日，事故调查处理小组宣布北江镉污染事故应急状态终止。由于应对及时、处置得当，事故造成的影响小、危害轻、损失少，北江沿线没有一个城市水厂停水，没有一个人饮用受污染的水，没有发生一起群众恐慌事故，获得了社会各界的一致好评。

二、应急处置

（一）全面开展排查，切断污染源头

2005 年 12 月 20 日，省政府作出了冶炼厂立即停止排放含镉废水的决定。21 日下午，省领导和环保部领导深入现场，督促该厂当晚 19：30 停止排污。为彻底切断污染源，省环保局会同韶关市委、市政府组织力量对北江韶关段排污企业进行地毯式排查，重点加强对小冶炼厂等小型企业的监管，共出动 2 500 多人次，排查企业 300 多家，关停企业 43 家。与此同时，省环保局组织广州、佛山、肇庆、清远等市深入开展北江沿岸地区排放含镉废水企业的排查工作，共出动 860 多人次，排查企业 312 家，发现排放含镉废水的企业 10 家，责令其中超标排放的 9 家停止排污。

（二）实施联合防控，确保水质达标

国家、省有关专家组成的联合专家组经过反复论证，提出了实施白石窑水电站削污降镉工程、联合流域水利调度工程、南华水厂除镉净水示范工程等一系列建议。省委、省政府果断决策，全部采纳，12 月 23 日开始实施白石窑水电站削污降镉工程和多个水库联合调度工程。白石窑水电站削污降镉工程 23 日上午 7：50 启动，29 日上午 8：00 完成，共投降镉药剂 3 000 t。联合流域水利调度工程从 23 日晚上 20：00 至 30 日晚上 20：00 向污染河段补充新鲜水 4 700 万 m^3。两项工程的实施，削减镉浓度峰值 27%。削污降镉工程停止后，继续实施联合流域水利调度工程，将污染水团分隔在白石窑和飞来峡两个库区进一步稀释，到 2006 年 1 月 10 日上午 8：00 省防总第 10 号调度令结束，累计从水库和飞来峡以上未受污染的天然河道向受污染的河道补充新鲜水量 3.33 亿 m^3，有效降低了被污染河段的镉浓度，确保了飞来峡出水水质镉浓度总体达标。

（三）改造供水系统，确保用水安全

按照省委、省政府的部署，省建设厅及时组织沿江各市启动了饮用水源应急预案，确保城镇用水安全。英德市于 12 月 21 日晚上 22：00 紧急接通了全长 1.4 km 的备用水源输水管道，启用长湖水库备用水源，及时解决了 16 万人的饮水问题。南华水泥厂所属水厂应急除镉净水示范工程 12 月 25 日完成，在进水镉浓度为 0.027 mg/L 的情况下，出厂水镉含量降至 0.002 2 mg/L，优于生活饮用水检验规范要求，经冲洗供水管网和全面检验合格后，2006 年 1 月 1 日晚上 23：00 全面恢复了供水。在总结南华水厂除镉净水示范工程经验的基础上，英德云山水厂、清远七星岗水厂先后于 2005 年 12 月 30 日和 2006 年 1 月 3 日完成了应急除镉净水系统。清远市 2006 年 1 月 3 日完成了市区供水管网并接工程，保证了居民生活正常供水。广州、佛山、肇庆等市均按照省的部署抓紧完成了北江沿线水厂的应急除镉系统或供水管网改造等工程。卫生部门会同英德市于 2005 年 12 月 23 日紧急

对沿北江两岸陆域纵深 1 km 以内的 3968 口水井进行了认真排查，通过对其中 53 口水井的随机抽样检测，水质全部达标。农业部门对北江两岸种植业、畜禽养殖业进行排查，采取措施停用北江水灌溉农田和畜禽养殖。海洋渔业部门组织开展渔业资源应急监测，发出警报停止食用受污染的水产品。通过组织工作组进村，利用广播、电视宣传等手段，通知群众不要直接饮用受污染的江水，确保无一人饮用受污染的水、吃受污染的食品。

（四）启动应急监测，监控水质变化

事故发生后，省环保局立即启动了应急监测方案，在北江流域共设立 21 个监测断面，每两小时监测一次，并根据水质变化，及时调整监测方案，增加监测断面，加大监测频率。从全省环保系统抽调人员和车辆，确保参与应急监测的人员达到 350 人/d，专用监测车辆 50 多台/d，共分析样品 1 万多个。坚持每天召开两次水质情况分析会，每天两次向国家环保总局和省委、省政府报送水质情况专报，及时为省委、省政府科学决策提供准确信息。

（五）查明事故原因，处理责任人员

省监察厅、环保局经过对此次污染事故全面调查，确认这是一起由冶炼厂违法超标排放含镉废水造成的重大环境污染责任事故。2005 年 12 月 22 日，冶炼厂厂长被责令停职检查。随后，冶炼厂上级单位作出深刻书面检讨，冶炼厂厂长等 10 名责任人依据情节轻重分别追究党纪、政纪责任。省环保局对该厂和其他 7 家企业的环境违法行为作出行政处罚。

（六）坚持正面引导，确保社会稳定

2005 年 12 月 20 日，省委宣传部向媒体公开了这次污染事故。随后，处理小组积极通过新闻媒体及时向社会发布事故处置进展情况，并从 12 月 24 日起每天向社会公布一期《北江韶关—清远段水质镉监测情况通报》。及时向境外媒体和外国驻穗领事馆通报事故处置情况，避免了别有用心的人利用此事制造混乱。信息公开和新闻报道为应急处置工作创造了有利的舆论和社会环境，维护了社会稳定。

三、经验启示

（一）高度重视、果断决策是事故处置的根本保证

在这次事故处置工作中，省委、省政府始终高度重视，果断采取措施，切实解决事故处置过程中可能发生的问题，充分体现了省委、省政府“以人为本”的执政理念。事故发生后，省委书记、省长多次作出重要批示，省政府两次召开省府常务会议听取事故处置工作情况汇报，研究处置对策，迅速调动各方面力量，采取强有力措施，将污染事故影响降至最低，使这次污染事故的处置取得良好的成效。

（二）依靠科学、依靠专家是事故处置的重要基础

事故发生后，16 名国家专家和 12 名省内专家组成事故处置联合专家组，依靠大量的监测数据，经过科学分析、准确预测，提出了实施白石窑水电站降镉削污工程、联合流域水利调度工程和南华水厂除镉净水示范工程等方案。相关方案及时实施，成功降低了污染

水体镉浓度和镉含量，确保了沿江居民饮水安全。环境监测作为本次事故处置工作的重中之重，通过科学布点、规范监测，昼夜连续监控，及时、准确地掌握水质变化情况，充分发挥了环境监测是科学决策的“眼睛”作用，不仅为科学决策和专家预测提供了重要依据，更重要的是为下游提前做好应急工作提供了有力的技术支持。

（三）快捷应对、措施得力是事故处置的关键所在

对事故的早发现、早报告、早处理，为处置工作赢得了时间。责令冶炼厂立即停止向北江排放含镉污水，迅速开展沿江各地污染源全面排查，彻底切断污染源，保证了不再增加北江流域镉污染负荷。果断采取白石窑水电站降镉削污和联合流域水利调度等工程措施，有效地降低了污染水体镉浓度峰值和镉通量，确保了飞来峡出水水质达标。实施南华水厂除镉净水示范工程不仅解决了南华水厂供水问题，更重要的是为下游清远和佛山等市的供水设施改造提供示范经验，保证了沿岸群众的饮水安全。坚决果断采取了一系列强有力的措施，促使北江镉污染迅速得到有效控制。

（四）齐心协力、多方联动是事故处置的有力保障

在事故处置过程中，省环保局充分发挥在事故处置工作的主导作用，强化监管，加强监测，严密监控水质变化；省监察厅认真调查事故原因，严肃追究责任；省委宣传部强调相关宣传纪律，认真把好新闻宣传关；省建设厅认真组织和指导水厂实施应急改造工程；省水利厅积极实施联合流域水利调度工程；各级卫生部门认真做好饮用水卫生检验；农业和海洋渔业部门对受污染的农产品、水产品及时检验并发出警报；省国资委认真督促企业做好环境整治工作。沿江各级政府积极实施饮用水源应急预案；认真组织开展污染源排查，彻底切断污染源。英德市委、市政府顾全大局，及时集中和调动各种资源和人力，保障了事故处置的顺利进行。广州、深圳、珠海、佛山、惠州、东莞、中山、江门、肇庆 9 个市环保部门共支援 81 人和 30 辆车参与应急监测工作；深圳水务局、深圳市水务集团（有限公司）、广州市政园林局和广州自来水公司分别派出技术骨干，调配设备，配合专家组和地方政府实施白石窑水电站削污降镉工程和水厂除镉净水应急工程。

（五）信息公开、正确引导是事故处置的有效手段

事故处理过程中，事故调查处理小组建立了完善的信息通报制度，及时向省委、省政府和国家环保总局等报送事故处理、水质变化、工作进展等情况，确保了信息畅通。适时公开信息，及时向社会发布污染事故处理进展情况，保障人民群众的知情权，避免了恶意炒作和不切实际报道，为事故处理工作创造了有利的舆论环境，维护了社会稳定。

（六）树立科学发展观，保障环境安全

环境安全是国家公共安全的重要组成部分，是保障人民群众健康，维护社会稳定，构建和谐广东的重要内容。当前，部分地区在经济发展过程中存在着不顾环境承载能力，饥不择食，盲目上项目的现象，对环境安全造成巨大隐患。各级政府必须要从维护环境安全，维护最广大人民群众利益的高度出发，按照建设绿色广东的要求，正确处理好环境保护与经济发展的关系，认真落实分区控制要求，合理规划和优化产业结构和空间布局，严格控

制在环境敏感地区建设重污染项目，特别是在产业转移过程中，要严防污染向山区转移。要下大决心解决好辖区人民群众反映强烈、久拖不决的热点、难点、重点环境问题，消除环境隐患，保障环境安全。

（七）保护饮用水源，确保饮水安全

饮用水安全关系到广大人民群众的身体健康，必须要采取最严格的措施保护饮用水源。多年来，广东省临江建设了不少化工、电镀、印染等重污染和排放有毒有害污染物的项目，其中部分企业不能稳定达标排放，一旦发生污染事故，必将严重影响饮用水源安全。为切实解决以上问题，必须严厉打击危害饮用水源安全的环境违法行为，坚决拆除一级饮用水源保护区内的排污口；严禁规划和建设向饮用水源保护区排放污染物、威胁饮用水源安全的项目，在东江、北江、西江、韩江等具有饮用水源功能的重要江河，要全流域严格控制排放有毒有害污染物的项目。要加强城市备用水源的规划和建设，开辟多水源，做到有备无患。

（八）建立应急机制，提高应对能力

环境污染事故具有隐蔽性较强、影响范围广、消除难度大等特点，目前广东省处于环境污染事故的高发期，各级政府必须增强对环境突发事故的敏锐性和责任感，对处置污染事故保持高度警惕性。要建立健全环境污染事故预警体系和应急机制，健全应急机构，完善应急制度，明确各方职责，加强培训和预案演练，确保一旦发生事故，能够做到有效组织、快速反应、高效运转，迅速采取有效措施，最大限度地减少事故造成的损害。

第五节　尾矿库溃坝和高州水库环境应急事件

2010 年 9 月 21 日，受第 11 号强台风“凡亚比”的影响，广东省阳江、云浮等市出现强降雨，茂名市出现特大暴雨，并引发严重的洪涝和泥石流灾害。党中央、国务院、广东省委、省政府高度重视，有关领导就受灾地区抢险救灾工作作出重要批示。9 月 22 日，广东省委、省政府相关领导深入信宜灾区，看望慰问群众，指导抢险救灾工作。9 月 25 日下午和晚上，广东省委、省政府分别召开省委常委会和省政府常务会，研究部署救灾复产工作。9 月 26 日晚上，广东省副省长率队连夜赶赴茂名，指导茂名市高州水库应急处置工作。

一、基本情况

9 月 21 日，受“凡亚比”带来超过 200 年一遇特大暴雨的影响，茂名信宜市紫金矿业有限公司银岩锡矿尾矿库发生溃坝，积蓄库中的洪水直冲下游村庄和镇区，造成重大人员伤亡和财产损失，同时威胁下游钱排河、黄华江以及广西梧州地区的水质安全。茂名地区的特大暴雨和山洪泥石流还导致大量禽畜尸体和垃圾进入高州水库，直接威胁茂名和高州市区重要的饮用水源。9 月 27 日，省国土资源厅组织当地部门开展地质灾害巡查时，发现信宜市紫金矿业有限公司东坑金矿黄沙选矿厂化学品仓库内存放有大量剧毒化学物质氰化钠，并且周边山体出现崩塌和裂缝，存在极大的环境安全隐患。

9月21日，接到灾情报告后，广东省环保厅高度重视，立即启动环境应急预案，第一时间组织开展水质监测和环境安全隐患排查。在省委、省政府的坚强领导下，组织地方环保部门，全力以赴投入到环境应急处置工作之中。经过10多天的连续奋战，环境应急处置工作取得良好成效，将自然灾害对环境的影响降至最低，未造成环境污染危害：虽然大量垃圾和动物尸体进入高州水库对水源造成了一定影响，但由于打捞清理及时，水库水质稳定，总体保持地表水Ⅱ类～Ⅲ类标准以内，符合饮用水源水质要求；尾矿库溃坝未对下游水质造成明显影响，钱排河、黄华江以及粤桂交接断面水质符合地表水Ⅱ类目标水质要求；黄沙选矿厂危险化学品仓库内库存的氰化钠得到妥善转移和处置，消除环境安全隐患，未造成环境危害。

二、应急处置

（一）迅速行动，周密部署，组织开展灾区环境应急处置工作

9月21日15时，接到茂名市环保局关于信宜紫金矿业有限公司银岩锡矿尾矿库溃坝事件报告后，广东省环保厅立即派出厅应急办领导和环境监测专家连夜赶赴现场，组织当地环保部门成立现场调查组、监测组、技术组和后勤组，研究部署应对措施。

9月24日凌晨，在获悉高州水库受洪灾影响大量垃圾冲入水库的险情后，广东省环保厅立即启动环境应急预案，由环境监察局局长率队，联合省住房和城乡建设厅、卫生厅、华南环科所等部门组成专家组，第一时间赶赴高州水库指导水质应急处置工作。专家组根据现场情况，立即向当地政府提出三点意见：一要全力以赴加快清理库内垃圾。二要进一步完善应急预案。三是要严密监控水库水质情况，若不能达到饮水标准，则必须立即启动备用水源。

9月25日，省环保厅厅长赶赴茂名，连夜研究部署垃圾打捞和水质保护工作，作出四项决定：一是加强水库水质综合分析研判，积极做好信息报告。二是成立水质保障专家组，督促完善水厂的应急预案。三是增调监测人员支援茂名市，增设监测点位和增加监测频次。四是组织对全市开展饮用水源地安全及污染源排查，防止发生次生环境污染事故。

9月26日上午，省环保厅厅长会同茂名市委书记、市长到高州水库现场办公，并研究决定：一是请求部队增派300名战士，调集200名渔民20条渔船到库区加快打捞进度，确保国庆节前完成库区垃圾打捞工作。二是请广东省卫生防疫专家指导当地防疫、畜牧部门就近深埋动物尸体，做好卫生防疫工作。三是落实茂名、高州水厂的备用水源和应急措施。

9月26日晚，广东省领导率领省直有关部门赶赴茂名，27日上午，视察了高州水库现场，了解水库漂浮物打捞和水质情况。在茂名市政府主持召开现场汇报会时，省领导提出了五点要求：一是继续做好灾区环境应急监测工作，严密监控流入高州水库的生活垃圾和动物尸体对其水质的影响。二是通力合作，加快高州水库内生活垃圾和动物尸体的清理打捞工作，并妥善处理好打捞物，防止二次污染。三是进一步落实和完善备用水源，一旦发现水库水质不符合饮用水标准，立即启用备用水源。四是进一步做好环境安全隐患排查工作，组织开展对灾区重点河流、湖库等流域内重点排污企业、危险化学品企业、各类工矿企业尾矿、污水处理厂、垃圾填埋场等污染源的环境安全隐患进行全面排查。对存在安

全隐患的污染源督促整改，无法完成整改的要责令停产。五是要以此次灾后重建为契机，强化生态环境保护工作，逐步对高州水库周边居民进行布局调整，减少生活污染源和农业面源对水库水质的影响。会后，广东省环保厅立即组织茂名市环保局贯彻落实省领导指示，研究下一步的工作，提出进一步做好水质监控、入库污染源调查以及灾区环境污染隐患排查和整治等 8 项工作部署。

9 月 27 日晚，获悉紫金矿业有限公司东坑金矿黄沙选矿厂危险品仓库中尚存有固体氰化钠以及未用完的氰化钠溶液后，广东省环保厅立即派人前往现场督查处理，并及时协调惠州东江威立雅环境服务有限公司派遣了一支 20 多人的专业应急处置队伍前往支援处置。30 日，广东省环保厅、茂名、信宜三级环保部门以及信宜市市委、市政府有关部门全部到达现场，指挥和布置氰化钠转移处置工作当日，12.3 t 氰化钠固体被转移至紫金矿业公司福建总部，残留的 1.83 m^3 含 15%氰化钠的废液被安全运输至惠州威立雅环境服务有限公司，并于 10 月 2 日安全处置。

（二）加强水质监测，严密监控灾区水质状况

接到灾情报告后，广东省环保厅在最短时间内调集先进的仪器设备迅速赶赴灾区一线，组织茂名市、信宜市两级环保部门开展环境应急监测工作。为了更好地开展应急监测工作，广东省环境监测中心组织茂名市环境监测站成立了现场应急监测指挥小组、现场监测组、测试技术组、质量管理组、信息及数据处理组、后勤保障组。尾矿库溃坝应急监测工作从 9 月 21 日开始，至 10 月 3 日以后转为常规监测。在尾矿库外排口、位于下游的钱排河、黄华江以及广西交界河段设置监测断面，监测项目包括 pH、铜、铅、锌、氰化物等。高州水库应急监测从 9 月 24 日开始，至 10 月 13 日以后转为常规监测，在高州水库石骨库区、名湖水库、入库河流、备用水源地设置监测断面，监测项目包括 24 项地表水基本项目等；为了排查高州水库是否存在其他污染因子，根据专家组意见，在高州水库石骨库区的进水区、出水区进行一次地表水 109 项全分析。此外，还通过在高州水库出水口建立临时性的自动监测站，采集表层地表水每天 12 次加密监测；通过启用移动式水质应急监测车，对灾区乡镇饮用水源和入库河流水质进行移动监测，确保群众饮水安全。

此次应急监测除了广东省环保厅、茂名市环保系统参与外，还从湛江、阳江调派监测人员、监测设备和车辆支援灾区应急监测工作，部分水样送广州、深圳协助分析。共出动应急监测人员 3700 多人次、车辆 570 辆次，上报应急监测数据 6500 多个。

（三）加强环境监管，开展污染源排查，消除环境安全隐患

尾矿库溃坝后，广东省环保厅立即采取果断措施，责令肇事公司停止生产，同时加强环境监管，防止在尾矿库修复并通过验收前擅自复产，消除事故隐患。

高州水库被冲入垃圾后，广东省环保厅迅速组织当地环保部门，对进库河流漂浮物进行现场巡查，并开展集中式饮用水源污染隐患排查，对灾区重点河流、湖库区域内的工业企业、畜禽养殖业、垃圾填埋场等污染源进行地毯式的排查，会同畜牧部门关闭高州水库水源保护区内的养殖场，消除环境安全隐患。对存在环境安全隐患的污染源，督促其马上进行整改，一时无法完成整改任务的，责令其立即停产，并派专人进行重点监控。严格落实各项应急措施，确保做到不留死角，不留空白，不留隐患。同时，加强对打捞上岸垃圾

的处理处置工作的监管，其中 14 车约 140 t 禽畜尸体由高州市环保局监督，高州市畜牧局运送到高州市垃圾填埋场采用 6 m 深埋并严格消毒处理；木头、树枝等可利用的漂浮物由当地群众就地分散处理；对不可利用的垃圾约 8.5 万 t 由高州市环保局监督，鉴江流域管理局运送到长坡垃圾场和高州市垃圾填埋场处理。垃圾处理过程没有出现二次污染。

在获悉黄沙选矿厂化学品仓库内存放氰化钠的信息后，广东省环保厅立即派人前往现场督查处理，并调派惠州东江威立雅环境服务有限公司的专业应急处置队伍前往支援处置。省环保厅应急办领导一直坐镇现场，指挥和布置氰化钠废液的应急处置工作，直至安全转移，现场妥善清理。

（四）加强信息报送，服务政府决策，正确引导舆论

灾情发生后，广东省环保厅立即派员前往一线调查并迅速调度当地信息，第一时间向省委、省政府和环境保护部报告，并坚持每天一报，从 9 月 21 日初报至 10 月 11 日终报，共报送各类报告 70 多份。这些报告引起省委、省政府的高度关注，为灾区抢险救援工作提供了强有力的支持和保障，并确保上级部门第一时间掌握灾情对环境造成的影响，及时做出决策。9 月 23 日，省领导在省环保厅报送的溃坝事件信息专报上作出重要批示。24 日，省委书记在省环保厅报送的高州水库水质应急处置的初报上作出重要批示，极大地推动了应急处置工作。

鉴于事发点下游为广西梧州市，广东省环保厅及时向广西区环保部门通报有关情况，加强上下游的信息和协同应对。广西环保部门在溃坝当天就开始对粤桂交接断面及下游水质进行监测，直到 10 月 1 日结束应急处置状态。同时，广东省环保厅还及时向省水利厅、住房和城乡建设厅通报有关情况。

此外，为了正确引导舆论，维护社会稳定，广东省环保厅积极做好信息发布工作，保障公众知情权。于 9 月 23 日及时编写新闻通稿，24 日南方日报、广州日报等各主要媒体纷纷集中报道由省环保厅提供的环境应急处置信息，大力宣传灾区环境应急工作举措和取得的成效。

三、经验启示

（一）省委、省政府高度重视、正确领导，是环境应急处置取得成功的根本保证

在这次环境应急处置工作中，广东省委、省政府始终高度重视，果断采取措施，切实解决处置过程中出现的问题，充分体现了省委、省政府“以人为本”的执政理念。灾情发生后，省领导第一时间做出批示，第一时间赶赴现场，亲自组织抗洪抢险和救灾复产工作。省领导多次深入灾区，慰问奋斗在一线的干部群众，大大地鼓舞了全省环保人的斗志，坚定了灾后重建的信心。省委、省政府密切关注和指导救灾复产工作进展情况，9 月 25 日，紧急召开省委常委会和省政府常务会，研究处置对策，省领导多次在各部门报送的信息上做出批示，要求妥善处理，保障安全。省委、省政府的高度重视，正确决策部署和有力指挥，是环境应急处置工作取得成功的根本保证。

（二）领导靠前指挥，干部群众不怕吃苦，连续奋战，是环境应急处置取得成功的组织保证

灾情发生以来，广东省环保厅六位厅领导多次带队深入茂名、阳江及云浮等灾区现场检查、指导环境应急救援工作。9 月 25 日下午广东省委常委会后，省环保厅厅长立即赶赴茂名，连夜研究部署环境应急保障工作，并于 29 日再次赶赴灾区，亲临高州水库，组织指挥漂浮物打捞及应急处置工作。9 月 21 日下午，接到尾矿库溃坝险情后，茂名市环保局局长立即带队前往现场调查处理，并部署了外围环境监测和应急协调工作。9 月 23 日，接到茂名市政府关于组织打捞清理的指示后，茂名市环保局局长立即组织了 20 多人的工作组并亲自带队进驻高州水库，当晚即与鉴江流域管理局一起研究制订打捞方案，并担任打捞工作领导小组组长，一直坚持在高州水库现场组织协调打捞及应急监测工作。高州市环保局局长率领当地环保领导班子也一直坚持在一线现场指挥，充分发挥了领导干部的示范带头作用。

国庆期间，广东省环保厅加强厅领导带班制度，厅长 10 月 1 日从茂名灾区回来后一直坐镇广州指挥，其他 6 位厅领导负责带班，机关和直属单位共 60 多人次留守单位，继续做好茂名灾区环境应急救援各项工作。茂名市及其高州、信宜市环保局全体干部职工 270 多人国庆假期正常上班，全部坚守岗位，确保环境应急人员不减，力度不减，确保灾区群众饮水安全。不少同志从中秋节、双休日到国庆假期，连续十多天奋斗坚守工作岗位，工作非常辛苦，但从无怨言，出色完成岗位工作。在现场采样期间，茂名市环境监测人员有 3 人染上了红眼病，仍然坚守工作岗位。这种高度的责任感、大局观念、顽强拼搏的精神和作风充分体现了环保部门是一支“召之即来，来之能战，战之能胜”的队伍。

（三）迅速行动、措施得力是环境应急处置取得成功的关键所在

本次环境保障应急处置工作能够取得良好成效，关键在于在处置过程中能够做到快速反应，迅速果断采取有效措施。由于茂名市人工打捞的力量十分有限，难以在短时间内清理掉水库垃圾，省委果断决策，迅速调动包括部队在内的各方面力量参与打捞，日夜奋战，大大地加快了打捞进度，抢在垃圾腐烂，水质恶化前完成打捞工作，保障了饮用水源水质安全。接到尾矿库溃坝以及高州水库冲入垃圾险情后，环保部门行动迅速，第一时间赶赴现场，第一时间开展监测，第一时间开展调查，第一时间报告，为应急处置工作赢得了宝贵的时间。根据现场情况，环保部门立即责令紫金矿业有限公司立即停止生产，迅速开展库区污染源全面排查，彻底切断污染源，保证了不再增加污染负荷，并开展备用水源周边污染源调查，确保备用水源水质安全，真正做到有备无患。根据库区面积大，监测任务重、人员紧张等情况，在现有条件不足的情况下，广东省环境监测中心千方百计，通过协调远在湖南的仪器厂商调出水质自动监测仪器和移动式水质应急监测车，解放了监测人力，提高了工作效率，为最快速掌握水质状况提供了保障。

实践证明，正是由于坚决果断地采取了这一系列强有力措施，才使环境应急处置工作取得了令人满意的效果，将污染影响降至最低，维护了社会安定和人心稳定。

（四）多部门齐心协力，军民携手是环境应急处置取得成功的有力保障

在此次环境应急处置过程中，广东省环保厅充分发挥了主导作用，强化监管，加强监测，同时，广州、深圳、阳江、湛江环境监测部门乃至仪器厂商全力支援，形成合力，共同做好水质监测工作。

高州水库垃圾的打捞和清运是水质保障的重中之重。从 9 月 24 日至 10 月 10 日，经过 16 日来的军民共同奋战，出动人员达 8.2 万人次，船只达 8 200 艘次，打捞清运漂浮物达 18.2 万 t，南海舰队、省军区、茂名军分区、广州军区、海军陆战队、广州打捞局等部门都给予了大力支援，如果没有这些支援，单靠茂名、高州政府的力量，水质安全势难保障。

广东省有关部门按照各自职责，迅速开展工作。省纪委、省监察厅按照省委的部署，组织做好尾矿库溃坝原因调查和事故责任追究。省财政厅迅速安排救灾复产资金，落实灾后环境评估和重建扶持资金。省国土资源厅对受灾地区地质灾害隐患进行了拉网式的排查，及时发现仓库内存放有氰化物的重大环境安全隐患。省住房和城乡建设厅做好茂名和高州自来水厂水质检测和监控。省水利厅派出专家驻守前线，指导水质保障应急工作。省卫生厅做好灾区水源的消毒和卫生防疫工作。各方协调一致，思想和行动统一到党中央、国务院和省委、省政府的决策部署上，群策群力，共同保障灾区环境质量安全。

（五）及时报告、信息公开是环境应急处置取得成功的有效手段

在本次环境应急处置过程中，广东省环保厅第一时间向省委、省政府和环保部报告，从 9 月 21 日至 10 月 11 日坚持每天报告应急处置进展情况，为政府决策和水质安全提供支持。同时，第一时间将溃坝事件有关情况向处于下游的广西区环保部门通报，做到粤桂两地环保部门及时互通，有力地保障了两地水质安全和社会稳定。

按照广东省委、省政府的部署，坚持正确的舆论导向，适时、适当、适度公开信息，省环保厅及时向社会发布环境应急处置情况，保障人民群众的知情权，为事故处理工作创造了有利的舆论环境，维护了社会稳定。

（六）要落实和完善备用水源，做到有备无患

在本次抢险救灾过程中，茂名市委、市政府高度重视，迅速落实了备用水源，其中，茂名市区备用水源可供应 20 日左右用水，但高州市区却单一依靠高州水库供水。若高州水库水质恶化不能饮用，高州市十多万人口马上断水，20 天以后茂名市数十万群众自来水也将断水，后果不堪设想。因此，当地政府部门平时既要保护好在用水源水质，也要把备用水源的规划、建设和保护工作摆到同等重要的位置，真正做到有备无患。

（七）进一步加强环境监测能力建设

9 月 30 日上午，省委书记视察了省环保厅在高州水库建立的临时水质自动监测站，对环保应急监测工作给予充分肯定，同时要求环保部门进一步加强能力建设，完善应急监测仪器的配置，提高应急反应能力，为维护环境安全作出更大的贡献。

此次环境应急处置也暴露出茂名市、高州市、信宜市等环境监测站监测能力的不足，

应急监测仪器设备和监测人员缺乏，虽然干得非常辛苦，但监测效率有待提高。茂名市环境监测站作为广东省粤西地区的区域环境监测站，实验室分析仪器比较落后，急需补充流动注射自动分析仪、吹扫捕集样品浓缩仪、水质现场快速测试仪、便携式流速仪、原子分光光度计等一大批仪器设备。现有人员不足，远远达不到国家环境监测二级站标准化建设的要求，专业技术水平也参差不齐，尤其缺乏环境监测全面型的人才。

为确保高州水库水质的安全，当地政府应尽快改变这种环境监测人员和仪器长期缺乏的局面，尽快配备必要的应急监测设备，增加必需的人员编制，有了现代化的仪器设备，有了合适的专业技术人才，环境保护工作才能做得更好。与此同时，在高州水库坝前断面建立水质自动监测站也是非常必要的，通过自动监测获取连续的实时监测数据，有利于提高信息采集、传输、处理的准确性、时效性和自动化水平，有利于政府适时了解水质，制定规划及采取相应对策，同时也可以及时向市民发布有关数据，极大地增强市民的环境保护意识，具有较好的环保效益和社会效益。

参考文献

[1] 余敏. 突发环境事件案例分析（第一辑）. 北京：中国环境科学出版社，2011.

[2] 国家环境保护总局环境监察局. 环境应急响应实用手册. 北京：中国环境科学出版社，2007.

[3] 环保总局规划司. 环境项目安全监测与风险防范控制及国家突发环境事件应急预案务实全书. 北京：中国环境科学出版社，2006.

[4] 傅桃生. 环境应急与典型案例. 北京：中国环境科学出版社，2006.

[5] 杨乐化. 建设项目职业病危害因素识别. 北京：化学工业出版社，2006.

[6] 郭振仁，张剑鸣，李文禧. 突发性环境污染事故防范与应急. 北京：中国环境科学出版社，2006.

[7] 孙蕾，万小卓. 环境事故监测与处置应急手册. 北京：中国环境科学出版社，2006.

[8] 李涛，张敏，缪剑影. 化学品职业危害分类控制技术. 北京：化学工业出版社，2006.

[9] 魏全平，童适平，等. 日本的循环经济. 上海：上海人民出版社，2006.

[10] 陈怀满. 环境土壤学. 北京：科学出版社，2005.

[11] 王树化. 氟化工的安全技术和环境保护. 北京：化学工业出版社，2005.

[12] 郭新彪，刘君卓. 突发公共卫生事件应急指引. 北京：化学工业出版社，2005.

[13] 岳茂兴. 危险化学品事故急救. 北京：化学工业出版社，2005.

[14] 李国刚. 环境化学污染事故应急监测技术与装备. 北京：化学工业出版社，2005.

[15] 江泉观，纪云晶，常元勋. 环境化学毒物防治手册. 北京：化学工业出版社，2004.

[16] 国家环境保护总局. 环境应急手册. 北京：中国环境科学出版社，2003.

[17] 国家海洋局人事劳动教育司成人教育中心. 海洋环境保护与监测. 北京：海洋出版社，1998.

[18] 高密来. 环境学教程. 北京：中国物价出版社，1997.

[19] 陈怀满，等. 土壤—植物系统中的重金属污染. 北京：科学出版社，1996

[20] 万本太. 突发性环境污染事故应急监测与处理处置技术. 北京：中国环境科学出版社，1996.

[21] 胡望钧. 常见有毒化学品环境事故应急处置技术与监测方法. 北京：中国环境科学出版社，1993.

[22] 罗杰•巴斯顿，小詹姆斯•E. 斯密斯，戴维•威尔逊. 有害废物的安全处置. 北京：中国环境科学出版社，1993.

[23] 中国环境优先监测研究课题组. 环境优先污染物. 北京：中国环境科学出版社，1989.

[24] 徐玲玲. 海洋溢油污染的应急处理. 海洋环境保护，2011（3）.

[25] 肖文，吕小明. 2010 年强台风“凡比亚”环境应急处理. 中国应急管理，2011，51（3）：41-45.

[26] 吕小明，肖文. 跨界突发环境事件应急处置的教训和启示. 环境科学，2011，473（15）：47-49.

[27] 杨志勇. 论船舶溢油的危害和防止对策. 交通科技，2005（4）.

[28] 彭冬芝，胡建勇. 城市重大事故应急救援预案研究. 工业安全与环保，2004，30（2）：38-40.

[29] 缪锦来，等. 赤潮灾害的发展趋势、防治技术及其研究进展. 安全与环境学报，2002，2（3）.

[30] 刘令梅. 赤潮的监测技术和防治措施. 海洋技术，1998，17（3）.

[31] 国家环境保护总局. HJ/T 166—2004　土壤环境监测技术规范. 北京：中国环境科学出版社，2004.

[32] 国家环境保护总局. HJ/T 164—2004　地下水环境监测技术规范. 北京：中国环境科学出版社，2004.
[33] 环境保护部. HJ 589—2010　突发环境事件应急监测技术规范. 北京：中国环境科学出版社，2010.
[34] 国家海洋局. GB 17378—1998　海洋监测规范. 北京：中国标准出版社，1998.
[35] 专家专题——赤潮，中国水产网，http：//www. china-fishery. net/ 11-rmzt/chicao/gs. htm.
[36] 环境保护部应急指挥领导小组办公室. 2011 年突发环境事件典型案例选编（内部资料）.